基础化学

主　编　崔建华　陈本豪

主　审　廖朝东

编　者（以姓氏笔画为序）

方　琴　刘胜娟　李　冰

陈本豪　林　霞　秦　泉

崔建华　覃佩莉

苏州大学出版社

图书在版编目(CIP)数据

基础化学/崔建华,陈本豪主编.—苏州:苏州大学出版社,2020.8
ISBN 978-7-5672-3287-7

Ⅰ.①基… Ⅱ.①崔… ②陈… Ⅲ.①化学—高等职业教育—教材 Ⅳ.①O6

中国版本图书馆 CIP 数据核字(2020)第 147114 号

基 础 化 学
崔建华　陈本豪　主编
责任编辑　徐　来

苏州大学出版社出版发行
(地址:苏州市十梓街 1 号　邮编:215006)
镇江文苑制版印刷有限责任公司印装
(地址:镇江市黄山南路 18 号润州花园 6-1 号　邮编:212000)

开本 787 mm×1 092 mm　1/16　印张 15　字数 286 千
2020 年 8 月第 1 版　2020 年 8 月第 1 次印刷
ISBN 978-7-5672-3287-7　**定价:48.00 元**

若有印装错误,本社负责调换
苏州大学出版社营销部　电话:0512-67481020
苏州大学出版社网址　http://www.sudapress.com
苏州大学出版社邮箱　sdcbs@suda.edu.cn

前言

“基础化学”是高职药学类各专业必修的一门专业基础课程。本教材以培养学生成为应用型高级技术人才为目标，根据以学生为主体、以能力为本位的教育指导思想，结合当前高职院校学生的学情实际，以与药学类各专业密切相关的化学知识和技能及其应用为主线，按照“必需、够用、实用”的原则，对相关的化学理论知识进行整合后编写。

本书打破了传统的课程体系，尝试以应用的思路，按照学生的认知规律，兼顾学生的学习基础和层次组织教学内容，力图将知识的呈现、联系、应用有机结合，并设立“化学·生活·医药”阅读模块，希望能够帮助学生形成知识的应用体系和学习药物知识所需要的基本化学思路和化学方法，以利于对知识与技能的掌握、学习能力的培养和良好学习习惯的养成，为“基础化学”课程教学提供有效的教学材料。

本书由崔建华、陈本豪担任主编，廖朝东主审。方琴、崔建华编写第一章，方琴编写第二章，秦泉编写第三章，刘胜娟编写第四章，陈本豪编写第五章，崔建华、覃佩莉（广西盈康药业有限公司质量检验部主任、执业药师）编写第六章、第七章，林霞编写第八章、第九章，李冰编写“化学·生活·医药”模块。

本书在编写过程中得到了广西卫生职业技术学院药学系专家和专业课教师的热情帮助和大力支持，在此表示衷心的感谢。向本教材中引用的文献资料的作者表示深深的谢意。

限于编者的水平且时间仓促，书中难免有不妥之处，欢迎广大读者批评指正。

编　者

2020 年 6 月

目录

第一章

化学基础知识与物质结构

组成人体的基本物质——蛋白质、脂肪、糖类、无机盐和水等都是由不同元素(约60多种)组成的化学物质。人体的生命过程(如循环、呼吸、消化、吸收、排泄及各种器官的活动)都是由体内的化学变化促成的。不同物质的性质千差万别,用途也各有差异。例如,酒精、碘酒可用作消毒剂,磺胺类药物可用于治疗由微生物引起的疾病等。物质的性质取决于物质的结构,认识物质的结构是了解物质的性质及其变化规律的基础。

第一节　原子结构和元素周期表

一、物质的组成和分类

我们知道,世界是物质的,物质形形色色、丰富多彩。在化学上,把物质分为纯净物和混合物。纯净物只由一种物质组成,如氧气、氮气、水等;混合物由两种或两种以上物质混合而成,如空气、溶液、三大化石燃料等。

纯净物都有固定的组成,即每一种纯净物由哪些元素组成、各元素的原子个数比都是一定的。根据所含元素种类,纯净物分为单质和化合物。只由一种元素组成的纯净物叫作单质。例如,氧气(O_2)只由氧元素组成,金属银(Ag)只由银元素组成,纯净的氧气和金属银都是单质。由不同元素组成的纯净物叫作化合物。例如,水(H_2O)由氢元素和氧元素组成,氢氧化钠(NaOH)由氢元素、氧元素和钠元素组成,纯净的水和氢氧化钠都是化合物。

化合物分为无机化合物(简称无机物)和有机化合物(简称有机物)两类。无机化合物一般指除碳元素以外的各种元素的化合物,以及一氧化碳、二氧化碳、碳酸氢盐和碳酸盐等含碳化合物,如水、氯化钠、氢氧化钠、硫酸等,主要包括氧化物、酸、碱、盐。其他含碳元素的化合物叫作有机化合物,我们将在第五章详细介绍有机化合物。

二、原子的组成

原子是物质进行化学反应的基本微粒。继英国化学家和物理学家道尔顿(John Dalton)创立原子学说后，1897 年，英国物理学家汤姆孙(J. J. Thomson)在阴极射线实验中发现了电子。这是人类发现的第一个基本粒子，从而打破了原子不可再分的旧观点。1911 年，英国物理学家卢瑟福(E. Rutherford)在 α 粒子散射实验中发现了原子核，并于 1919 年发现了原子核中含有一种带正电荷的粒子——质子；1932 年，英国的另一位物理学家查德威克(S. J. Chadwick)发现了原子核中另一种不显电性的微粒——中子。经过科学家们几十年不懈的探索研究，人们认识到原子是一种电中性的微粒，由带若干(Z)个正电荷的原子核和 Z 个带单位负电荷的电子组成；原子核则是由 Z 个带单位正电荷的质子和若干个中子组成的紧密结合体，它集中了原子的全部正电荷和几乎全部的质量。因此，对于每一种原子来说，有：

核电荷数＝核内质子数＝核外电子数

归纳起来，组成原子的基本粒子是电子、质子和中子，它们之间的关系如下：

$$\text{原子}({}^{A}_{Z}\text{X})\begin{cases}\text{原子核}\begin{cases}\text{质子}\quad Z\text{个}\\\text{中子}\quad (A-Z)\text{个}\end{cases}\\\text{核外电子}\quad Z\text{个}\end{cases}$$

例如，原子${}^{23}_{11}\text{Na}$的原子核带 11 个单位正电荷，核内含有 11 个质子和 12 个中子，核外有 11 个电子在绕核运动。

三、原子核外电子的排布

原子核居于原子中心，电子在核外做高速运动。一般化学反应不会使原子核发生变化，只是改变核外电子的数目和运动状态。

(一) 原子核外电子的运动状态

电子在原子内的运动与宏观物体运动不同，没有确定的运动轨迹或轨道，化学上常用原子轨道和电子云描述电子的运动状态。

1. 原子轨道

借用经典力学中“轨道”一词，把原子中一个电子可能的空间运动状态称为原子轨道，原子轨道的空间图像(简称原子轨道的形状)可以形象地理解为电子运动的空间范围。常见原子轨道(s、p 轨道)的形状如图 1-1 所示。其中，“＋”“－”号指的是原子轨道的对称性，不代表电荷的正、负。

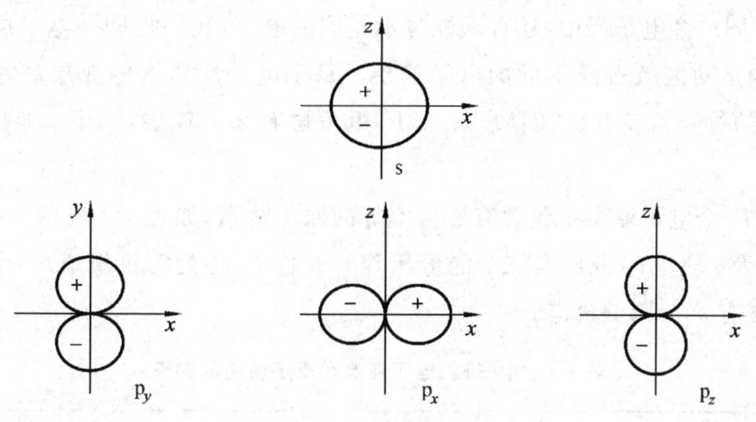

图 1-1 s、p 轨道平面图

2. 电子云

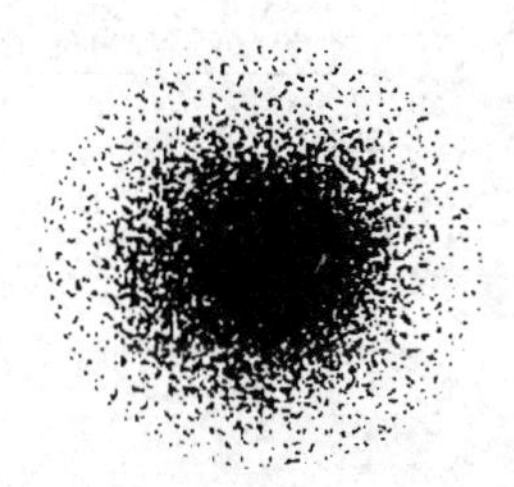

图 1-2 通常情况下氢原子电子云示意图

如图 1-2 所示，高速运动的电子在每一瞬间出现的位置是偶然的，但将所有电子出现的位置重叠在一起，很像在原子核外有一层带负电荷、疏密不等的“云雾”，人们形象地称为电子云。电子云密度大的地方，表明电子在核外空间单位体积内出现的机会多；电子云密度小则表明出现的机会少。电子处于常见原子轨道(s、p 轨道)时，其电子云形状如图 1-3 所示。

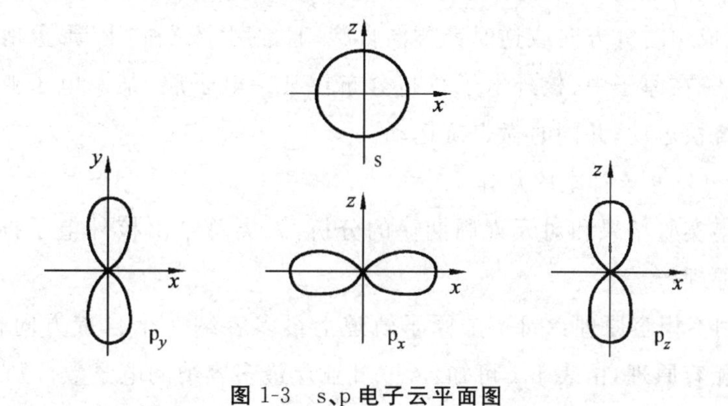

图 1-3 s、p 电子云平面图

(二) 原子核外电子的排布

原子核外存在有多种原子轨道，核外电子总是在一定的原子轨道上绕核运动。

1. 原子核外电子运动状态的描述

(1) 在含有多个电子的原子中，能量低的电子在离核近的区域运动，能量高的电子在离核远的区域运动。我们把电子运动的区域简化为不连续的壳层，称为电子层，分别用 n=1,2,3,4,5,6,7 或 K,L,M,N,O,P,Q 来表示从内到外的电子层，见表 1-1。

(2) 在同一个电子层中，还存在能量不相同的电子，我们把同一电子层中能量不同的电子的运动区域看成不同的电子亚层。每个电子层所含的亚层数等于电子层数，各亚层的符号见表 1-1。例如，第二(L)电子层有 2 个亚层，一个 s 亚层和一个 p 亚层。

(3) 每一个电子亚层中包含有数目不等的原子轨道，如表 1-1 所示。s 亚层有一个轨道，称为 s 轨道；p 亚层有三个能量相等的 p 轨道，称为等价轨道；其余类推。每个电子层含有 n^2 个原子轨道。

表 1-1　电子层、电子亚层和原子轨道的关系

电子层			电子亚层			原子轨道		
n	符号	能量	数目	符号	能量	数目	名称	形状
1	K	↑ 离核越近 能量越低	1	s		1	1s	球形
2	L		2	s	s	1 } 4	2s	球形
				p	∧ p	3	2p	哑铃形
3	M		3	s	s	1	3s	球形
				p	∧ p	3 } 9	3p	哑铃形
				d	∧ d	5	3d	

(4) 核外电子除了在一定原子轨道上绕核运动外，自身还存在两种自旋运动状态，习惯上说成顺时针方向或逆时针方向自旋，通常用“↑”和“↓”形象地表示。

综上所述，在原子中，核外电子总是分布在某一电子层、某一电子亚层中的某个原子轨道上绕核运动，并同时做自旋运动。

2. 原子核外电子排布的规律

根据光谱实验结果和对元素周期律的分析，人类总结出核外电子排布必须遵循的三个基本原理：

(1) 泡利不相容原理：同一个原子轨道上最多容纳 2 个自旋方向相反的电子。根据泡利不相容原理，由表 1-1 可知：s、p、d 亚层最多容纳的电子数分别为 2、6、10；K 电子层最多容纳 2 个电子，L 电子层最多容纳 8 个电子，M 电子层最多容纳 18 个电子，即每个电子层最多容纳 $2n^2$ 个电子。当电子层处于最外层时，最多容纳 8 个电子(K 层为最外层时不能超过 2 个)。

(2) 能量最低原理：在不违背泡利不相容原理的前提下，核外电子总是尽可能排布到能量最低的轨道上，以保证原子体系处于能量最低、最稳定的状态。按照这一原理，在原子轨道上排列电子时，应该从能量低的轨道向能量高的轨道依次填充，即常用原子轨道填充电子的顺序为：1s→2s→2p→3s→3p→4s→3d→4p→…。

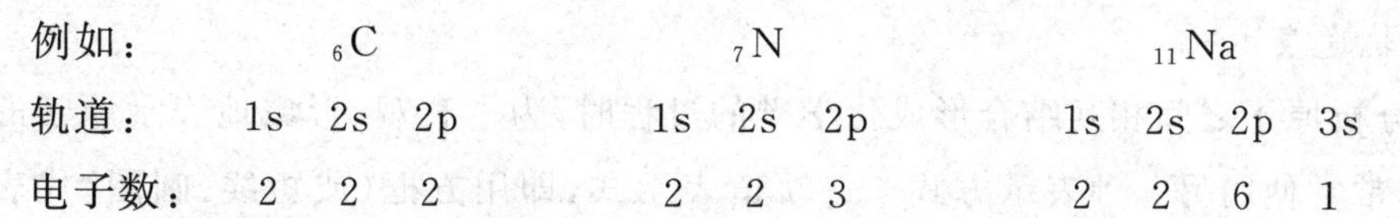

例如：	$_{6}C$			$_{7}N$			$_{11}Na$			
轨道：	1s	2s	2p	1s	2s	2p	1s	2s	2p	3s
电子数：	2	2	2	2	2	3	2	2	6	1

(3) 洪德规则：在同一电子亚层的等价轨道上，电子总是尽可能以自旋方向相同的方式分占不同的轨道。例如，氮原子的三个 2p 电子的排列方式为：[↑|↑|↑]，而不是[↓↑|↑|]或[↑|↓|↑]。

在正常状态下，原子核外电子遵循核外电子排布的三大原理分布在离核较近、能量较低的轨道上，体系处于相对稳定的状态，原子的这种状态称为基态。当外界因素的影响使基态原子中的电子获得能量，跃迁到能量较高的空轨道时，原子将处于激发态。

(三) 核外电子排布的表示方法

1. 原子结构示意图

可以简单地表示出原子核外电子层的排布情况。碳原子的原子结构示意图如图 1-4 所示。⊕6表示原子核以及原子核所带的正电荷数(核电荷数)；弧线表示电子层，其上面的数字表示该电子层的电子数。

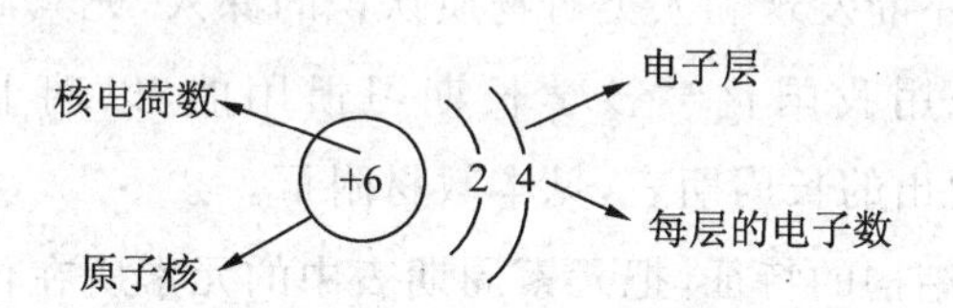

图 1-4　碳原子的原子结构示意图

碳原子核带 6 个单位正电荷，核外有 6 个电子，其中第一层有 2 个电子，第二层有 4 个电子。

2. 电子排布式

这是最常用的一种表示核外电子排布的方法，它将电子亚层按能量由低到高依次排列，并在亚层符号前用数字注明电子层数，右上角注明亚层所排列的电子数。

例如：

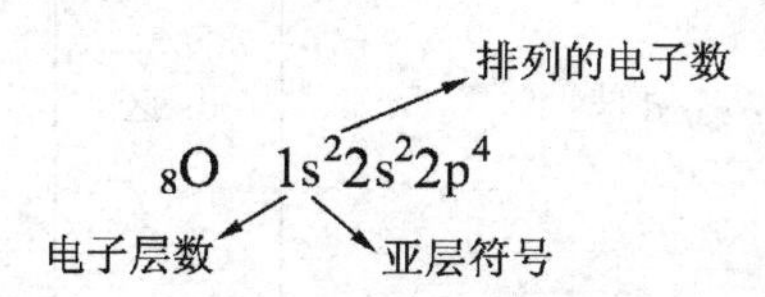

氧原子的 1s 轨道上有 2 个电子，2s 轨道上有 2 个电子，2p 轨道上有 4 个电子。

3. 轨道表示式

在分析原子之间相互结合形成化学键的过程时，为了直观、形象地表示原子的电子排布，常常使用另一种表示方式——轨道表示式，即用方框（或短线、圆圈）代表原子轨道，方框的上方或下方注明轨道的符号，方框中用向上和向下箭头代表电子的自旋状态。例如，N 和 O 的轨道表示式分别为：

N 1s [↑↓] 2s [↑↓] 2p [↑|↑|↑]　　　O 1s [↑↓] 2s [↑↓] 2p [↑↓|↑|↑]

四、元素周期表及其应用

物质之间在性质上存在着差异，如氯化钠是一种盐，而氢氧化钠却是一种碱。物质都是由元素组成的，应该说，不同的元素有着不同的性质。1869 年，俄国化学家门捷列夫在前人探索的基础上总结出重要的自然规律：元素的性质取决于对应原子的原子结构，并随着原子的核电荷数的增加而呈现出周期性的变化，这就是著名的元素周期律。

（一）元素周期表

根据元素周期律，门捷列夫等人先后设计出了各种类型的元素周期表，多达 170 余种。随着新元素的不断发现和人类对物质认识的深入，元素周期表得到不断补充、修正和发展。本书采用我国化学教学长期习惯用的，以瑞士化学家维尔纳（式）(A. Werner)为代表提出的长周期表，见本教材附页。

根据原子电子层结构的特征，把元素周期表中的元素所在位置分成 7 个周期、16 个族、5 个区，见表 1-2。

表 1-2　周期表中元素位置与分布

族 / 周期	ⅠA	ⅡA	ⅢB	ⅣB	ⅤB	ⅥB	ⅦB	Ⅷ	ⅠB	ⅡB	ⅢA	ⅣA	ⅤA	ⅥA	ⅦA	0
1																
2																
3																
4																
5	s 区				d 区				ds 区				p 区			
6																
7																
镧系								f 区								
锕系																

1. 周期

元素周期表有 7 个横行，每个横行称为一个周期，共有 7 个周期；其中第一、二、三周期分别含有 2 种、8 种、8 种元素，为短周期；第四、五、六周期分别含有 18 种、18 种、32 种元素，为长周期；第七周期为未完全周期。

元素原子具有的电子层数就是其所在周期的序数。例如，碳原子核外有两个电子层，碳为第二周期的元素；钠原子核外有三个电子层，钠为第三周期的元素。

2. 族

周期表有 18 个纵列，构成 16 个族，其中 8、9、10 纵列合为一个族，其余 15 个纵列各为一个族，分为 7 个主族(标为 A，由长短周期元素共同构成)、7 个副族(标为 B，完全由长周期元素构成)、1 个 0 族和 1 个Ⅷ族。

同一主族的元素最外层电子数相同，并等于其所在主族的序数。例如，ⅠA 族元素(H、Li、Na、K、Rb、Cs、Fr)原子的最外层电子数都是 1；卤族元素(F、Cl、Br、I、At)原子的最外电子层均有 7 个电子，为ⅦA 族元素。

0 族元素称为稀有元素(气体)，其原子的最外层电子数为 8(He 为 2)，这是一种稳定的结构，所以稀有气体的性质稳定。

3. 区

元素周期表把元素分在 s、p、d、ds、f 五个区。s 区包括ⅠA 和ⅡA 族元素，是比较活泼的金属元素(氢除外)。p 区包括ⅢA～ⅦA 及 0 族元素，大多是非金属元素。d 区包括ⅢB～ⅦB 和Ⅷ族元素，ds 区包括ⅠB 和ⅡB 族元素，d 区和 ds 区元素合称为过渡元素，由于都是金属元素，又称过渡金属元素。

f 区元素包括镧系元素和锕系元素，统称为内过渡元素。其中，镧系元素(从 57 号元素镧 La 到 71 号元素镥 Lu)和锕系元素(从 89 号元素锕 Ac 到 103 号元素铹 Lr)在周期表中各仅占据ⅢB 族中的一个位置，均属于ⅢB 族元素。

(二) 周期表中元素性质的递变规律

在元素周期表中，随着原子结构的周期性变化，元素的一些性质呈现出周期性的变化规律。

1. 金属性和非金属性

元素的原子失去电子变成阳离子的能力叫作元素的金属性，而元素的原子得到电子变成阴离子的能力叫作元素的非金属性。

如图 1-5 所示，钠元素的原子容易失去一个电子、氯元素的原子容易得到一个电子而获得最外层 8 个电子的稳定结构，所以钠元素具有很强的金属性，氯元素则具有很强的非金属性。一般来说，原子的最外层电子数＜4 的元素容易失去电子而具有金属性，如钠、钾、钡、铝、铁等为金属元素；原子的最外层电子数≥4 的元素容易得到电子而具有非金属性，如氯、氟、氧、氮、硫、碳等为非金属元素。

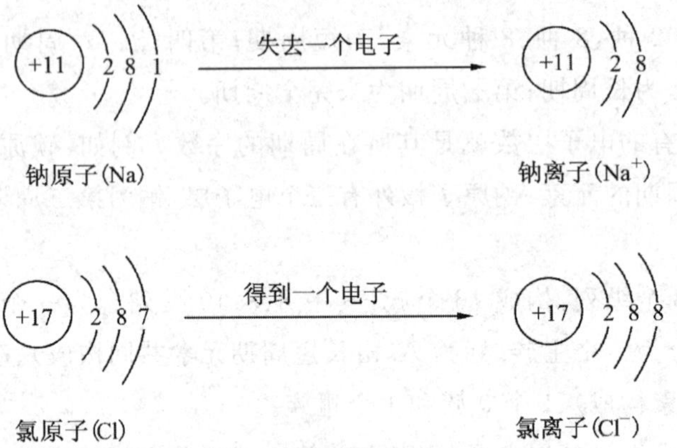

+11 2 8 1 —失去一个电子→ +11 2 8

钠原子(Na)　　钠离子(Na^+)

+17 2 8 7 —得到一个电子→ +17 2 8 8

氯原子(Cl)　　氯离子(Cl^-)

图 1-5　元素原子得失电子达到稳定结构示意图

在元素周期表中，如表 1-3 所示，除第一周期和稀有气体元素以外，同一周期的元素，从左到右，随着最外层电子数逐渐增多，元素的金属性逐渐减弱(原子失去电子的能力逐渐减弱)，非金属性逐渐增强(原子得到电子的能力逐渐增强)。除 0 族外，同一族元素，从上到下，随着核外电子层数逐渐增多，元素的金属性逐渐增强，非金属性逐渐减弱。自然界中，活泼的金属元素集中于周期表的左下角，以钫(Fr)为最活泼的金属；活泼的非金属元素则集中于周期表的右上角，以氟(F)为最活泼的非金属。

表 1-3　周期表中元素金属性和非金属性的递变

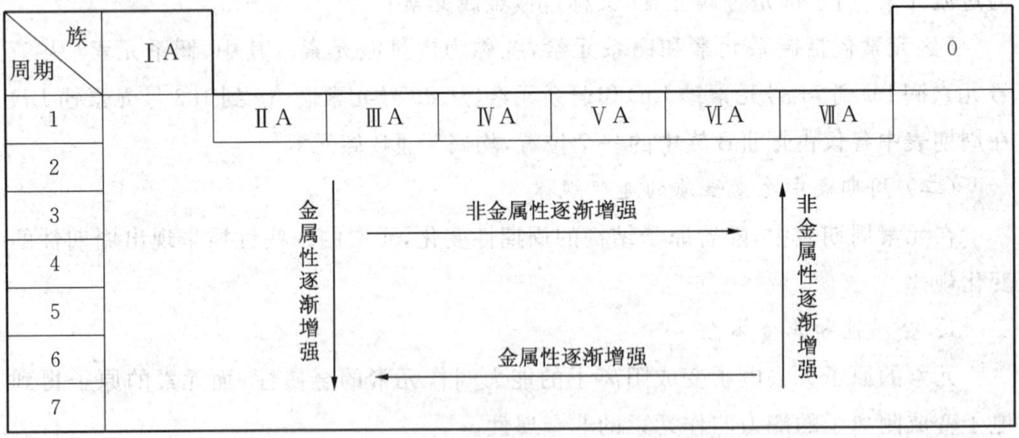

族 周期	ⅠA	ⅡA	ⅢA	ⅣA	ⅤA	ⅥA	ⅦA	0
1								
2								
3								
4								
5								
6								
7								

非金属性逐渐增强（→，从左到右）

金属性逐渐增强（↓，从上到下）

非金属性逐渐增强（↑，从下到上）

金属性逐渐增强（←，从右到左）

2. 电负性

为了全面衡量不同元素原子在分子中对成键电子的吸引能力，1932 年，鲍林首先提出了元素电负性的概念：分子中元素原子吸引电子的能力，并规定最活泼的非金属元素氟(F)的电负性为 4.0，计算出其他元素原子的相对电负性值，如表 1-4 所

示。元素的电负性越大，元素原子在形成分子时吸引成键电子的能力越强。

在元素周期表中，如表 1-4 所示，同一周期元素，从左到右，电负性逐渐增大；同一族元素，从上而下，电负性逐渐减小。但由于副族元素原子电子结构比较复杂，电负性的递变过程出现许多例外。

表 1-4　周期表中元素的电负性

H 2.1																
Li 1.0	Be 1.5											B 2.0	C 2.5	N 3.0	O 3.5	F 4.0
Na 0.9	Mg 1.2											Al 1.5	Si 1.8	P 2.1	S 2.5	Cl 3.0
K 0.8	Ca 1.0	Sc 1.3	Ti 1.5	V 1.6	Cr 1.6	Mn 1.5	Fe 1.8	Co 1.9	Ni 1.9	Cu 1.9	Zn 1.6	Ga 1.6	Ge 1.8	As 2.0	Se 2.4	Br 2.8
Rb 0.8	Sr 1.0	Y 1.2	Zr 1.4	Nb 1.6	Mo 1.8	Tc 1.9	Ru 2.2	Rh 2.2	Pd 2.2	Ag 1.9	Cd 1.7	In 1.7	Sn 1.8	Sb 1.9	Te 2.1	I 2.5
Cs 0.7	Ba 0.9	Lu 1.2	Hf 1.3	Ta 1.5	W 1.7	Re 1.9	Os 2.2	Ir 2.2	Pt 2.2	Au 2.4	Hg 1.9	Tl 1.8	Pb 1.9	Bi 1.9	Po 2.0	At 2.2

（三）元素周期表的应用

元素周期表是元素周期律的具体体现形式，并提供了每一种元素的原子序数、元素符号、元素名称、相对原子质量等多种参数，如图 1-6(a)所示。其中，原子序数是人们为了使用方便，按核电荷数由小到大的顺序给元素所编的号，原子序数就等于核电荷数。一些周期表中还给出了元素的氧化态、价层电子构型，见图 1-6(b)。

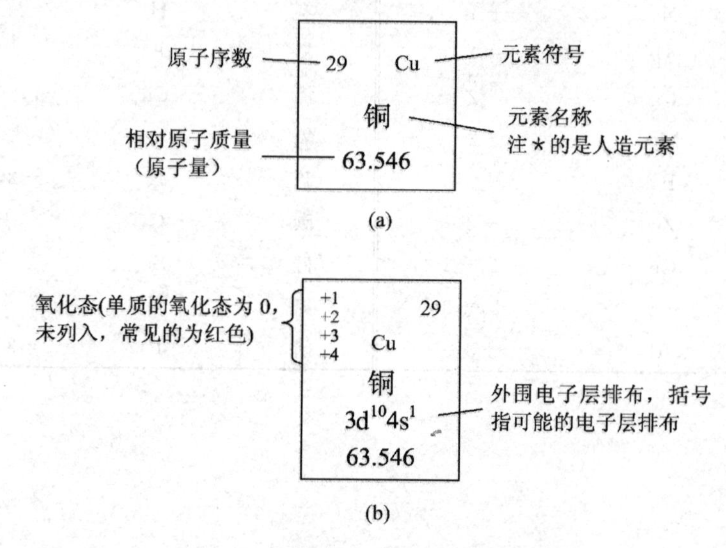

图 1-6　**周期表中元素各参数的位置**

元素周期表是学习和研究化学及其相关学科的重要工具，我们必须学会并善于使用元素周期表。

1. 化学式的书写

用元素符号表示物质组成的式子叫作化学式。化学式是最基本的化学用语，我们必须学会使用化学式表示物质。

(1) 正确书写化学式的三个前提：

① 知道物质由哪些元素组成。根据所给物质的名称，查阅元素周期表，确定组成元素的符号。

② 知道元素的书写顺序。一般规律为：a. 氧化物中，氧的元素符号写在右，另一种元素符号写在左。例如，一氧化碳的化学式为 CO，而不是 OC。b. 金属元素与非金属元素组成的化合物，金属元素符号写在左，非金属元素符号写在右。例如，氯化钠的化学式为 NaCl，而不是 ClNa。c. 阳离子和阴离子组成的化合物，阳离子的符号写在左，阴离子的符号写在右。例如，硝酸铵的化学式为 NH_4NO_3，而不是 NO_3NH_4。

③ 知道物质中各元素的原子个数比。通常利用化合物中各元素化合价的代数和为零这一规则，推断出化合物中元素的原子个数比。常见元素和原子团的化合价见表 1-5、表 1-6。任何单质中元素的化合价为 0。

表 1-5 常见元素的化合价

元素名称	元素符号	常见化合价	元素名称	元素符号	常见化合价
钾	K	+1	锰	Mn	+2，+4，+6，+7
钠	Na	+1	氢	H	+1
银	Ag	+1	氟	F	−1
钙	Ca	+2	氯	Cl	−1，+1，+5，+7
镁	Mg	+2	氧	O	−2
钡	Ba	+2	硫	S	−2，+4，+6
锌	Zn	+2	碳	C	+2，+4
铜	Cu	+1，+2	硅	Si	+4
铁	Fe	+2，+3	氮	N	−3，+2，+4，+5
铝	Al	+3	磷	P	−3，+3，+5

表 1-6　常见原子团的化合价

原子团名称	离子符号	化合价	原子团名称	离子符号	化合价
铵根	NH_4^+	+1	碳酸根	CO_3^{2-}	−2
氢氧根	OH^-	−1	碳酸氢根	HCO_3^-	−1
硫酸根	SO_4^{2-}	−2	磷酸根	PO_4^{3-}	−3
亚硫酸根	SO_3^{2-}	−2	磷酸氢根	HPO_4^{2-}	−2
硝酸根	NO_3^-	−1	磷酸二氢根	$H_2PO_4^-$	−1
亚硝酸根	NO_2^-	−1	高锰酸根	MnO_4^-	−1

(2) 单质化学式的书写：

① 稀有气体、金属单质和固态的非金属单质直接用元素符号表示，如 He、Cu、Zn、Al、Fe、S、P、C 等。

② 由两个(或两个以上)原子组成的单质分子，先写元素符号，再在元素符号右下角写上原子的数目，如 O_2、O_3、H_2、Cl_2、Br_2、I_2 等。大多数非金属单质属于此类。

(3) 化合物化学式的书写：通常采用“交叉法”。例如，氧化铝的化学式书写步骤如下：

① 根据物质的名称确定其组成元素为 O、Al。

② 按照元素的书写顺序排列为 AlO。

③ 确定并标明每种元素符号右下角的数字：根据元素的化合价，通过交叉法确定原子个数比(取最简个数比)，即 $\overset{+3}{Al} \quad \overset{-2}{O}$ (交叉：2　3)。Al 与 O 的原子个数比为 2∶3，化学式为 Al_2O_3。1 可省略。

(4) 利用化合物中各元素化合价的代数和为零这一规则检查化学式是否书写正确。

据此可写出氯化钙的化学式为 $CaCl_2$，硫酸钠的化学式为 Na_2SO_4，碳酸氢钠的化学式为 $NaHCO_3$ 等。

2. 无机物的命名

(1) 单质的命名：固态或液态单质，一般直接读所含元素名称，如 Cu 读作铜，Br_2 读作溴，I_2 读作碘；气态单质，在所含元素名称后加上“气”字，如 H_2 读作氢气，He 读作氦气。此外，有些单质有固定的名称，如 O_3 读作臭氧。

(2) 化合物的命名：根据给定的化学式，“右侧原子或原子团名称＋化学介词＋左侧原子或原子团名称”是无机化合物比较简单的命名格式。

① 由两种元素组成的化合物和碱一般称为“某化某”，如 Na_2O 读作氧化钠，AgCl 读作氯化银，NaOH 读作氢氧化钠。有时还要读出化学式中各种元素的原子个

数，如 CO_2 读作二氧化碳，Fe_3O_4 读作四氧化三铁。

② 含有酸根原子团的化合物一般称为“某酸某”，如 $AgNO_3$ 读作硝酸银，$KMnO_4$ 读作高锰酸钾，$NaHCO_3$ 读作碳酸氢钠。

③ 无氧酸称为“氢某酸”，如 HBr 读作氢溴酸，HCN 读作氢氰酸。含氧酸根据酸根的名称称为“某酸”，如 H_2SO_4 读作硫酸，H_3PO_4 读作磷酸。有些酸有固定的名称，如 HCl 读作盐酸。

3. 相对原子质量和相对分子质量

相对原子质量（简称原子量）是指元素的原子质量与核素 ^{12}C 原子质量的 1/12 之比。从元素周期表中可直接查阅每一种元素的相对原子质量，如 H 为 1，O 为 16。

分子是由原子构成的，把构成分子的每一种原子的相对原子质量乘上分子中该原子的个数后相加，得出的数值即为该分子的相对分子质量（简称分子量）。例如：

水（H_2O）的相对分子质量 $=1\times2+16=18$

碳酸钠（Na_2CO_3）的相对分子质量 $=23\times2+12+16\times3=106$

结晶葡萄糖（$C_6H_{12}O_6\cdot H_2O$）的相对分子质量 $=12\times6+1\times14+16\times7=198$

4. 判断元素性质

在周期表中，元素的性质呈现周期性的递变，根据元素在周期表中的位置，可以推断元素的原子结构和主要性质，如推断金属性、非金属性及其强弱，电负性的相对大小等。

在周期表中，位置靠近的元素性质相似并具有类似的用途。周期表中位于右上方的非金属元素，如氟（F）、氯（Cl）、硫（S）、磷（P）等，是制备农药的常用元素；半导体材料元素为周期表中位于金属和非金属接界处的元素，如硅（Si）、镓（Ga）、锗（Ge）、锡（Sn）等。这可以启发人们通过对周期表中一定区域元素的研究寻找新材料和新物质。例如，ⅢB 到 ⅥB 族的过渡元素，如钛（Ti）、钽（Ta）、铬（Cr）、钼（Mo）、钨（W）等，具有耐高温、耐腐蚀等特点，是制作特种合金的优良材料；过渡元素对许多化学反应有良好的催化性能，可用于制备优良的催化剂。

第二节　分子结构

自然界的物质仅稀有气体以单原子的形式存在，其他元素的原子均通过一定的作用力相互结合形成分子或以晶体的形式存在。化学上把分子或晶体内相邻原子（或离子）之间强烈的相互作用力称为化学键。根据键的特点，化学键分为离子键、共价键、金属键三种基本类型。本节重点讨论离子键和共价键。

一、离子键

以金属钠和氯气生成氯化钠为例，当钠原子与氯原子相遇时，如图 1-7 所示，氯原子夺取钠原子的 1 个电子，同时形成了带正电荷的钠离子和带负电荷的氯离子，阴、阳离子之间通过静电相互作用形成氯化钠（NaCl）。

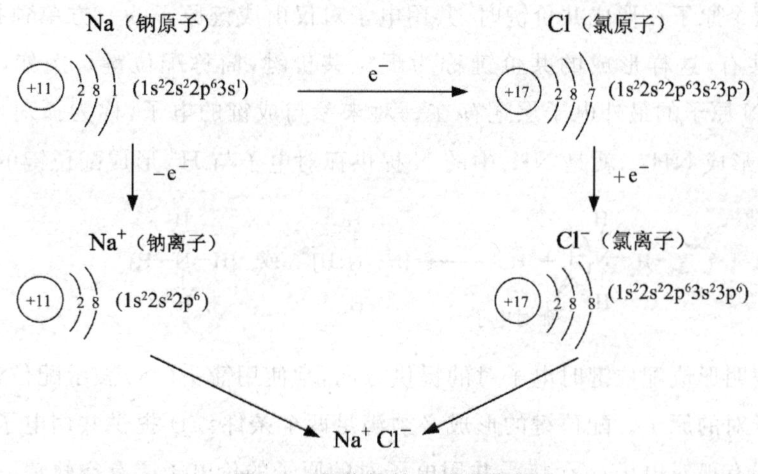

图 1-7　**氯化钠的形成示意图**

这种阴、阳离子通过静电作用形成的化学键叫作离子键。活泼金属元素与活泼非金属元素之间容易形成离子键，如 MgO、Na_2S 就是通过离子键结合形成的化合物，这类化合物叫作离子化合物。

大多数无机盐类和许多金属氧化物均属于离子化合物。通常情况下，离子化合物主要以晶体的形式存在，这类晶体叫作离子晶体。离子晶体一般易溶于水，其水溶液或熔融态都能导电，是典型的电解质。离子化合物在固体熔化、液体汽化时必定破坏离子键，所以离子晶体具有较高的熔点和沸点。

二、共价键

（一）共价键的形成

以氢气和氯气生成氯化氢为例，当一个氢原子和一个氯原子相遇时，如图 1-8 所示，由于两者都是容易得到电子、难以失去电子的非金属元素，电子无法从氯原子转移到氢原子，或从氢原子转移到氯原子，于是在两原子之间形成一对共用电子对，这对共用电子对把两个原子核吸引在一起形成了氯化氢（HCl）分子。

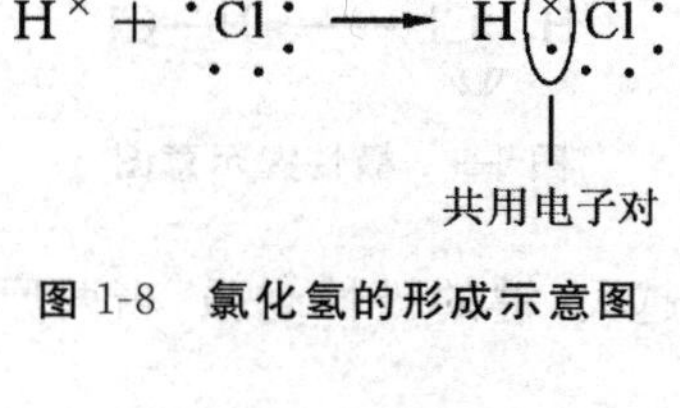

$$H^{\times} + \cdot\ddot{\underset{\cdot\cdot}{Cl}}: \longrightarrow H\overset{\times}{\cdot}\ddot{\underset{\cdot\cdot}{Cl}}:$$

共用电子对

图 1-8　**氯化氢的形成示意图**

共用电子对在两个原子核周围运动，使氢原子具有最外层 2 个电子、氯原子具有最外层 8 个电子的稳定结构。这种原子间通过共用电子对的方式结合而形成的化学键称为共价键。非金属元素之间容易形成共价键，如 CO、H_2O 就是通过共价键结合而形成的化合物，这类全部以共价键形成的化合物称为共价化合物。

如果两个原子在形成共价键时，共用电子对仅由成键原子的一方单独提供，归两个原子所共有，这样形成的共价键称为配位共价键，简称配位键。例如，在氨分子（NH_3）中，N 原子的最外电子层还存在一对未参与成键的电子，称为孤对电子；NH_3 与 H^+ 结合形成 NH_4^+，就是 NH_3 中的 N 提供孤对电子与 H^+ 形成配位键的结果：

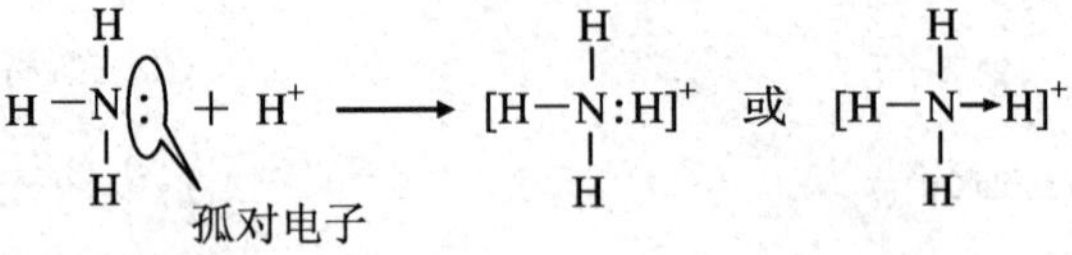

$$\mathrm{H-\overset{H}{\underset{H}{\overset{|}{\underset{|}{N}}}}\!:} + H^+ \longrightarrow [\mathrm{H-\overset{H}{\underset{H}{\overset{|}{\underset{|}{N}}}}:H}]^+ \quad 或 \quad [\mathrm{H-\overset{H}{\underset{H}{\overset{|}{\underset{|}{N}}}}\rightarrow H}]^+$$

孤对电子

为了表明形成配位键时电子对的提供方向，常使用箭头（→）表示配位键，箭头指向接受电子对的原子。配位键的形成必须满足两个条件：① 提供共用电子对的原子的价电子层有孤对电子；② 接受共用电子对的原子的价电子层有空轨道。配位键在配位化合物的形成中起着重要的作用。

（二）共价键的类型

1. 极性键和非极性键

根据是否有极性，共价键分为极性键和非极性键两类。通常从成键原子的电负性差值估计键的极性大小。

形成共价键的两个原子如果是不同元素，如 H—Cl，Cl 的电负性（3.0）大于 H 的电负性（2.1），吸引电子的能力 Cl 大于 H，共用电子对将偏向吸电子能力较强的 Cl 一方，使 Cl 原子带有部分负电荷（用 δ^- 表示），而 H 原子带有部分正电荷（用 δ^+ 表示），键两端出现“正极”和“负极”，如图 1-9 所示。这类共价键叫作极性共价键，简称极性键。CO、H_2O 中的共价键属于极性键。如果形成共价键的两个原子是同一种元素，如 Cl—Cl，由于两者的电负性相同，双方吸引电子的能力一致，则共用电子对不会偏向任何一方，键没有形成“正极”和“负极”，这类共价键叫作非极性共价键，简称非极性键。例如，O_2、Br_2 中的共价键为非极性键。

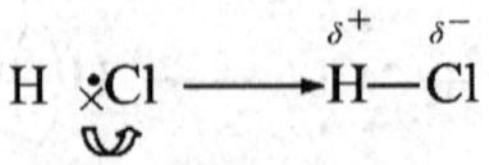

$$\mathrm{H\,\dot{\times}Cl} \longrightarrow \overset{\delta^+}{\mathrm{H}}-\overset{\delta^-}{\mathrm{Cl}}$$

图 1-9　极性键示意图

成键原子的电负性差值越大，键的极性越强，当两原子的电负性差值很大时，可以认为电子对完全转移到电负性大的原子上，形成的就是离子键；成键原子的电负性差值越小，键的极性越小，当两者电负性相等时，形成非极性键。所以，极性键是离子键与非极性键之间的中间状态，离子键则是极性最大的极性键。

2. σ键和π键

成键原子相互靠近形成共价键时，成键电子的原子轨道将发生重叠。根据成键时原子轨道重叠方式的不同，共价键可分为σ键和π键两类。

如图1-10(a)所示，成键的原子轨道均沿着键轴（两个原子核之间的连线）方向以"头碰头"方式正面重叠，这样形成的共价键称为σ键。当成键的原子轨道沿着键轴方向以"肩并肩"方式侧面重叠时，形成的共价键称为π键，如图1-10(b)所示。

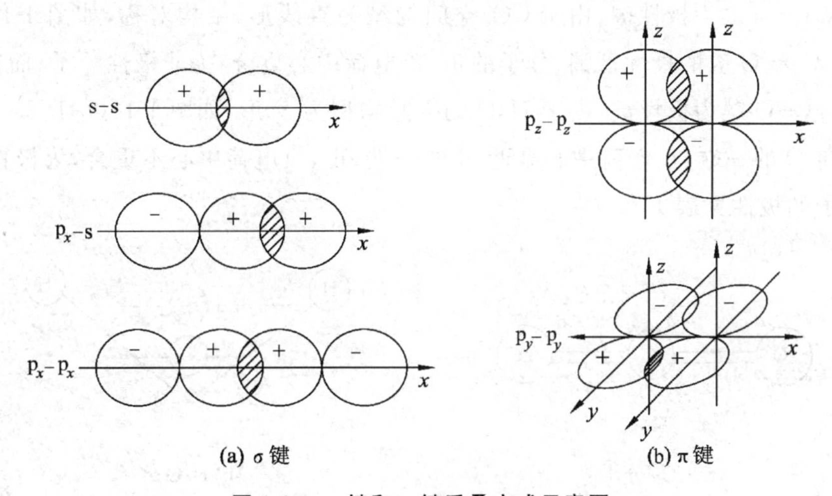

图1-10　σ键和π键重叠方式示意图

3. 单键、双键和叁键

根据成键原子间共用电子对数目的不同，共价键可分为单键、双键和叁键。如果成键原子间共用一对电子，形成的就是单键。例如，H_2、HCl、Cl_2中形成的都是单键，化学上常用一根短线"—"表示一对共用电子对，这些分子可表示为H—H、H—Cl、Cl—Cl。当成键原子间共用两对或三对电子时，便形成了双键或叁键。例如，O_2分子中形成的是双键（O═O），N_2分子中形成的是叁键（N≡N）。

单键均为σ键，双键由一个σ键和一个π键组成，而叁键则由一个σ键和两个π键组成。

三、分子的极性和氢键

（一）分子的极性

任何以共价键结合的分子中都包含有带正电荷的原子核和带负电荷的电子。如果正、负电荷中心不重合，如图1-11(a)所示，分子就会具有极性，这样的分子叫作极性分子。当分子中正、负电荷中心重合时，如图 1-11(b)所示，分子没有极性，为非极性分子。

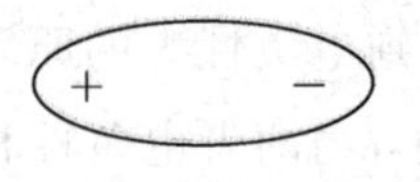

(a) 极性分子

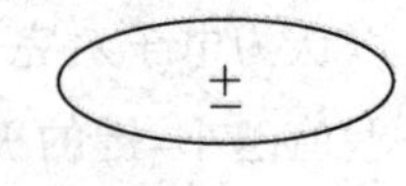

(b) 非极性分子

图 1-11 分子极性示意图

双原子分子中，分子的极性取决于共价键是否有极性。如果共价键是极性键，分子就有极性，为极性分子，如 HCl；如果共价键是非极性键，分子则为非极性分子，如 Cl_2。

不同元素组成的双原子分子⟶极性共价键⟶极性分子

同种元素组成的双原子分子⟶非极性共价键⟶非极性分子

多原子分子的极性不仅取决于键的极性，还与分子的空间构型有关。例如，CO_2 分子中 C ═ O 键为极性键，由于 CO_2 空间构型为直线形，结构对称，如图 1-12(a)所示，两个 C ═ O 键的极性抵消，分子的正、负电荷中心重合，为非极性分子；而在 H_2O 分子中，H—O 键为极性键，由于 H_2O 的空间构型为 V 形，如图 1-12(b)所示，负电荷中心偏向 O 的一端，正电荷中心靠近 H 的一端，正、负电荷中心不重合，为极性分子。常见分子的极性见表 1-7。

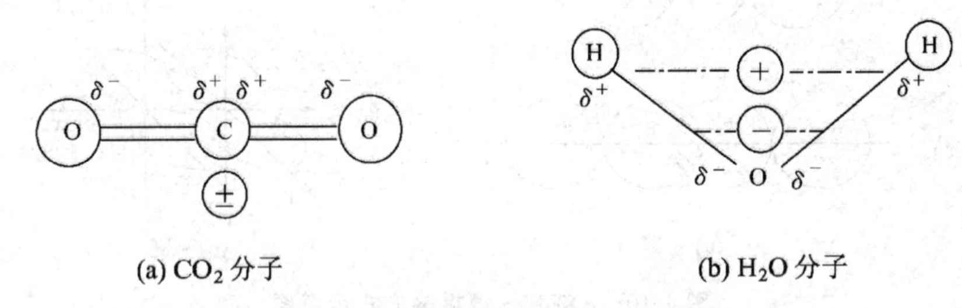

图 1-12 多原子分子电荷分布示意图

表 1-7 常见分子的极性

分子的类型		空间构型	分子的极性	常见分子
双原子分子	A_2	直线形	非极性	H_2、O_2、Cl_2
	AB	直线形	极性	HCl、HF
多原子分子	ABA	直线形	非极性	CO_2
	ABA	V 形	极性	H_2O
	AB_3	平面三角形	非极性	BF_3
	AB_3	三角锥形	极性	NH_3
	AB_4	正四面体	非极性	CH_4、CCl_4
	AB_3C	四面体	极性	$CHCl_3$

综上所述，共价键的极性源于共用电子对的偏移，而分子的极性则由分子中正、负电荷中心不重合所致。键的极性可能导致分子的极性，但不是唯一的决定因素，多原子分子还要考虑分子的空间构型。从极性强弱的角度看，极性分子介于离子型分

子和非极性分子之间，正如极性键介于离子键和非极性键之间一样。

（二）氢键

氢原子核外只有一个电子。当氢原子与电负性很大、半径较小的 F 原子形成 H—F 键时，共用电子对强烈地偏向 F 原子一方，使 H 原子几乎成为“裸露”的质子。这个半径很小、无内层电子、带有部分正电荷的 H 原子很容易与附近另一个 HF 分子中含有孤对电子并带有部分负电荷的 F 原子充分靠近而产生吸引作用，这种静电吸引力称为氢键，如图 1-13 所示。

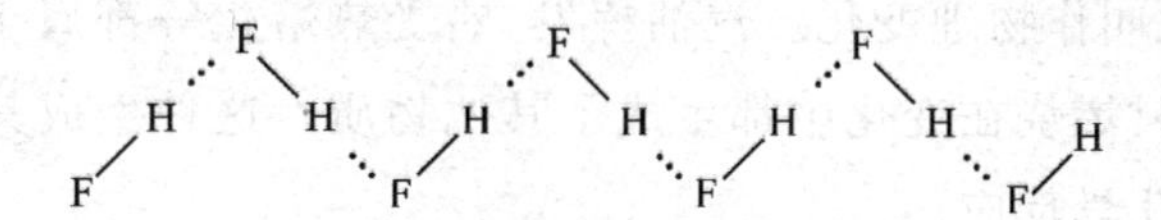

图 1-13 固体 HF 中氢键的结构

当 H 原子与电负性大、原子半径小的原子（通常为 F、O、N）结合时，就会产生氢键，用 X—H···Y 表示（X、Y＝F、O、N）。同种分子和不同种分子之间都可以产生分子间的氢键，如水分子之间、水分子与氨分子之间、水分子与乙醇分子之间均存在氢键：

H—O—H···O(H)—H　　H—O—H···N(H)(H)—H　　(H)(H)O···H—OC_2H_5

某些分子内，如邻羟基苯甲酸（水杨酸）分子内的羟基（O—H）上的氢与羧基（—COOH）中的氧原子可以形成分子内的氢键，如图 1-14 所示。

氢键的键能一般为 15～40 kJ · mol^{-1}，比化学键弱得多。分子间氢键的存在，使物质在固体熔化或液体汽化时必须破坏氢键，要多消耗能量，熔点、沸点就会升高。当溶质与溶剂分子之间存在氢键时，将有利于溶质的溶解，所以氨极易溶解在水中，乙醇、甘油等可以与水混溶。通过氢键，简单分子可以缔合成复杂分子，如水分子缔合为$(H_2O)_n$（n=2,3,···）。随着温度降低，缔合程度增大，分子间空隙增多，密度随之减小。在低于 0 ℃时，全部水分子组成巨大的缔合分子——冰（图 1-15），所以冰的密度比水小。此外，氢键在蛋白质的结构和许多生命过程中具有非常重要的意义。

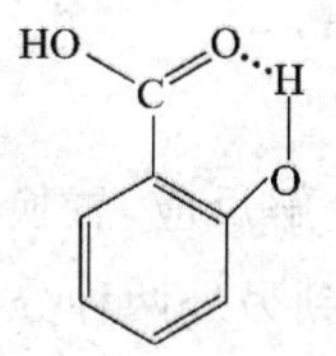

图 1-14 水杨酸分子内氢键示意图

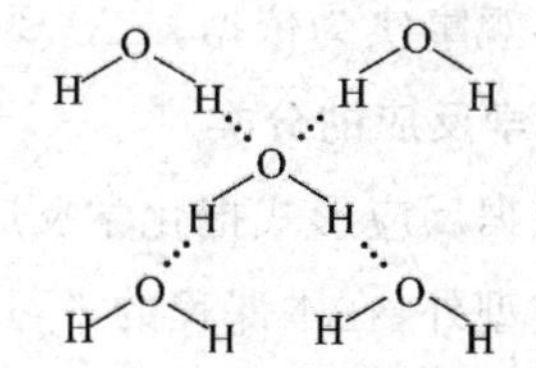

图 1-15 冰中水分子的氢键

第三节 化学反应

一、化学反应的概念

我们知道,水在一定条件下可以变成水蒸气或冰,铁制品在潮湿的地方会生锈,煤、木材可以在空气中燃烧。从化学角度看,物质的这些变化有什么本质区别呢?

在上述例子中,虽然水发生了形态的变化,但并没有生成其他物质。这种没有生成其他物质的变化叫作物理变化。汽油挥发、蜡受热熔化等都属于物理变化。铁制品生锈以及煤、木材燃烧在变化中都生成了其他物质。这种生成其他物质的变化叫作化学变化,又叫化学反应。

化学变化的基本特征是有新的物质生成,常表现为颜色改变、放出气体、生成沉淀物等。化学变化还常常伴有能量的变化,这种能量变化主要表现为发光、吸热、放热等。

二、化学方程式

学习化学,常常需描述各物质之间的反应,化学家们用化学式等国际通用的化学用语来表示反应物和生成物的组成以及各物质间量的关系。例如,碳在空气中燃烧生成二氧化碳的反应可表示为:

$$C+O_2 \xlongequal{\text{点燃}} CO_2$$

这种用化学式表示不同物质之间化学反应的式子叫作化学反应方程式,也称为化学方程式。

化学方程式是最基本的化学用语之一,不仅表明了反应物、生成物和反应条件,同时还表明了反应物与生成物之间原子或分子个数比和质量比。例如,化学方程式:

$$2H_2+O_2 \xlongequal{\text{点燃}} 2H_2O$$

告诉我们,氢气在氧气中燃烧生成水,其中,两个氢气分子与一个氧气分子反应生成两个水分子,4 g氢气与32 g氧气反应生成36 g水,即氢气、氧气、水的分子数之比为2∶1∶2,质量比为4∶32∶36。

化学方程式是客观事实的真实反映,因此书写化学方程式要遵守两个原则:一是必须以客观事实为依据;二是要遵守质量守恒定律。

三、化学反应的分类

除了根据反应形式把化学反应分为化合反应、分解反应、置换反应和复分解反应四种基本类型外,在本课程的学习中,我们还会接触到另外两种分类方法:

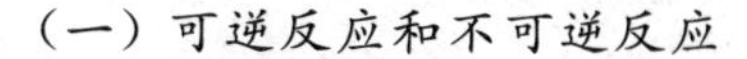

（一）可逆反应和不可逆反应

根据反应物是否能够全部转化为生成物，即反应能否进行到底，把化学反应分为可逆反应和不可逆反应。

在同一条件下，同时向正、逆两个方向进行的反应叫作可逆反应。例如，常温下，在醋酸（HAc）溶液中，一方面，醋酸分子电离成氢离子（H^+）和醋酸根离子（Ac^-），另一方面，生成的氢离子和醋酸根离子部分重新结合成醋酸分子：

$$HAc \rightleftharpoons H^+ + Ac^-$$

醋酸分子不能全部转化为醋酸根离子。可逆反应的方程式用“$\rightleftharpoons$”表示。

但有些反应在一定条件下几乎只能向一个方向进行。例如，在常温下，盐酸与氢氧化钠发生中和反应生成氯化钠和水，但是氯化钠和水不能生成盐酸与氢氧化钠：

$$HCl + NaOH = NaCl + H_2O$$

这类反应称为不可逆反应。

（二）氧化还原反应和非氧化还原反应

根据反应中有无电子转移（得失或偏移），把化学反应分为氧化还原反应和非氧化还原反应。

在化学反应中，有电子转移（得失或偏移）的反应称为氧化还原反应。例如：

$$2Na + Cl_2 = 2NaCl$$

反应中，钠原子把最外层的一个电子转移给氯原子，是氧化还原反应。在化学方程式中，电子转移表现为元素化合价的变化，其中，失去电子的元素化合价升高，得到电子的元素化合价降低，可以通过化合价进行氧化还原反应的判断。例如，上述反应中，钠元素的化合价从 0 变到 +1，氯元素的化合价从 0 变到 −1。又如：

$$HCl + NaOH = NaCl + H_2O$$

反应前后 H、O、Cl、Na 的化合价均没有变化，即没有电子转移，这类反应称为非氧化还原反应。

第四节　化学计量

在生活、生产和科学研究中，人们使用各种物理量来描述物质或客观事物的性质，并根据需要选择合适的计量单位。例如，使用质量来表示固体物质的多少，并选用千克（kg）、克（g）、毫克（mg）等单位来计量质量；使用体积来表示液体物质的多少，其计量单位为立方米（m^3）、立方分米（dm^3，又称为升、L）、立方厘米（cm^3，又称为毫升、mL）等。

一、我国的法定计量单位

法定计量单位是国家以法令的形式规定使用的计量单位。国际单位制(SI制)可以说是全世界通用的“法定计量单位制”。我国从1984年起全面推行以国际单位制为基础的法定计量单位,规定一切属于国际单位制的单位都是我国的法定计量单位,并根据中国的实际情况,规定了可与国际单位制并用的非国际单位制单位。因此,我国法定计量单位是在SI制的基础上建立起来的较好地符合我国国情的单位制。它包括:

(1) 7个国际单位制(SI制)基本单位(表1-8)。

(2) 2个SI制辅助单位(弧度、球面度)。

(3) 19个SI制具有专门名称的导出单位。

(4) 15个国家选定的非国际单位制单位(表1-9)。

(5) 由以上单位组成的组合形式单位,如 $mol \cdot L^{-1}$、$g \cdot mol^{-1}$ 等。

(6) 由以上单位构成的十进倍数和分数单位,如g、mmol、mL、cm等(常用SI词头见表1-10)。

本书所有用量和单位均遵照这套标准。

表1-8 7个国际单位制(SI制)基本单位

物理量	单位名称	单位符号	物理量	单位名称	单位符号
长度	米	m	热力学温度	开[尔文]	K
质量	千克	kg	发光强度	坎[德拉]	cd
时间	秒	s	物质的量	摩[尔]	mol
电流	安[培]	A			

表1-9 国家选定的非国际单位制单位

量的名称	单位名称	单位符号	换算关系和说明
时间	分	min	1 min=60 s
	[小]时	h	1 h=60 min=3 600 s
	天(日)	d	1 d=24 h=86 400 s
长度	海里	n mile	1 n mile=1 852 m (只用于航程)
速度	节	kn	1 kn=1 n mile $\cdot$ h^{-1}=(1 852/3 600) m $\cdot$ s^{-1} (只用于航行)
质量	吨	t	1 t=10^3 kg
	原子质量单位	u	1 u≈$1.660\ 565\ 5\times10^{-27}$ kg
体积	升	L(l)	1 L=1 dm^3=10^{-3} m^3

续表

量的名称	单位名称	单位符号	换算关系和说明
平面角	[角]秒	(″)	1″=(π/648 000)rad (π为周期率)
	[角]分	(′)	1′=60″=(π/10 800)rad
	度	(°)	1°=60′=(π/180)rad
旋转速度	转每分	$r\cdot min^{-1}$	$1\ r\cdot min^{-1}=(1/60)s^{-1}$
能	电子伏	eV	$1\ eV\approx1.602\ 189\ 2\times10^{-19}$ J
级差	分贝	dB	
线密度	特[克斯]	tex	$1\ tex=1\ g\cdot km^{-1}$

注：① 角度单位分、秒、度的符号不处于数字之后时用括号。

② “升”的符号中，小写字母“l”为备用符号。

③ 人民生活和贸易中，质量习惯称为重量。

表 1-10 常用 SI 词头

倍数	词头名称	词头符号	分数	词头名称	词头符号
10^1	十	da	10^{-1}	分	d
10^2	百	h	10^{-2}	厘	c
10^3	千	k	10^{-3}	毫	m
10^6	兆	M	10^{-6}	微	μ

根据国际标准和国家标准规定，法定计量单位符号和词头一律用正体字母，不附省略点，且无复数形式。单位符号一般为小写体，若单位名称源于人名，则单位符号第一个字母为大写体。例如，长度单位“米”的符号为m，压强单位“帕斯卡”的符号是Pa。升的符号“L”为例外。词头符号的字母当表示因数小于10^6时用小写体，如k(千)、m(毫)；大于或等于10^6时用大写体，如M(兆)。词头是单位的组成部分，必须加在单位之前，不能单独使用。词头与单位之间不能留间隔，不加表示相乘的符号，符号两端不加括号，如平方厘米为cm^2，不能写成$c\cdot m^2$、$c\times m^2$或$(cm)^2$。

二、物质的量及其单位

物质由原子、分子、离子等微观粒子构成。化学反应由肉眼看不到的微观粒子之间按一定的数目关系进行，同时又保持一定的质量关系。例如，$2H_2+O_2=\!=\!=2H_2O$，表示2个H_2分子和1个O_2分子化合生成2个H_2O分子，也可表示为4 g氢气与32 g氧气化合生成36 g水。科学上采用“物质的量”这个物理量把微观粒子与可称量的宏观物质联系起来。

(一) 物质的量

物质的量是国际单位制(SI)中七个基本物理量之一，是表示以一定数目的基本单元粒子为集体的、与基本单元的粒子数成正比的物理量，用于计量原子、分子、离子等结构微粒的多少。物质的量用符号 n 表示，书写为 n_B 或 $n(B)$，B 是粒子的化学式。例如，氧原子的物质的量记为 n_O 或 $n(O)$，钠离子的物质的量记为 n_{Na^+} 或 $n(Na^+)$，氢氧化钠的物质的量记为 n_{NaOH} 或 $n(NaOH)$。

"物质的量"是联系微观粒子和宏观物质的桥梁，是表示含有一定数目粒子的集体。这个集体的组成者是微观粒子，集体内的粒子数目可多可少。因此，"物质的量"是表示物质所含微粒多少的物理量。对于"物质的量"这个整体的专门名词，不能分开理解和使用。

(二) 物质的量的单位——摩尔

每个物理量都有单位，如长度的单位为米，质量的单位为千克，时间的单位为秒等。物质的量也有单位，在 1971 年第 14 届国际计量大会(CGPM)上确定了物质的量的单位是摩尔，简称摩，用符号 mol 表示。其定义为："摩尔是一系统的物质的量，该系统中所包含的基本单元数与 0.012 kg ^{12}C 的原子数目相等。"

摩尔的这个定义包含三点：

(1) 指明了物质的量的单位是摩尔，国际符号是 mol，摩尔是国际单位制(SI)中的七个基本单位之一。

(2) 定义了摩尔这个单位的大小，只要基本单元的数目与 0.012 kg ^{12}C 的原子数目相等，其物质的量就是 1 mol。

(3) 使用摩尔时，必须指明基本单元，可以是分子、原子、离子、电子及其他粒子，或是这些粒子的特定组合。

实验测定，0.012 kg ^{12}C 中约含 6.02×10^{23} 个碳原子。6.02×10^{23} 个这个量值常称为阿伏加德罗常数，用符号 N_A 表示，单位为：个 · mol^{-1}，即 $N_A=6.02\times10^{23}$ 个 · mol^{-1}。

因此，物质的量是以阿伏加德罗常数这一特定数目为标准来计量微观粒子的。1 mol的任何物质都含有 6.02×10^{23} 个基本单元。基本单元可以是实际存在的，也可以是根据需要指定的。例如，1 mol ^{12}C 约含有 6.02×10^{23} 个 ^{12}C 原子，1 mol H_2O 约含有 6.02×10^{23} 个 H_2O 分子，1 mol Na^+ 约含有 6.02×10^{23} 个 Na^+，1 mol CO_3^{2-} 约含有 6.02×10^{23} 个 CO_3^{2-}，1 mol $\left(\frac{1}{2}H_2SO_4\right)$ 约含有 6.02×10^{23} 个 $\left(\frac{1}{2}H_2SO_4\right)$ 基本单元或 3.01×10^{23} 个 H_2SO_4 分子。

物质的量 n、基本单元数 N_B 与阿伏加德罗常数 N_A 之间存在如下关系：

$$n=\frac{N_B}{N_A} \tag{1-1}$$

在实际应用中，当物质的量较小时，摩尔这个单位就显得太大了，常采用毫摩尔，

符号用 mmol 表示。

$$1\ \text{mol} = 10^3\ \text{mmol}$$

例如，1 L 血浆中含 Na^+ 142 mmol，含 HPO_4^{2-} 1 mmol。

三、摩尔质量及计算

摩尔是一个数量单位，1 mol 不同物质所含的微粒（原子、分子或离子）数目均为 N_A 个。由于不同微粒的个体质量不同，1 mol 不同物质的质量也是不相同的，如表 1-11 所示。

表 1-11　几种粒子的质量与摩尔质量

粒子符号	相对原子（或分子）质量	每个粒子的质量/g	1 mol 物质的质量/g
C	12	1.993×10^{-23}	12
Fe	56	9.302×10^{-23}	56
H_2O	18	2.990×10^{-23}	18
Na^+	23	3.824×10^{-23}	23

由表 1-11 可推知：1 mol 粒子或物质的质量以克为单位时，在数值上等于该粒子的相对原子质量或相对分子质量。单位物质的量的任何物质所具有的质量称为该物质的摩尔质量，用符号 M_B 表示。摩尔质量的 SI 单位是 $kg\cdot mol^{-1}$，常用单位为 $g\cdot mol^{-1}$，中文符号为克・摩$^{-1}$。例如，1 mol 水的质量为 18 g，水的摩尔质量 $M_{H_2O}=18\ g\cdot mol^{-1}$；氢氧化钠的摩尔质量 $M_{NaOH}=40\ g\cdot mol^{-1}$，则 1 mol 氢氧化钠的质量为 40 g。

由此可以得出：任何物质的摩尔质量以 $g\cdot mol^{-1}$ 为单位时，数值上等于该物质的相对原子质量或相对分子质量。由于电子的质量过于微小，失去或得到的电子的质量可以忽略不计，离子的摩尔质量在数值上等于该离子对应的原子或分子的相对质量，如 $M_{Na^+}=23\ g\cdot mol^{-1}$，$M_{SO_4^{2-}}=96\ g\cdot mol^{-1}$。

物质的量（n_B）、物质的质量（m_B）、摩尔质量（M_B）是三个完全不同的概念。它们之间存在如下关系：

$$n_B=\frac{m_B}{M_B} \tag{1-2}$$

式(1-2)是进行物质的量计算的基础。

【例 1-1】 20 g 氢氧化钠的物质的量是多少？

解： 已知 $m_{NaOH}=20\ g$，$M_{NaOH}=40\ g\cdot mol^{-1}$

$$n_{NaOH}=\frac{m_{NaOH}}{M_{NaOH}}=\frac{20\ g}{40\ g\cdot mol^{-1}}=0.5\ mol$$

答： 20 g 氢氧化钠的物质的量为 0.5 mol。

四、化学反应中的计算

应用式(1-1)和式(1-2)，可以简单地进行化学反应的计算。例如：

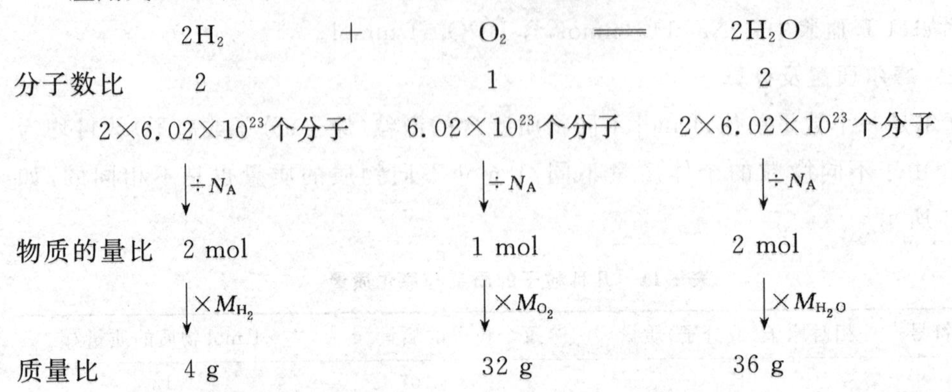

由上述分析可知：在化学反应中，各物质的物质的量之比等于它们在化学方程式中化学计量数之比，质量之比等于相对分子质量（或相对原子质量）与化学方程式中化学计量数的乘积之比。

【例 1-2】 完全中和 0.1 mol 硫酸，需要多少克氢氧化钠？生成多少克硫酸钠？

解法一： 硫酸与氢氧化钠中和反应方程式为

$$2NaOH + H_2SO_4 = Na_2SO_4 + 2H_2O$$

2×40 g　　98 g　　142 g　　2×18 g

m_{NaOH}　　0.1×98 g　　$m_{Na_2SO_4}$

$$m_{NaOH}=\frac{2\times40\ g\times0.1\times98\ g}{98\ g}=8\ g$$

$$m_{Na_2SO_4}=\frac{142\ g\times0.1\times98\ g}{98\ g}=14.2\ g$$

解法二： 硫酸与氢氧化钠中和反应方程式为

$$2NaOH + H_2SO_4 = Na_2SO_4 + 2H_2O$$

2 mol　　1 mol　　1 mol　　2 mol

n_{NaOH}　　0.1 mol　　$n_{Na_2SO_4}$

$$n_{NaOH}=\frac{2\ mol\times0.1\ mol}{1\ mol}=0.2\ mol$$

$$m_{NaOH}=n_{NaOH}\times M_{NaOH}=0.2\ mol\times40\ g\cdot mol^{-1}=8\ g$$

$$n_{Na_2SO_4}=n_{H_2SO_4}=0.1\ mol$$

$$m_{Na_2SO_4}=n_{Na_2SO_4}\times M_{Na_2SO_4}=0.1\ mol\times142\ g\cdot mol^{-1}=14.2\ g$$

答： 用 8 g 氢氧化钠可以完全中和 0.1 mol 硫酸，并生成 14.2 g 硫酸钠。

思考与练习

1. 填写下表：

原子序数	元素符号	原子结构示意图	电子排布式	周期	族	区	金属或非金属
		(+7) 2 5					
				2	ⅦA		
	Na						
			$1s^2 2s^2 2p^6 3s^2 3p^4$				
26							

化学名称	化学式	相对分子质量	摩尔质量
氯化钡			
	$AgNO_3$		
高锰酸钾			
	KH_2PO_4		
	H_2SO_3		

2. 试比较下列各组元素，谁的电负性最大？谁的金属性或非金属性最强？（不参看周期表）

(1) 12 号元素与 20 号元素；　　(2) 15 号元素与 16 号元素；

(3) O、Cl 与 F；　　(4) Na、Al、N、F。

3. 物质 H_2、O_2、HF、H_2O、CO_2、NH_3、CCl_4、NaCl 中：

(1) 哪些含有离子键？哪些含有极性键？哪些含有非极性键？

(2) 哪些分子中含有 π 键？

(3) 哪些分子是极性分子？哪些分子是非极性分子？

(4) 哪些分子之间存在氢键？

4. 下列说法是否正确？为什么？

(1) 由非极性键形成的分子总是非极性分子，由极性键形成的分子都是极性分子。

(2) 通常情况下，单键都是 σ 键，双键、叁键中也都含有 σ 键。

(3) 所有含有氢元素和氟（或氧、氮）元素的化合物分子之间均存在氢键。

5. 计算题。

(1) 计算下列物质的物质的量。

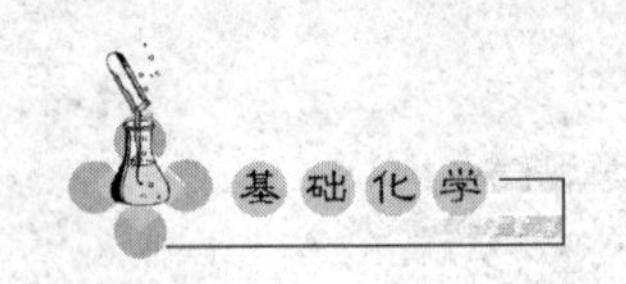

① 21 g 碳酸氢钠；② 21.6 g 硫代硫酸钠($Na_2S_2O_3$)；③ 3.96 g 结晶葡萄糖($C_6H_{12}O_6 \cdot H_2O$)。

(2) 临床上配制 1 500 mL 生理盐水需要氯化钠 0.23 mol,应该称取多少克氯化钠?

(3) 临床上纠正酸中毒所使用的乳酸钠注射液,其规格是每支含乳酸钠($C_3H_5O_3Na$)2.24 g。每支注射液中含乳酸钠多少摩尔?

(4) 完全中和 0.1 mol 盐酸,需要多少摩尔氢氧化钠?生成多少克氯化钠?

第二章

溶液和胶体溶液

在我们的生活、学习和生产中，经常接触各类溶液。食物和药物要形成溶液或胶体溶液才便于消化吸收，很多药物和试剂需要配成一定浓度的溶液才能使用，药物分析和检验工作的许多操作在溶液中进行，药物生产、调制、保存、使用等环节大量应用到溶液和胶体溶液的知识。

第一节　分散系

将一种或几种物质以细小的微粒分散在另一种物质中形成的体系称为分散体系，简称分散系。其中，被分散的物质称为分散质或分散相，容纳分散质的物质称为分散介质或分散剂。例如，糖水就是把蔗糖分子分散在水中形成的分散系，其中蔗糖是分散质，水是分散介质。根据分散质粒子平均直径的大小，把分散系分为三类：

一、分子或离子分散系

分子或离子分散系又叫作真溶液，简称溶液。其分散质粒子的平均直径小于1纳米(nm)，是单个的分子或离子，如食盐溶液和蔗糖溶液。高度均匀、透明、稳定是该类分散系的特点，长期放置不会析出分散质。

二、粗分散系

粗分散系的分散质粒子较粗，平均直径大于100纳米(nm)，如泥土、植物油与水混合形成的体系。其分散质粒子含有多于10^9个原子，肉眼能够观察到，所以这类分散系表现出浑浊、不均匀、不稳定的特点，放置后分散质在分散介质中聚沉。

粗分散系又称浊液，包括分散质以固体粒子分散于分散介质中形成的悬浊液、分散质以小液滴分散于分散介质中形成的乳浊液。医药上外用杀菌药硫黄合剂、氧化锌搽剂属于悬浊液，松节油搽剂、乳白鱼肝油属于乳浊液。

药液制成乳浊液可以增大与机体的接触面积，促进药物的吸收，一些不溶于水的药物常被制成乳浊液使用。医药上，乳浊液又称乳剂，分为水分散在油中形成的“油包水”型(W/O)和油分散在水中形成的“水包油”型(O/W)两种类型。制备乳剂时，

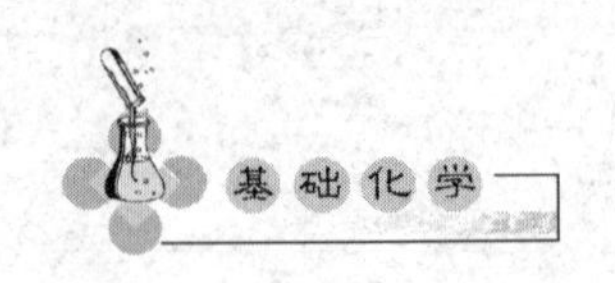

必须加入另外一种叫作乳化剂的物质，使之在分散质小液滴表面形成一层乳化剂薄膜，增加乳剂的稳定性。乳化剂使乳剂稳定的作用叫作乳化作用。乳化作用对脂肪的消化、吸收具有重要意义。

三、胶体分散系

胶体分散系又称胶体溶液，简称胶体。胶体分散系的分散质粒子的平均直径介于上述两种体系之间，即 1～100 nm，是由许多分子聚集成的胶粒。从外观看，胶体与溶液没有明显的区别，其表现出介于上述两种体系的特点：不均匀、透明度不一、比较稳定。

化学·生活·医药

药物的剂型

任何药物在供给临床使用前，必须制成适合于医疗应用的形式，这种形式称为药物的剂型。药物剂型按分散系不同可分为 7 种：① 溶液型，如溶液剂、注射剂等；② 胶体溶液型，如胶浆剂、涂膜剂等；③ 乳剂型，如口服乳剂、部分搽剂等；④ 混悬型，如合剂、洗剂等；⑤ 气体分散型，如气雾剂、喷雾剂等；⑥ 微粒分散型，如微球剂、纳米囊；⑦ 固体分散型，如片剂、散剂等。

同一药物由于剂型不同，其药动学特征、药理作用、不良反应等存在差异。例如，硫酸镁口服剂型用于导泻、利胆，注射剂则起到中枢抑制、骨骼肌松弛及降血压作用；绝大多数药物的注射剂、吸入气雾剂等较口服剂型吸收迅速、生物利用度高、作用显著；口服剂型中液体剂型比固体剂型更易吸收，发挥作用快。

第二节　溶解度

一、饱和溶液与不饱和溶液

在一定温度下，向一定量溶剂里加入某种溶质，当溶质不能继续溶解时，所得溶液叫作饱和溶液；还能继续溶解溶质的溶液叫作不饱和溶液。例如，将 5 g 氯化钠溶解在 20 mL 水中得到澄清、透明的氯化钠溶液，再往该溶液中加入氯化钠还能继续溶解，这种氯化钠溶液为不饱和溶液；往 20 mL 水中加入 10 g 氯化钠并充分振荡后，仍然有部分氯化钠不能溶解，所得到的溶液就是饱和溶液。

一定温度下，饱和溶液的浓度就是物质在该温度下这种溶剂中的溶解度。

二、溶解度的定义与表示方法

各物质的溶解度存在很大差异。表示物质溶解度的常用方法有：

(1) 固体物质通常用一定温度下，在 100 g 溶剂里达到饱和状态时所溶解的质量来表示溶解度。例如，20 ℃时，在 100 g 水中最多能溶解 36 g 氯化钠(这时溶液达到饱和状态)，所以 20 ℃时，氯化钠在水中的溶解度为 36 g。

(2)《中国药典》中常以比例溶解度(1∶X)表示药品在溶剂中的溶解度，其含义为：1 g 固体(或 1 mL 液体)药品能在 X mL 溶剂中溶解。例如，1 g 硼酸能在 18 mL 水或 4 mL 甘油中溶解，所以硼酸在水中的溶解度为 1∶18，在甘油中的溶解度为 1∶4。

药物的溶解度

溶解度是药品的一种物理性质，应用于药物有效成分的提取、精制，以及溶液制备和质量控制中。

(1)《中国药典》中对药品的近似溶解度的规定如下：

极易溶解，系指溶质 1 g(mL)能在不到 1 mL 溶剂中溶解。

易溶，系指溶质 1 g(mL)能在 1～10 mL 溶剂中溶解。

溶解，系指溶质 1 g(mL)能在 10～30 mL 溶剂中溶解。

略溶，系指溶质 1 g(mL)能在 30～100 mL 溶剂中溶解。

微溶，系指溶质 1 g(mL)能在 100～1 000 mL 溶剂中溶解。

极微溶解，系指溶质 1 g(mL)能在 1 000～10 000 mL 溶剂中溶解。

几乎不溶或不溶，系指溶质 1 g(mL)在 10 000 mL 溶剂中不能完全溶解。

(2)《中国药典》中药品溶解度的试验方法：除另有规定外，称取研成细粉的供试品或量取液体供试品，置于 25 ℃±2 ℃一定容量的溶剂中，每隔 5 min 强力振摇 30 s，观察 30 min 内的溶解情况，如看不见溶质颗粒或液滴，即视为完全溶解。

(3) 在特定溶剂中的溶解性能需作质量控制时，在该品种检查项下有具体规定。例如：

① 氯化钠。

【性状】 本品为无色、透明的立方形结晶或白色结晶性粉末，无臭，味咸。本品在水中易溶，在乙醇中几乎不溶。

② 对乙酰氨基酚。

【性状】 本品为白色结晶或结晶性粉末，无臭，味微苦。本品在热水或乙醇中易溶，在丙酮中溶解，在水中略溶。

三、相似相溶规则

我们可以近似地由经验得出溶解度的规律，即“相似相溶规则”，其主要内容为：

(1) 物质容易溶解在结构与其相似的溶剂中。酒精的分子结构 $C_2H_5—OH$ 与水分子结构 H—OH 很相似，所以酒精容易溶解在水中。苯的分子结构 C_6H_6 与水很不相同，故不溶于水；苯变为苯酚($C_6H_5—OH$)后，在水中溶解度显著增加。

(2) 极性相似的溶质和溶剂相互容易溶解。碘(I_2)为非极性分子，在非极性的四氯化碳中溶解度较大，在极性的水中溶解度较小。高锰酸钾为极性最强的离子化合物，容易溶解在水中而难溶解在四氯化碳中。

水是典型的强极性溶剂，很多常见的盐(如碳酸钠、氯化钠、硝酸银等)、碱(如氢氧化钠、氢氧化钾等)等离子化合物和极性分子(如氯化氢、氨气等)都容易溶解在水中。大多数有机溶剂为非极性溶剂，能够溶解非极性、极性极弱的分子(如大部分有机化合物)。

利用碘在水和四氯化碳中溶解度的差异，可以把碘从碘水提取到四氯化碳中，这个过程叫作萃取。在实验室，萃取过程在分液漏斗中进行，分液漏斗主要用于分离两种互不相溶的液体，分液装置见图 2-1。萃取是分离混合物的一种常用实验手段，在中草药的加工过程中常用于有效成分的分离和纯化。

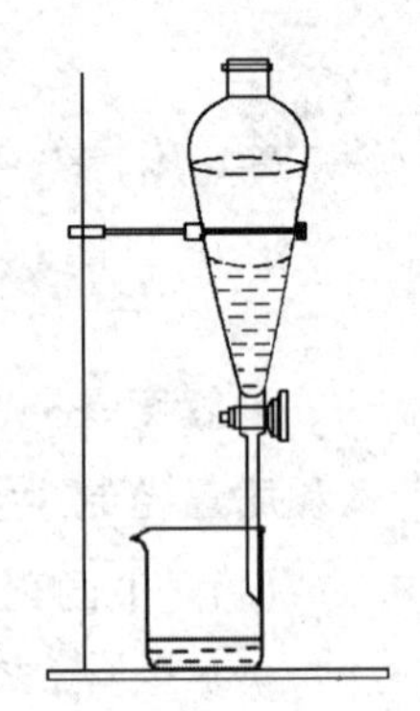

图 2-1　分液装置

第三节　表示溶液组成的物理量及其计算

溶质 B 和溶剂 A 相同的溶液，其中溶质和溶剂的相对含量不同时，溶液的性质和用途存在差异。因此，使用溶液时，我们往往需要准确知道溶液中溶质和溶剂之间量的关系。

一、溶液组成的表示方法

(一) 物质的量浓度

单位体积溶液所含溶质 B 的物质的量称为 B 的物质的量浓度，简称 B 的浓度，用符号 c_B 或 $c(B)$ 表示。表达式为：

$$c_B=\frac{n_B}{V} \tag{2-1}$$

式中，n_B 为溶质 B 的物质的量，V 为溶液的体积。c_B 的 SI 单位为 $mol \cdot m^{-3}$，常用单位为 $mol \cdot L^{-1}$ 和 $mmol \cdot L^{-1}$。

按照物质的量浓度的定义，如果 1 L 溶液中含 0.5 mol NaOH，这种溶液中 NaOH 的物质的量浓度 c_{NaOH} 为 $0.5\ mol \cdot L^{-1}$。

物质的量浓度是最常用的溶液组成的表示方法。在学习和实验中，经常进行有关物质的量浓度的计算。

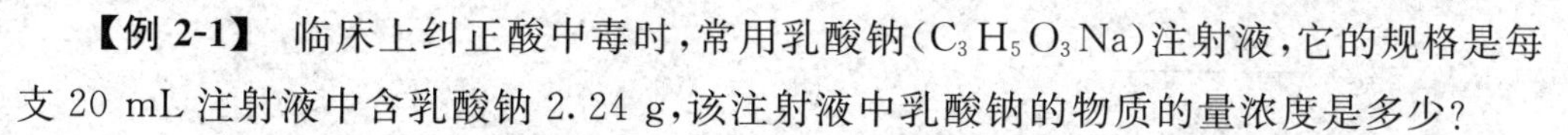

【例 2-1】 临床上纠正酸中毒时，常用乳酸钠($C_3H_5O_3Na$)注射液，它的规格是每支 20 mL 注射液中含乳酸钠 2.24 g，该注射液中乳酸钠的物质的量浓度是多少？

解： 已知 $m_{C_3H_5O_3Na}=2.24\ g$，$V=20\ mL=0.02\ L$，$M_{C_3H_5O_3Na}=112\ g\cdot mol^{-1}$

$$n_{C_3H_5O_3Na}=\frac{m_{C_3H_5O_3Na}}{M_{C_3H_5O_3Na}}=\frac{2.24\ g}{112\ g\cdot mol^{-1}}=0.02\ mol$$

$$c_{C_3H_5O_3Na}=\frac{n_{C_3H_5O_3Na}}{V}=\frac{0.02\ mol}{0.02\ L}=1\ mol\cdot L^{-1}$$

答： 注射液中乳酸钠的物质的量浓度为 $1\ mol\cdot L^{-1}$。

将本题解题过程中使用的两个计算公式：$n_B=\frac{m_B}{M_B}$、$c_B=\frac{n_B}{V}$合并，可得到一个新的物质的量浓度的计算公式：

$$c_B=\frac{m_B}{M_BV} \tag{2-2}$$

【例 2-2】 配制 $0.2\ mol\cdot L^{-1}$碳酸钠(Na_2CO_3)溶液 0.5 L，需要碳酸钠多少克？若改用 $Na_2CO_3\cdot 10H_2O$ 配制，则需要多少克？

解： 已知 $c_{Na_2CO_3}=0.2\ mol\cdot L^{-1}$，$V=0.5\ L$，$M_{Na_2CO_3}=106\ g\cdot mol^{-1}$，$M_{Na_2CO_3\cdot 10H_2O}=286\ g\cdot mol^{-1}$

由 $c_B=\frac{m_B}{M_BV}$得：

$$\begin{aligned}m_{Na_2CO_3}&=c_{Na_2CO_3}\times V\times M_{Na_2CO_3}\\&=0.2\ mol\cdot L^{-1}\times 0.5\ L\times 106\ g\cdot mol^{-1}\\&=10.6\ g\end{aligned}$$

$$Na_2CO_3\cdot 10H_2O \longrightarrow Na_2CO_3+10H_2O$$

286 g　　　106 g

$m_{Na_2CO_3\cdot 10H_2O}$　　　10.6 g

$$m_{Na_2CO_3\cdot H_2O}=\frac{286\ g\times 10.6\ g}{106\ g}=28.6\ g$$

答： 需要 Na_2CO_3 10.6 g，$Na_2CO_3\cdot 10H_2O$ 28.6 g。

【例 2-3】 完全中和 0.122 5 g 碳酸钠需要 $0.110\ 8\ mol\cdot L^{-1}$的 HCl 溶液多少毫升？

解： 已知 $m_{Na_2CO_3}=0.122\ 5\ g$，$c_{HCl}=0.110\ 8\ mol\cdot L^{-1}$，$M_{Na_2CO_3}=106\ g\cdot mol^{-1}$

$$Na_2CO_3 + 2HCl = 2NaCl + CO_2\uparrow + H_2O$$

1 mol　　　2 mol

$\frac{m_{Na_2CO_3}}{M_{Na_2CO_3}}$　　　$c_{HCl}\times V$

$$V=2\times\frac{m_{Na_2CO_3}}{M_{Na_2CO_3}\times c_{HCl}}$$

$$=2\times\frac{0.122\,5\ g}{106\ g\cdot mol^{-1}\times 0.110\,8\ mol\cdot L^{-1}}$$

$$=0.020\,86\ L=20.86\ mL$$

答：需要 0.110 8 $mol\cdot L^{-1}$的 HCl 溶液 20.86 mL。

（二）质量浓度

单位体积溶液所含溶质 B 的质量称为 B 的质量浓度。质量浓度的符号为 ρ_B或 $\rho(B)$，表达式为：

$$\rho_B=\frac{m_B}{V} \tag{2-3}$$

式中，m_B为溶质 B 的质量，V 为溶液的体积。质量浓度的 SI 单位为 $kg\cdot m^{-3}$，常用单位为 $g\cdot L^{-1}$和 $mg\cdot L^{-1}$。

使用质量浓度表示溶液组成时，注意与密度(ρ)的区别：密度为溶液的质量与溶液的体积之比，即 $\rho=m/V$，单位为 $kg\cdot L^{-1}$或 $g\cdot mL^{-1}$。为了避免与密度符号混淆，质量浓度一定要用下角标或括号。

【例 2-4】《中国药典》中规定，生理盐水的规格是 0.5 L 生理盐水中含 NaCl 4.5 g，生理盐水的质量浓度是多少？若配制生理盐水 1.2 L，需要氯化钠多少克？

解：(1) 已知 $V=0.5\ L$，$m_{NaCl}=4.5\ g$

$$\rho_{NaCl}=\frac{m_{NaCl}}{V}=\frac{4.5\ g}{0.5\ L}=9\ g\cdot L^{-1}$$

(2) 已知 $\rho_{NaCl}=9\ g\cdot L^{-1}$，$V=1.2\ L$

由 $\rho_{NaCl}=\frac{m_{NaCl}}{V}$得：

$$m_{NaCl}=\rho_{NaCl}\times V=9\ g\cdot L^{-1}\times 1.2\ L=10.8\ g$$

答：生理盐水的质量浓度为 9 $g\cdot L^{-1}$。配制 1.2 L 生理盐水需要 10.8 g 氯化钠。

（三）质量分数

溶液中，溶质的质量与溶液的质量之比称为溶质 B 的质量分数，用符号 w_B或 $w(B)$表示：

$$w_B=\frac{m_B}{m}=\frac{m_B}{m_A+m_B} \tag{2-4}$$

式中，m_B、m_A、m 分别表示溶质 B、溶剂 A、溶液的质量。质量分数的 SI 单位为 1，可用小数表示，亦可用百分数表示。例如，市售浓硫酸的 $w_B=0.98$ 或 $w_B=98\%$。

【例 2-5】 市售浓硫酸 $w_{H_2SO_4}=0.98$，$\rho=1.84\ kg\cdot L^{-1}$，1 L 浓硫酸中含硫酸多少克？

解： 已知 $w_{H_2SO_4}=0.98$，$\rho=1.84\ kg\cdot L^{-1}$，$V=1\ L$

$m=\rho\times V=1.84\ kg\cdot L^{-1}\times 1\ L=1.84\ kg=1\ 840\ g$

由 $w_{H_2SO_4}=\frac{m_{H_2SO_4}}{m}$得：

$m_{H_2SO_4}=w_{H_2SO_4}\times m=0.98\times 1\ 840\ g=1\ 803.2\ g$

答： 1 L 浓硫酸中含硫酸 1 803.2 g。

（四）体积分数

纯溶质 B 的体积与溶液总体积之比称为溶质 B 的体积分数，用符号 φ_B 或 $\varphi(B)$ 表示：

$$\varphi_B=\frac{V_B}{V} \tag{2-5}$$

式中，V_B 为纯溶质的体积，V 为溶液的体积。体积分数的 SI 单位为 1。体积分数可用小数表示，亦可用百分数表示。

当纯溶质为液态（如酒精、甘油等）时，常用体积分数（φ_B）表示溶液的组成。例如，市售普通药用酒精为 $\varphi_{酒精}=0.95$ 或 $\varphi_{酒精}=95\%$ 的酒精溶液；临床上，$\varphi_{酒精}=0.75$ 或 $\varphi_{酒精}=75\%$ 的酒精溶液用作外用消毒剂（称为消毒酒精），$\varphi_{酒精}=0.30\sim0.50$ 的酒精溶液用于高烧病人擦浴以降低体温。

【例 2-6】 《中国药典》中规定：药用酒精的 $\varphi_B=0.95$。问：500 mL 药用酒精中含纯酒精多少毫升？

解： 已知 $\varphi_B=0.95$，$V=500\ mL$

由 $\varphi_B=\frac{V_B}{V}$得：

$V_B=\varphi_B\times V=0.95\times 500\ mL=475\ mL$

答： 500 mL 药用酒精中含纯酒精 475 mL。

（五）质量摩尔浓度和摩尔分数

溶质 B 的质量摩尔浓度的定义为：溶液中溶质 B 的物质的量除以溶剂的质量，用符号 b_B 或 $b(B)$ 表示：

$$b_B=\frac{n_B}{m_A} \tag{2-6}$$

式中，n_B 为溶质 B 的物质的量，单位为 mol；m_A 为溶剂 A 的质量，单位为 kg。b_B 的 SI 单位为 $mol\cdot kg^{-1}$。

溶液中组分 B 的摩尔分数的定义为：B 的物质的量除以溶液的总物质的量，用符

号 x_B 或 $x(B)$ 表示：

$$x_B=\frac{n_B}{n}=\frac{n_B}{n_A+n_B+n_C+\cdots} \tag{2-7}$$

式中，n_A，n_B，n_C，…分别为组分 A、B、C 等的物质的量，n 为溶液的总物质的量。x_B 的 SI 单位为 1。

在实验室、生活和生产实际中，根据溶液的用途和习惯，采用不同的组成表示方法。用于进行化学反应的溶液，常使用物质的量浓度。世界卫生组织（WHO）建议：① 凡是已知相对分子质量的物质在人体内的含量，都应当用物质的量浓度单位。例如，人体血液中葡萄糖含量的正常值应表示为：$c(C_6H_{12}O_6)=3.9\sim5.6\ \text{mmol}\cdot\text{L}^{-1}$。② 人体体液中有少数物质的相对分子质量还未精确测得，可以仍暂用质量浓度表示。③ 统一用升（L）作为单位的分母。④ 对于注射液，标签上应同时注明质量浓度和物质的量浓度。例如，静脉注射用的氯化钠溶液应同时标明 $\rho(\text{NaCl})=9\ \text{g}\cdot\text{L}^{-1}$、$c(\text{NaCl})=0.154\ \text{mol}\cdot\text{L}^{-1}$。

二、溶液组成表示法之间的换算

在实际工作中，经常涉及溶液浓度之间的换算，换算依据是：一定体积的同种溶液，无论用哪种浓度表示方法，其溶质的量（物质的量或质量）和溶液的量（体积）不变。

（一）物质的量浓度 c_B 与质量浓度 ρ_B 之间的换算

这类换算的关键问题是溶质的质量（m_B）与溶质的物质的量（n_B）之间的转换，转换的桥梁是溶质的摩尔质量（M_B）。

由式(2-3)除以式(2-1)，得：

$$\frac{\rho_B}{c_B}=\frac{\frac{m_B}{V}}{\frac{n_B}{V}}=\frac{m_B}{n_B}=M_B$$

即

$$c_B=\frac{\rho_B}{M_B} \tag{2-8}$$

或

$$\rho_B=c_BM_B$$

【例 2-7】 临床上常用的生理盐水的质量浓度为 $9\ \text{g}\cdot\text{L}^{-1}$，求该溶液的物质的量浓度。

解：已知 $\rho_{\text{NaCl}}=9\ \text{g}\cdot\text{L}^{-1}$，$M_{\text{NaCl}}=58.5\ \text{g}\cdot\text{mol}^{-1}$

$$c_{\text{NaCl}}=\frac{\rho_{\text{NaCl}}}{M_{\text{NaCl}}}=\frac{9\ \text{g}\cdot\text{L}^{-1}}{58.5\ \text{g}\cdot\text{mol}^{-1}}=0.15\ \text{mol}\cdot\text{L}^{-1}$$

答：生理盐水的物质的量浓度为 $0.15\ \text{mol}\cdot\text{L}^{-1}$。

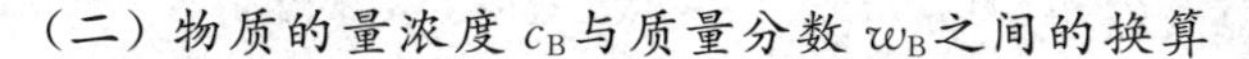
（二）物质的量浓度 c_B 与质量分数 w_B 之间的换算

这类换算涉及两个问题，一是溶质的质量（m_B）与物质的量（n_B）之间的转换，转换的桥梁是溶质的摩尔质量（M_B）；二是溶液的质量（m）与溶液的体积（V）之间的转换，转换的桥梁是溶液的密度（ρ）。

根据式(2-1)、式(1-2)、式(2-4)和 $m=\rho V$ 通过整理得：

$$c_B=\frac{\rho w_B}{M_B} \tag{2-9}$$

或

$$w_B=\frac{c_B M_B}{\rho}$$

式中，密度 ρ 的单位必须为 $g \cdot L^{-1}$。

【例 2-8】 市售浓盐酸的 $w_{HCl}=0.37$，$\rho=1.19\ kg \cdot L^{-1}$，求浓盐酸的物质的量浓度。

解： 已知 $w_{HCl}=0.37$，$\rho=1.19\ kg \cdot L^{-1}=1\ 190\ g \cdot L^{-1}$，$M_{HCl}=36.5\ g \cdot mol^{-1}$

$$\begin{aligned} c_B &=\frac{\rho w_B}{M_B} \\ &=\frac{1\ 190\ g \cdot L^{-1} \times 0.37}{36.5\ g \cdot mol^{-1}} \\ &=12\ mol \cdot L^{-1} \end{aligned}$$

答： 浓盐酸的物质的量浓度为 12 $mol \cdot L^{-1}$。

第四节　溶液的配制

按照计量准确程度的不同，溶液分为计量较粗略的一般溶液（又称非标准溶液）和计量较准确的标准溶液两类。标准溶液的配制需要使用准确度较高的测量仪器，如使用分析天平称物质的质量，用滴定管、移液管、容量瓶等定量物质的体积。而一般溶液的配制只需要使用准确度不太高的测量仪器，即使用托盘天平称物质的质量，用量筒（或量杯）定量物质的体积。

一、一般溶液的配制

一般溶液常用以下三种方法配制：

（一）直接水溶法

易溶于水而又不容易水解的固体试剂，如 $NaCl$、Na_2SO_4、葡萄糖等，采用先以少量蒸馏水溶解，再稀释至所需体积的方法直接配制。若试剂溶解时有放热现象，或加热促使其溶解时，应该等其冷却至室温后再稀释。

【例 2-9】 如何配制 500 mL 0.1 $mol \cdot L^{-1}$ 的碳酸钠溶液？如果使用 $Na_2CO_3 \cdot$

$10H_2O$ 配制，又该如何进行？

解：(1) 由无水碳酸钠配制。

① 计算所需溶质的质量：

$$m_{Na_2CO_3}=c_{Na_2CO_3}\times V\times M_{Na_2CO_3}$$
$$=0.1\ mol\cdot L^{-1}\times 0.5\ L\times 106\ g\cdot mol^{-1}=5.3\ g$$

② 称量：在托盘天平上称出 5.3 g 无水碳酸钠固体。

③ 溶解：将称出的碳酸钠于烧杯中用适量蒸馏水溶解。

④ 转移、洗涤：将烧杯中的溶液小心注入 500 mL(或 500 mL 以上)的量筒(或量杯)中，用蒸馏水洗涤烧杯内壁和玻璃棒 2～3 次，并将每次洗涤后的溶液都注入量筒(或量杯)中。

⑤ 定容：缓缓将蒸馏水注入量筒(或量杯)中，直至液面接近 500 mL 刻度时，改用胶头滴管滴加蒸馏水至刻度。由于量筒、量杯等不适宜存放溶液，配好的溶液应该转入试剂瓶保存。

(2) 由 $Na_2CO_3\cdot 10H_2O$ 配制。

$$m_{Na_2CO_3\cdot 10H_2O}=c_{Na_2CO_3}\times V\times M_{Na_2CO_3\cdot 10H_2O}$$
$$=0.1\ mol\cdot L^{-1}\times 0.5\ L\times 286\ g\cdot mol^{-1}=14.3\ g$$

配制过程与使用无水碳酸钠时相同。

(二) 介质水溶法

在水中溶解度较小或容易水解的固体试剂，采用加入适当介质使之溶解，再以蒸馏水稀释至所需体积的方法配制其水溶液。例如，单质碘(I_2)在水中溶解度较小，可使用 KI 溶液溶解；容易水解的 $FeCl_3$、$FeSO_4$ 等，先溶解在适量的一定浓度的盐酸、硫酸溶液中抑制水解；易氧化的盐(如 $FeSO_4$)还应该在溶液中加入相应的纯金属(如铁粉)以防氧化。

(三) 稀释法

液态试剂，如酒精、硫酸、氨水等，其稀溶液常通过往一定量的浓溶液中加入适量溶剂的方法配制，这个过程叫作溶液的稀释。

在稀释过程中，溶液的体积发生了变化，但溶液中溶质的量，包括溶质的质量 m_B、溶质的物质的量 n_B 和纯溶质的体积 V_B 均保持不变：

稀释前溶质的量＝稀释后溶质的量

根据溶液组成的表示方法及其计算，可得稀释过程的计算公式——稀释公式：

$$c_1\cdot V_1=c_2\cdot V_2 \qquad (2\text{-}10)$$

式中，c_1、V_1 为浓溶液的浓度和体积，c_2、V_2 为稀溶液的浓度和体积。c_1、c_2 可以是 c_B、ρ_B、φ_B 中的一种，但两者必须为同一组成表示法；V_1、V_2 单位必须统一。

【例 2-10】 如何用 12 $mol \cdot L^{-1}$浓盐酸配制 400 mL 3 $mol \cdot L^{-1}$盐酸溶液？

解：(1) 计算所需浓盐酸的体积：

已知 $c_1 = 12\ mol \cdot L^{-1}$，$c_2 = 3\ mol \cdot L^{-1}$，$V_2 = 400\ mL$

由 $c_1 \cdot V_1 = c_2 \cdot V_2$ 得：

$$V_1 = \frac{c_2 \cdot V_2}{c_1} = \frac{3\ mol \cdot L^{-1} \times 400\ mL}{12\ mol \cdot L^{-1}} = 100\ mL$$

(2) 量取浓盐酸溶液：用 500 mL(或 500 mL 以上)的量筒(或量杯)量取 100 mL 浓盐酸。

(3) 稀释、定容：缓缓将蒸馏水注入量筒(或量杯)中，直至液面接近所需体积刻度时，改用胶头滴管滴加蒸馏水至刻度。

(4) 混匀：用玻璃棒搅拌均匀即可。

需要特别注意的是，稀释过程强烈放热的浓溶液，如硫酸，应该在不断搅拌下将浓溶液缓缓倒入盛水的烧杯中稀释，待冷却后再转入量筒(或量杯)中定容，切勿颠倒操作顺序。在工厂及药房工作中，常常需要用同一溶质的浓溶液和稀溶液混合配制中间浓度溶液，这一过程使用一种简捷的经验方法——十字交叉法进行计算：

浓溶液的浓度 c_1　　　　　　　　　　　$c - c_2$
　　　　　＼　　　　　　　　　　／
　　　　　　所需溶液的浓度 c
　　　　　／　　　　　　　　　　＼
稀溶液的浓度 c_2　　　　　　　　　　　$c_1 - c$

$\frac{V_1}{V_2} = \frac{c - c_2}{c_1 - c}$，$\frac{V_1}{V_2}$为所需浓溶液和稀溶液的体积比。

【例 2-11】 用 $\varphi_B = 0.95$ 和 $\varphi_B = 0.50$ 的酒精溶液配成 $\varphi_B = 0.75$ 的消毒酒精 1 000 mL，如何配制？

解：已知 $c_1 = 0.95$，$c_2 = 0.50$，$c = 0.75$，$V = 1\ 000\ mL$

0.95　　　0.25
　＼　　／
　　0.75
　／　　＼
0.50　　　0.20

$$\frac{V_1}{V_2} = \frac{0.25}{0.20} = \frac{5}{4}$$

$$V_1 = \frac{5}{5+4} \times 1\ 000\ mL = 556\ mL$$

$$V_2 = \frac{4}{5+4} \times 1\ 000\ mL = 444\ mL$$

答：配制方法为量取 $\varphi_B = 0.95$ 的酒精 556 mL 与 $\varphi_B = 0.50$ 的酒精 444 mL 混合均匀即可。

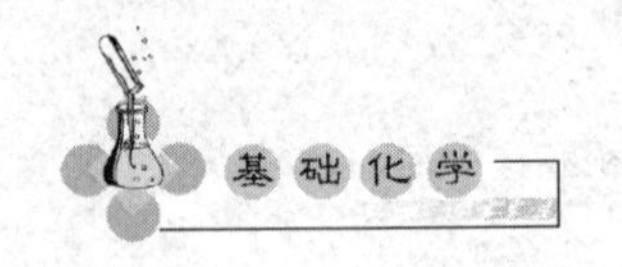

二、标准溶液的配制

标准溶液是组成准确已知的溶液，主要用于分析实验。根据溶质试剂的等级、状态的不同，常用的配制方法如下：

（一）直接法

对于达到分析纯或优级纯的固体试剂，使用分析天平或电子天平准确称取一定质量试剂，溶于适量的水中，再用容量瓶准确定容溶液的体积，直接配制成溶液。根据称取的质量和容量瓶的体积，计算它的准确浓度。

（二）标定法

很多试剂不宜直接配制标准溶液，采用先配制成近似浓度溶液，再用等级达标的试剂或已知准确浓度的标准溶液标定其准确浓度。

（三）稀释法

由浓标准溶液，通过使用移液管或滴定管准确量取其体积、用容量瓶准确定容稀溶液体积，稀释成稀标准溶液。根据浓标准溶液的浓度、体积和所得溶液的体积，计算稀标准溶液的准确浓度。

第五节　电解质溶液

一、电解质与电离

酸、碱、盐的水溶液中，溶质在溶剂水分子的作用下，离解成能够自由移动的阳离子和阴离子，这个过程叫作电离。例如：

$$HCl = H^+ + Cl^-$$

$$NaOH = Na^+ + OH^-$$

$$NaCl = Na^+ + Cl^-$$

由于带电荷的离子可以在电场中定向移动，它们的溶液均能导电。像这些在水溶液中或熔融状态下能够导电的化合物叫作电解质。部分溶质，如葡萄糖、蔗糖在水中不能电离，仍然以分子的形式存在，故其水溶液不能导电，这类化合物叫作非电解质。

二、强电解质和弱电解质

电解质的导电能力存在很大的差异。例如，HCl 溶于水后，在水分子的作用下，全部电离成 H^+（H_3O^+，水合氢离子）和 Cl^-（图 2-2），离子比较多，所以导电能力强；醋酸（CH_3COOH）溶于水后，只能部分电离成 H^+（H_3O^+）和 CH_3COO^-（图 2-3），离子比较少，所以导电能力弱。

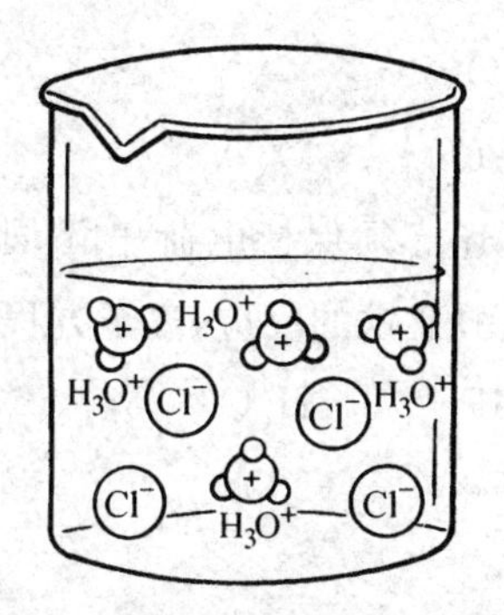

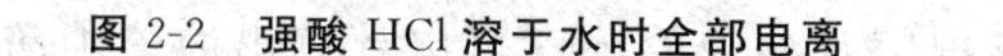
图 2-2　强酸 HCl 溶于水时全部电离

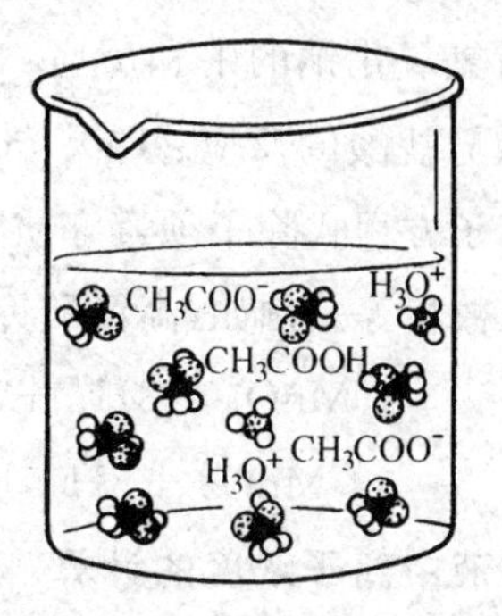

图 2-3　弱酸 CH_3COOH 溶于水时部分电离

像 HCl 这类在水溶液中全部电离成离子的电解质叫作强电解质，其电离过程是不可逆的，电离方程式用“══”表示。强电解质的水溶液中只存在离子，没有溶质分子。强酸(盐酸、硝酸、硫酸)、强碱(氢氧化钠、氢氧化钾、氢氧化钡)和大部分盐均属于强电解质。

像醋酸这类在水溶液中只有部分电离成离子的电解质叫作弱电解质，其电离过程是可逆的，电离方程式用“⇌”表示。例如：

$$CH_3COOH \rightleftharpoons CH_3COO^- + H^+$$

常简写为：

$$HAc \rightleftharpoons H^+ + Ac^-$$

弱电解质的水溶液中同时存在分子和离子。弱酸、弱碱属于弱电解质，水也是弱电解质。

三、离子反应和离子方程式

许多化学反应是在水溶液中进行的。电解质在溶液中的反应实质上是离子之间的反应，这样的反应称为离子反应。例如，氯化钠溶液与硝酸银溶液发生反应生成白色沉淀：

$$NaCl + AgNO_3 = NaNO_3 + AgCl\downarrow$$

氯化钠、硝酸银、硝酸钠均为易溶于水的强电解质，在溶液中都以离子的形式存在，化学方程式可表示为：

$$Na^+ + Cl^- + Ag^+ + NO_3^- = Na^+ + NO_3^- + AgCl\downarrow$$

显然，Na^+ 和 NO_3^- 之间没有发生化学反应，只有 Cl^- 和 Ag^+ 之间发生反应，生成难溶的 AgCl。所以 NaCl 溶液与 $AgNO_3$ 溶液反应的实质是：

$$Cl^- + Ag^+ = AgCl\downarrow$$

像这种用实际参加反应的离子符号表示反应的式子叫作离子方程式。离子方程式简单、明了地表示出电解质在溶液中反应的实质，是溶液中化学反应常用的表达式。例如：

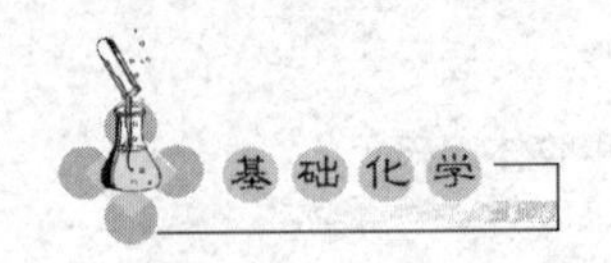

盐酸与氢氧化钠的中和反应：$H^+ + OH^- = H_2O$

碳酸钠与盐酸的反应：$CO_3^{2-} + 2H^+ = H_2O + CO_2\uparrow$

书写离子方程式除了须遵守质量守恒定律外，同时还必须保持电荷守恒，即方程式两边电荷总数相等。例如，高锰酸钾在酸性条件下与硫酸亚铁的反应，离子方程式为：

$$MnO_4^- + 8H^+ + 5Fe^{2+} = Mn^{2+} + 5Fe^{3+} + 4H_2O$$

而不是：

$$MnO_4^- + 8H^+ + Fe^{2+} = Mn^{2+} + Fe^{3+} + 4H_2O$$

四、溶液中离子浓度的计算

电解质溶液中存在着离子，根据其电离程度及溶液的浓度可以计算出溶液中离子的浓度。例如，浓度均为 0.01 mol·L^{-1}的下列强电解质溶液：

$NaCl$溶液中，$NaCl = Na^+ + Cl^-$，$c_{Na^+} = c_{Cl^-} = 0.01\ mol\cdot L^{-1}$。

$BaCl_2$溶液中，$BaCl_2 = Ba^{2+} + 2Cl^-$，$c_{Ba^{2+}} = 0.01\ mol\cdot L^{-1}$，$c_{Cl^-} = 0.02\ mol\cdot L^{-1}$。

Na_2SO_4 溶液中，$Na_2SO_4 = 2Na^+ + SO_4^{2-}$，$c_{Na^+} = 0.02\ mol\cdot L^{-1}$，$c_{SO_4^{2-}} = 0.01\ mol\cdot L^{-1}$。

可见，对于任一浓度为 c_B的易溶强电解质 A_mB_n溶液，电离方程式如下：

$$A_mB_n = mA^{n+} + nB^{m-}$$

则

$$c_{A^{n+}} = mc_B \qquad c_{B^{m-}} = nc_B$$

弱电解质只有部分电离成离子，离子浓度的计算根据具体情况而定。

第六节　稀溶液的依数性

溶液的性质分为两类：一类与溶质的本性有关，如溶液的颜色、密度、酸碱性、导电性等；另一类与溶质的本性无关，只与溶液中所含溶质粒子数目有关，这类性质称为依数性质，简称依数性，如溶液的蒸气压下降、沸点上升、凝固点下降、渗透压等。以下简单介绍含难挥发性溶质稀溶液的依数性。

一、溶液的蒸气压下降

如果将液体（如水）置于密闭容器中，如图 2-4 所示，液体同时进行着蒸发和凝结的过程。一定温度下，最终达到蒸发速率等于凝结速率的平衡状态，此时蒸气所具有的压力称为该温度下液体的饱和蒸气压（p°），简称蒸气压。蒸气压的大小与物质的本性有关，并随温度的升高而增大，在一定温度下是恒定值。例如，水的蒸气压在 0 ℃（273 K）时为 610.50 Pa，50 ℃（323 K）时为 12 334 Pa，而在 100 ℃（373 K）时增大到 101 325 Pa。

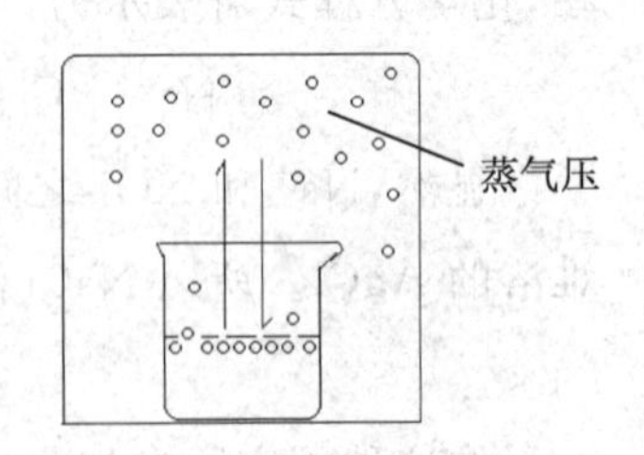

图 2-4　纯液体的蒸气压

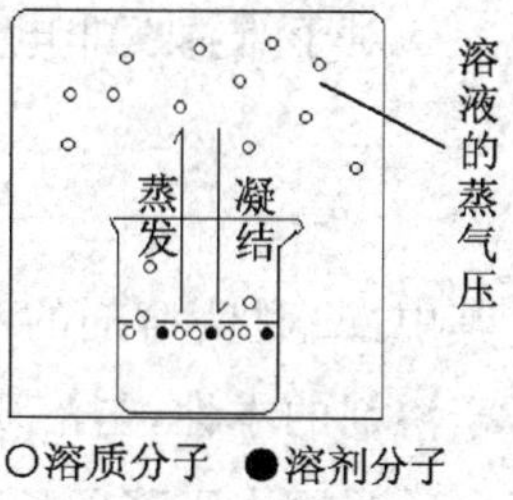

如果将难挥发溶质溶解在溶剂中形成溶液，如图 2-5 所示，由于溶剂的部分表面被溶质分子占据，单位时间逸出液面的溶剂分子数相应减少，所以溶液的蒸气压(p)必然低于纯溶剂的蒸气压(p°)。这种现象称为溶液的蒸气压下降。溶液的浓度越大，单位体积溶液中溶质的粒子数越多，溶液的蒸气压就越低，溶液的蒸气压下降得就越多。在一定温度下，难挥发非电解质稀溶液的蒸气压下降 Δp 与溶液的质量摩尔浓度 b_B 成正比：

溶液的蒸气压　蒸发　凝结

○溶质分子　●溶剂分子

图 2-5　溶液的蒸气压

$$\Delta p = K \cdot b_B \tag{2-11}$$

比例常数 K 取决于纯溶剂的蒸气压和摩尔质量，在一定温度下是常数。

二、溶液的沸点上升和凝固点下降

当液体的蒸气压等于外界压力时，液体就开始沸腾，这时的温度称为液体的沸点(T_b°)。液体的沸点随外界压力而改变，外压愈大，沸点愈高。例如，外压为 101.325 kPa 时，水的沸点为 100 ℃；在高原地区，由于气压低，水在不到 100 ℃时就沸腾；而在压力锅里，水的沸点甚至可达 120 ℃。根据沸点的这一特点，临床上采用在密闭的高压消毒器内加热——热压灭菌法来缩短灭菌时间、提高灭菌效能；实验室通过采用减压蒸馏法或减压浓缩的装置，以防止蒸馏或浓缩过程某些热稳定性差的有机化合物在温度较高时分解或氧化。

在一定的外压(一般为 101.325 kPa)下，物质的液相与固相具有相同的蒸气压而可以平衡共存时的温度，称为液体物质的凝固点(T_f°)。例如，当大气压为 101.325 kPa 时，水与冰在 273 K 时的蒸气压相等(均为 610.5 Pa)，所以水的凝固点为 273 K。

如图 2-6 所示，溶液与纯溶剂相比较，由于蒸气压下降，沸点(T_b)随之升高，沸点升高值 $\Delta T_b = T_b - T_b^{\circ}$；凝固点($T_f$)随之下降，凝固点下降值 $\Delta T_f = T_f^{\circ} - T_f$。

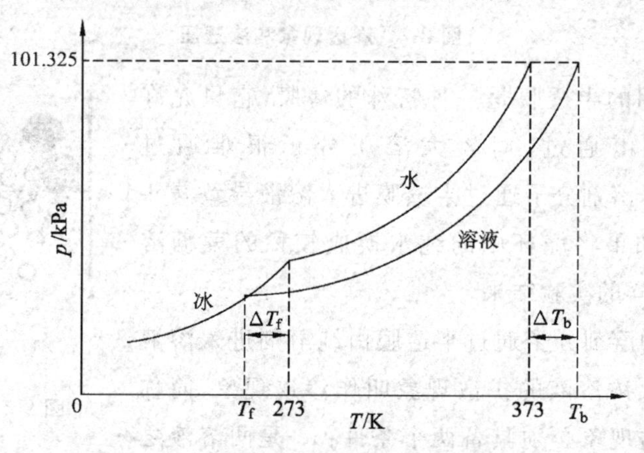

图 2-6　溶液的沸点上升和凝固点下降

对于难挥发非电解质的稀溶液：

$$\Delta T_b = K_b \cdot b_B \quad (2\text{-}12)$$

$$\Delta T_f = K_f \cdot b_B \quad (2\text{-}13)$$

其中，K_b称为溶剂的沸点升高常数，K_f称为溶剂的凝固点降低常数，K_b和K_f只取决于溶剂的本性，与溶质的本性无关。

凝固点下降的原理具有实用意义。将盐（如 NaCl、$CaCl_2 \cdot H_2O$ 等）和冰或雪混合，由于凝固点下降，冰熔化而降温，可以用作水产品、食品的贮藏和运输的冷却剂；在冬季往汽车散热器（水箱）的冷却水中加入适量己二醇或甘油等可以防止水冻结；物质中含有杂质后，可以看成以杂质为溶质、纯物质为溶剂的溶液，故凝固点（熔点）比纯物质低、沸点比纯物质高，实验室中常通过测定物质的熔点、沸点以检验物质的纯度。

三、溶液的渗透压

（一）渗透现象和渗透压

如果用半透膜将蔗糖溶液与纯溶剂（水）隔开，如图 2-7 所示，我们将会看到，溶液的液面慢慢上升到一定的高度 h。

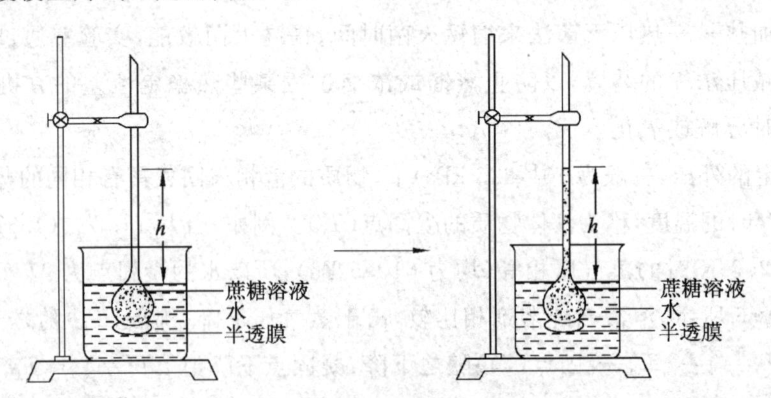

图 2-7　渗透现象和渗透压

本实验使用的半透膜是一种特殊的薄膜，它只允许较小水分子自由通过，而较大溶质分子很难通过（图 2-8）。显然，溶剂分子通过半透膜进入溶液导致漏斗内液面上升。如果将烧杯中的纯水换成较稀的蔗糖溶液，将会得到一样的实验结果。

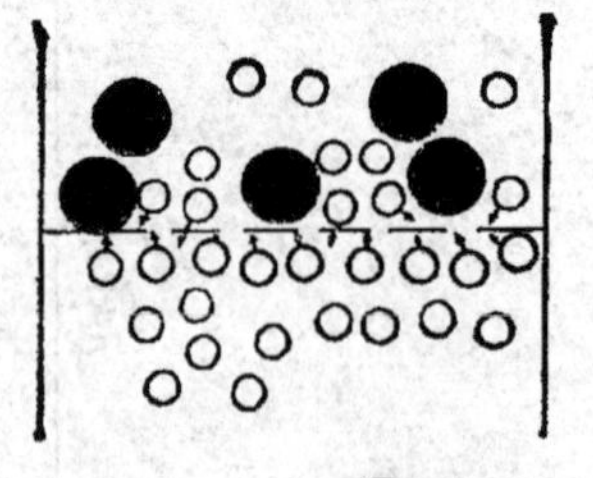

图 2-8　半透膜示意图

我们把这种溶剂分子通过半透膜由纯溶剂进入溶液或由稀溶液进入浓溶液的扩散现象叫作渗透现象，简称渗透。产生渗透现象必须具备两个条件：一是两溶液之间有半透膜隔开；二是半透膜两侧溶液的浓度不相等。

上述渗透的产生是因为单位体积溶液里，纯水中的水分子数比溶液中的水分子数多，单位时间内从纯水通过半透膜进入溶液的水分子数必然大于从蔗糖溶液通过半透膜进入纯水的水分子数，结果漏斗内液面缓缓上升，并同时开始产生静水压。随着液面的不断升高，这种静水压逐渐增大。当液面上升到一定高度 h 时，静水压增大到恰能使水分子进出半透膜的速度相等，即渗透达到动态平衡，这时液面就会停止上升。

这种恰能阻止渗透现象继续发生而达到动态平衡的压力称为溶液的渗透压，它的 SI 单位是 Pa(帕斯卡)，医学上常用 kPa(千帕)表示。渗透压是溶液的一个重要性质。

（二）渗透压与溶液浓度的关系

实验证明，一定条件下，稀溶液的渗透压($p_{渗}$)可由下述公式表示：

$$p_{渗}=c\cdot R\cdot T \tag{2-14}$$

式中，R 为气体常数($8.31\ kPa\cdot L\cdot mol^{-1}\cdot K^{-1}$)，$T$ 为绝对温度[$T=273+t(℃)$]，c 为溶液中溶质粒子(分子或离子)的总的物质的量浓度($mol\cdot L^{-1}$)。

(1) 非电解质：一个分子就是一个粒子，所以 $c=c_B$。例如，$0.01\ mol\cdot L^{-1}$ 葡萄糖溶液的 $c=0.01\ mol\cdot L^{-1}$。

(2) 强电解质：溶质的粒子是离子，所以 $c=ic_B$，i 为一分子溶质电离出的离子数。例如，NaCl 溶液中，一分子 NaCl 电离出一个 Na^+ 和一个 Cl^-，即两个粒子，$c=2c_B$。$0.01\ mol\cdot L^{-1}$ NaCl 溶液的 $c=0.02\ mol\cdot L^{-1}$。

由式(2-14)可知：一定温度下，稀溶液渗透压的大小与溶液中溶质粒子的总浓度成正比。医学上常用溶液中溶质粒子的总浓度表示溶液的渗透压，称为渗透浓度，用符号 c_{os} 表示，SI 单位为 $mol\cdot L^{-1}$ 或 $mmol\cdot L^{-1}$，医学上的单位为 $mOsm\cdot L^{-1}$(毫渗量/升)。

例如，生理盐水的浓度 c_{NaCl} 为 $0.154\ mol\cdot L^{-1}$，其渗透浓度 $c_{os}=2\times c_{NaCl}=0.308\ mol\cdot L^{-1}=308\ mmol\cdot L^{-1}(mOsm\cdot L^{-1})$；$50\ g\cdot L^{-1}$ 葡萄糖溶液的浓度 $c_B=0.278\ mol\cdot L^{-1}$，$c_{os}=c_B=0.278\ mol\cdot L^{-1}=278\ mmol\cdot L^{-1}(mOsm\cdot L^{-1})$。

溶液的渗透浓度越大，其渗透压越大；渗透浓度越小，其渗透压越小。比较溶液浓度即可知其渗透压的相对大小。例如，浓度均为 $0.1\ mol\cdot L^{-1}$ 的葡萄糖、NaCl、$CaCl_2$ 溶液，它们的渗透浓度分别为 $100\ mmol\cdot L^{-1}$、$200\ mmol\cdot L^{-1}$、$300\ mmol\cdot L^{-1}$，故渗透压 $CaCl_2>NaCl>$ 葡萄糖溶液。

（三）等渗、高渗和低渗溶液

在相同温度下，渗透压相等的两种溶液称为等渗溶液；渗透压不相等的两种溶液，渗透压高的溶液叫作高渗溶液，渗透压低的溶液叫作低渗溶液。

正常人血浆的渗透压为720～800 kPa，相当于血浆中能产生渗透作用的各种粒子的总浓度为280～320 mmol·L^{-1}。医学上以此为标准，凡是渗透浓度在280～320 mmol·L^{-1}之间的溶液叫作等渗溶液，渗透浓度小于280 mmol·L^{-1}的溶液叫作低渗溶液，渗透浓度大于320 mmol·L^{-1}的溶液叫作高渗溶液。

临床上常用的等渗溶液有9 g·L^{-1}氯化钠溶液、50 g·L^{-1}葡萄糖溶液、1/6 mol·L^{-1}乳酸钠溶液和12.5 g·L^{-1}碳酸氢钠溶液；高渗溶液有100 g·L^{-1}氯化钠溶液、1 mol·L^{-1}乳酸钠溶液、100 g·L^{-1}葡萄糖溶液等。

化学·生活·医药

渗透与渗透压的意义

渗透作为一种自然现象，广泛存在于动植物的生理活动中。生物体内的绝大部分膜都是半透膜，植物细胞的渗透压很大，靠渗透作用，植物的养分可输送到各个部分。当人体发烧时，由于体内水分大量蒸发，血浆渗透压加大，若不及时补充水分，细胞中的水分会向血浆渗透，造成细胞脱水。正常情况下，红细胞膜内的细胞液与膜外的血液等渗。给失水的病人静脉滴注大量补水时，如果输入溶液的渗透压高于血液的渗透压，将会导致红细胞内的细胞液向血浆渗透，结果使红细胞萎缩；反之，若输入渗透压比血液渗透压低的溶液，则血浆中的水分将向红细胞渗透，结果使红细胞膨胀，严重时可使红细胞破裂出现溶血现象。因此静脉输液时，要求输入生理等渗溶液。配制眼用制剂时，由于眼组织比较敏感，为防止刺激而疼痛或损伤眼组织，必须将其调节至与眼黏膜细胞等渗。

向溶液施加超过其渗透压的压力时，水分子就会被压过半透膜由溶液流向纯水，这一过程称为反渗透。实验室和工业上利用反渗透技术进行水的净化、废水的处理和海水的淡化。由于细菌、病毒、大部分有机污染物和水合离子均比水分子大得多，选用孔的大小与水分子的大小相当的半透膜，通过施加大于原水渗透压的外压力，水分子便可通过半透膜流出纯水。

第七节　胶体溶液

胶体溶液是物质的一种分散状态，无论何种物质，在分散介质中被分散为1～100 nm大小时就形成胶体溶液。例如，氯化钠以离子的形式分散在水中形成真溶液，但在苯中则被分散成大小在1～100 nm之间的分子的聚集体，形成的就是胶体溶液。

胶体溶液主要包括溶胶和高分子化合物溶液，与医药有着密切的联系。

一、溶胶

难溶性固体分散质分散在液体分散介质中形成的胶体溶液称为液溶胶，简称溶胶。从外观看，溶胶与溶液没有明显的区别，但溶胶中，分散质没有溶解在分散介质中。

（一）溶胶的制备方法

要使不溶解的固体以直径1～100 nm的水平稳定地分散在液体分散介质中形成溶胶，有两种相反的方法：

（1）分散法：将粗分散系进一步分散到胶体溶液的水平而获得，主要有机械研磨、超声分散和胶溶分散三种方式。例如，在砚台中将墨研磨成墨汁，制药工业上常用胶体磨对分散质、分散介质和稳定剂的混合物进行研磨以制备溶胶。

（2）凝聚法：将真溶液中的溶质分子聚集到胶体溶液的水平而形成，主要有化学反应和更换溶剂两种方式。例如，将$FeCl_3$溶液在沸水中水解可制得$Fe(OH)_3$溶胶：

$$FeCl_3(\text{稀溶液})+3H_2O \xrightarrow{\text{煮沸}} Fe(OH)_3(\text{溶胶})+3HCl$$

（二）溶胶的稳定性与聚沉

1. 溶胶稳定的原因

溶胶通常能在较长时间内保持稳定，表现出一定的稳定性，其主要原因为：

（1）胶粒带电。溶胶中，分散质粒子简称胶粒。分散质形成胶粒后表面积大，具有很强的吸附能力，能够选择吸附溶液中带电荷的离子而带电荷。同种胶粒带同种电荷[如$Fe(OH)_3$胶粒带正电荷]，阻碍了胶粒聚集成较大颗粒而沉淀。

（2）溶剂化膜的形成。吸附在胶粒表面的离子对溶剂分子（如水分子）有比较强的吸引力，能够吸引溶剂分子形成一层溶剂化膜（如水化膜），阻止胶粒的相互聚集。

2. 溶胶的聚沉

溶胶的稳定因素一旦被削弱或破坏，胶粒就会聚集为较大的颗粒而沉淀析出，这个过程叫聚沉。使溶胶聚沉的常用方法有：

（1）加入电解质。电解质电离产生的与胶粒带相反电荷的离子能够中和胶粒的电荷，破坏溶剂化膜，使溶胶的稳定性降低而发生聚沉。例如，在$Fe(OH)_3$溶胶中加入少量Na_2SO_4，SO_4^{2-}就能使胶粒立即聚沉而析出$Fe(OH)_3$沉淀；河水中带负电荷的泥沙在入海口被海水中的电解质聚沉而形成三角洲。

（2）加入带相反电荷的溶胶。异性的两种胶粒相互吸引、中和即发生聚沉。明矾的净水作用就是利用明矾水解产生的带正电荷的$Al(OH)_3$溶胶，使混悬在水中的带负电荷的杂质聚沉而达到的。

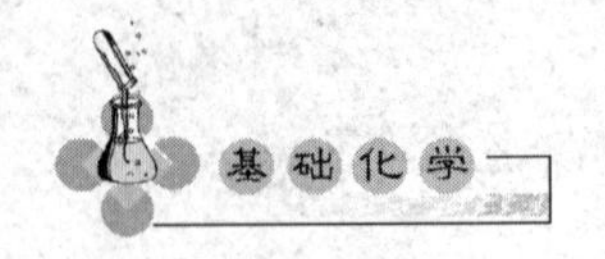

(3) 加热。升高温度,增加胶粒碰撞、接触的机会,降低胶粒的吸附作用和溶剂化程度,从而导致聚沉。

二、高分子化合物溶液

高分子化合物通常是指相对分子质量大于 10^4 的化合物,如蛋白质、淀粉、纤维素、明胶等。高分子化合物溶液为高分子化合物溶解在适当的溶剂中形成的溶液,其分散质颗粒的大小在 1～100 nm 之间且具有胶体的某些性质。

(一) 高分子化合物溶液的特性

1. 稳定性

由于高分子化合物分子中含有许多强的亲水基团,如羟基(—OH)、羧基(—COOH)、氨基($—NH_2$)等,能够在表面通过氢键与水形成牢固的水化膜,所以高分子化合物能够自动地分散到适宜的分散介质中形成均匀、稳定的溶液。例如,蛋白质分子由于容易溶解在水中形成蛋白质溶液,在无菌、溶剂不挥发的情况下,蛋白质溶液可以长期存放而不沉淀。

2. 盐析

往高分子化合物溶液中加入大量电解质时,大量的离子能够有效地破坏高分子化合物表面很厚的溶剂化膜,使得分子相互聚集而沉淀,这个过程称为盐析。利用盐析可以进行蛋白质的分离。例如,在血清中分别加入 $2.0\ mol \cdot L^{-1}$、$3.5\ mol \cdot L^{-1}$ 的硫酸铵溶液,血清中的球蛋白、清蛋白将分步沉淀而分离。

(二) 高分子化合物对溶胶的保护作用

向溶胶中加入适量高分子化合物溶液,高分子化合物很容易被吸附于胶粒表面,卷曲后的高分子化合物包住胶粒并形成溶剂化保护膜(图 2-9),大大提高了溶胶的稳定性。这种作用称为高分子化合物对溶胶的保护作用。

高分子化合物对溶胶的保护作用在医药上具有重要的意义。例如,健康人血液中所含的难溶物质($MgCO_3$等)均以溶胶状态存在,并被血清蛋白等保护着;机体一旦发生某些病变,血液中的高分子化合物含量减少,溶胶就会凝结而形成结石。药物制剂中的增溶剂、乳化剂、胶囊剂等助剂均为高分子化合物,可以增加体系的稳定性。

三、凝胶

大多数高分子化合物溶液和某些胶体溶液在一定条件下黏度逐渐增大,失去流动性,整个体系变成弹性半固体状态,这个过程称为胶凝,形成的体系称为凝胶。例如,动物胶、明胶、淀粉制成的浆糊冷却后就形成了凝胶。在药物制剂中,应用明胶的这一性质制作鱼肝油、亚油酸等滴丸的外皮。

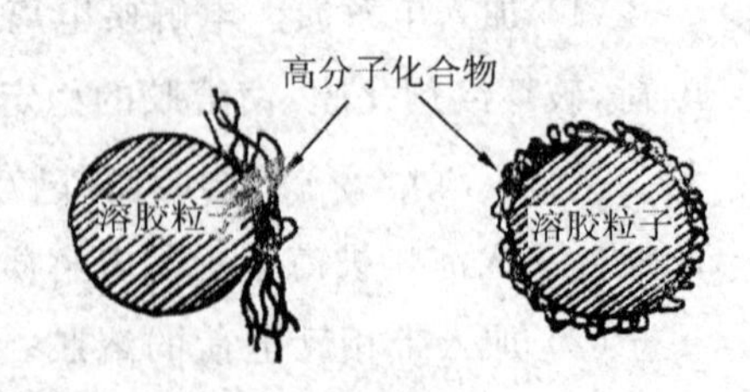

图 2-9 高分子化合物保护溶胶示意图

思考与练习

1. 比较三种分散系，完成下表：

分散系的类型		粒子直径	分散质粒子	分散系特征
分子或离子分散系 （真溶液）	溶　液			
胶体分散系 （胶体溶液）	溶　胶			
粗分散系 （浊液）	悬浊液 乳浊液			

2. 实验室中，使用有机溶剂乙酸乙酯，可以将苯酚这种有机物从其水溶液中分离出来。你能够解释原因吗？

3. 请指出下列溶液组成的表示法：

① 50 $g \cdot L^{-1}$葡萄糖注射液；② 0.154 $mol \cdot L^{-1}$氯化钠溶液；③ 0.75 消毒酒精；④ 0.36市售浓盐酸。

4. 在溶液导电性实验的装置里注入浓醋酸溶液时，灯光较暗；如果改用浓氨水，结果一样。可是把上述两种溶液混合起来进行实验时，灯光却十分明亮，为什么？

5. 比较浓度均为 0.1 $mol \cdot L^{-1}$的氯化钠、硫酸钠、磷酸钠、葡萄糖溶液的渗透压大小。

6. 向人体内输入高渗溶液时，红细胞逐渐皱缩；输入低渗溶液时，红细胞逐渐膨胀；只有输入等渗溶液时，红细胞才能保持原状。请你解释原因。

7. 计算题：

(1) 生理盐水的规格为：0.5 L 生理盐水中含有 4.5 g NaCl。

① 求生理盐水的物质的量浓度。

② 配制 250 mL 生理盐水，需要 NaCl 多少克？

(2) 临床上需要 1/6 $mol \cdot L^{-1}$乳酸钠（$C_3H_5O_3Na$）360 mL。请计算：

① 配制该溶液需要固体乳酸钠多少克？

② 如果使用 1 $mol \cdot L^{-1}$乳酸钠溶液配制，需要 1 $mol \cdot L^{-1}$乳酸钠溶液多少毫升？

(3) 如果使用市售浓盐酸（$w_B = 0.36$，$\rho = 1.18\ kg \cdot L^{-1}$）配制 1 $mol \cdot L^{-1}$稀盐酸溶液 500 mL，如何配制？

(4) 如何用 $\varphi_B = 0.95$ 和 $\varphi_B = 0.35$ 的酒精溶液配制 $\varphi_B = 0.75$ 的消毒酒精

300 mL?

(5) 往 0.2 mol·L^{-1} NaCl 溶液中加入等体积 0.1 mol·L^{-1} K_2SO_4溶液并混合均匀后，计算：

① 溶液中 NaCl、K_2SO_4的浓度。

② 溶液中 Na^+、Cl^-、K^+、SO_4^{2-} 的浓度。

(6) 将 10 mL 食醋稀释至 100 mL，取 10 mL 稀释液，恰好与 21.00 mL 0.100 0 mol·L^{-1}NaOH 溶液完全中和，求食醋中醋酸的浓度。

第三章

化学平衡

第一节　化学平衡概述

化学平衡是研究在给定条件下可逆反应进行的程度，即可逆反应所能达到的最大限度。

一、化学平衡

在可逆反应中，始终存在着正反应和逆反应这一对矛盾，在一定条件下两者可以互相转化。例如：

$$CO_2(g)+H_2(g) \rightleftharpoons CO(g)+H_2O(g)$$

在 1 200 ℃时，将一定量的 $CO_2(g)$ 和 $H_2(g)$ 放入密闭容器中，反应开始时，由于没有 $CO(g)$ 和 $H_2O(g)$ 存在，因此只发生正向反应，即 $v_{正}$ 很大，$v_{逆}$ 为零。随着反应的进行，$CO(g)$ 和 $H_2O(g)$ 的浓度增大，$v_{逆}$ 也随之增大，而 $CO_2(g)$ 和 $H_2(g)$ 的浓度逐渐减小，$v_{正}$ 也随之减小。经过一段时间后，$v_{正}=v_{逆}$ 时，反应物和生成物的浓度不再随时间而改变，即在此反应条件下，反应已达到了极限。我们把在一定条件下的密闭容器中，当可逆反应的正、逆反应速率相等，反应物和生成物的浓度恒定时反应系统所处的状态称为化学平衡状态，简称化学平衡。化学平衡的建立过程如图 3-1 所示。

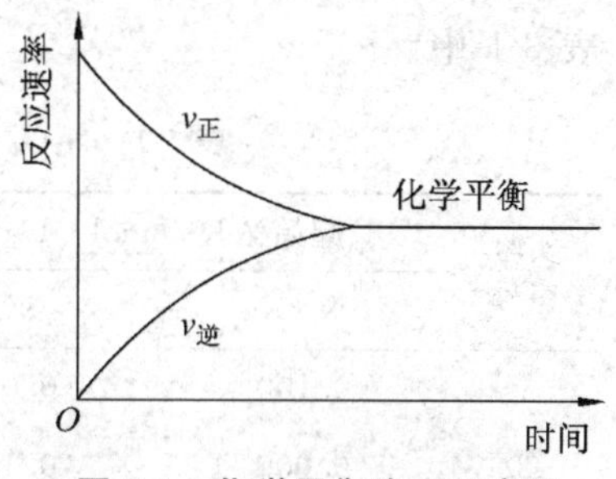

图 3-1　化学平衡建立示意图

反应体系处于平衡状态时，反应并未停止，只不过正、逆反应速率相等而方向相反。因此，化学平衡是动态平衡。

化学平衡状态有以下几个重要特点：

(1) 只有在恒温条件下，封闭体系中进行的可逆反应，才能建立化学平衡，这是建立平衡的前提。

(2) 正、逆反应速率相等是平衡建立的条件。

(3) 平衡状态是封闭体系中可逆反应进行的最大限度,各物质浓度都不随时间改变,这是建立平衡的标志。

(4) 化学平衡是有条件的平衡,当外界因素改变时,正、逆反应速率发生变化,原有的平衡将受到破坏,直到建立新的动态平衡。

二、化学平衡常数

为了定量地研究化学平衡,必须知道可逆反应达到平衡状态时,反应体系中各有关物质量之间的关系,化学平衡常数就是体现这种关系的一种数量标志。

(一) 实验平衡常数

可逆化学反应平衡的研究始于 19 世纪中期,人们对各种可逆反应平衡体系的组分进行取样和浓度(或分压)分析,以期找到反应处于平衡状态时的特征,结果发现可逆反应达到平衡后,反应物浓度与生成物浓度之间存在有一定的定量关系。下面以四氧化二氮的分解反应为例来探讨这一问题。

$$N_2O_4(g) \rightleftharpoons 2NO_2(g)$$

(无色)　　(棕红色)

实验表明,上述反应无论从正反应开始,还是从逆反应开始,也不管反应物(N_2O_4)或生成物(NO_2)的起始浓度如何,在一定温度下,当反应达到平衡状态时,各物质浓度之间存在着一个固定关系。现将 373 K 时实验测得的有关数据列于表 3-1 中。

表 3-1　$N_2O_4 \rightleftharpoons 2NO_2$ 平衡体系的实验数据(373 K)

实验序号	起始浓度/($mol \cdot L^{-1}$)		平衡浓度/($mol \cdot L^{-1}$)		$\frac{[NO_2]^2}{[N_2O_4]}$
	N_2O_4	NO_2	N_2O_4	NO_2	
1	0.100	0.000	0.040	0.120	0.36
2	0.000	0.100	0.014	0.072	0.37
3	0.100	0.100	0.070	0.160	0.37

可以看出,当反应达到平衡状态时,生成物 NO_2 的平衡浓度的平方$[NO_2]^2$与反应物 N_2O_4 的平衡浓度$[N_2O_4]$的比值近似为一常数:

$$\frac{[NO_2]^2}{[N_2O_4]} = 0.37$$

经过大量的实验发现,可逆反应都具有这一特征,并将这个比值称为实验平衡常数(也称经验平衡常数),用 K 表示。

对任一可逆反应,如

$$aA + bB \rightleftharpoons dD + eE$$

在一定温度下达到平衡状态时，反应物和生成物的平衡浓度（单位为 $mol \cdot L^{-1}$）之间都存在着如下关系：

$$K_c=\frac{[D]^d[E]^e}{[A]^a[B]^b} \tag{3-1}$$

式(3-1)表明，在一定温度下，当可逆反应达到平衡状态时，生成物浓度幂的乘积与反应物浓度幂的乘积之比为一常数（浓度的幂次在数值上等于反应方程式中各物质化学式前的系数）。式(3-1)称为平衡常数表达式。

对于气相反应，在恒温恒压条件下，气体的分压与浓度成正比。因此，在平衡常数表达式中，也可用平衡时各气体的分压来代替浓度。例如，气体反应：

$$aA+bB \rightleftharpoons dD+eE$$

如以 p_A、p_B、p_D、p_E 表示各气体的平衡分压，其单位为 kPa，则有

$$K_p=\frac{p_D^d \cdot p_E^e}{p_A^a \cdot p_B^b} \tag{3-2}$$

这种通过实验测定反应物和生成物的平衡浓度或平衡分压，再根据平衡常数表达式计算得到的平衡常数称为实验平衡常数。

（二）书写和应用平衡常数的注意事项

(1) 如果在反应体系中有固体或纯液体参加，它们的浓度在平衡常数表达式中不必列出。例如：

$$2Br^-(aq)+I_2(s) \rightleftharpoons 2I^-(aq)+Br_2(l)$$

$$K=\frac{[I^-]^2}{[Br^-]^2}$$

(2) 稀溶液中进行的反应，若溶剂参与反应，由于其量很大，浓度基本不变，可以看成一个常数，也不写入表达式中。如醋酸(HAc)的电离：

$$HAc+H_2O \rightleftharpoons H_3O^+ + Ac^-$$

$$K=\frac{[H_3O^+][Ac^-]}{[HAc]}$$

其中，溶剂 H_2O 虽然参加了反应，但不写入表达式中。

（三）平衡常数的意义

平衡常数为一可逆反应的特征常数，是一定条件下可逆反应进行的程度和限度。对同类反应而言，K 值越大，反应朝正向进行的程度越大，反应进行得越完全。由于化学反应的平衡常数随温度而变化，使用时须注明相应的温度。

三、影响化学平衡的因素

化学平衡是相对的，有条件的。当条件改变时，化学平衡就会被破坏，各种物质的浓度（或分压）就会改变，反应继续进行，直到建立新的平衡。这种由于条件变化导

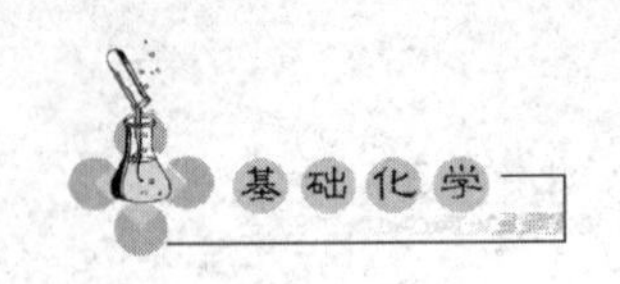

致化学平衡移动的过程称为化学平衡的移动。下面讨论浓度、压力和温度变化对化学平衡的影响。

（一）浓度对化学平衡的影响

对于在溶液中进行的任一反应：

$$aA + bB \rightleftharpoons dD + eE$$

如果往已达到平衡的反应系统中加入反应物 A 和 B，即增加反应物的浓度，平衡被破坏，反应将向右进行，直至达到一个新的平衡。在新的平衡系统中，A、B、D、E 的浓度不同于原来平衡系统中的浓度。同理，如果往平衡系统中增加生成物 D 和 E 的浓度，或者减少反应物 A 和 B 的浓度，平衡将向左移动，直至建立新的平衡。

由此可以得出这样的结论：如果系统的温度不变，浓度的改变不影响 K 值，但将导致平衡的移动；增加反应物的浓度或减少生成物的浓度，平衡向右移动；增加生成物的浓度或减少反应物的浓度，平衡向左移动。

（二）压力对化学平衡的影响

这里的压力指总压，压力的变化对液态或固态反应的平衡影响甚微，但对有气体参加的反应影响较大，其规律为：

(1) 压力变化只对反应前后气体分子数有变化的反应平衡系统有影响。

(2) 在恒温下增大压力，平衡向气体分子数减少的方向移动；减小压力，平衡向气体分子数增加的方向移动。

（三）温度对化学平衡的影响

温度对化学平衡的影响与前两种情况有着本质的区别。在一定温度下，改变浓度或压力只能使平衡发生移动，平衡常数并未改变；而温度的变化常使平衡常数的数值发生改变，从而导致平衡的移动。

温度对化学平衡的影响与反应的热效应有关。若正向反应为放热反应（$\Delta H<0$），则逆向反应必为吸热反应。升高温度将使平衡向吸热方向移动，降低温度将使平衡向放热方向移动。

（四）催化剂与化学平衡的关系

对于任一可逆反应来说，催化剂能同等程度地改变正、逆反应的速率，平衡常数保持不变。所以，催化剂不会使化学平衡发生移动。若在尚未达到平衡状态的反应系统中加入催化剂，则可以加快反应速率，缩短反应到达平衡状态的时间，亦即缩短了完成反应所需要的时间，这在工业生产上具有重要意义。

（五）平衡移动原理——吕·查德里原理

综上所述，如在平衡系统中增大反应物浓度，平衡就会向着减小反应物浓度的方向移动；在有气体参加反应的平衡系统中增大系统的压力，平衡就会向着减少气体分子总数，即向减小系统压力的方向移动；升高温度，平衡向着吸热反应方向，即向降低系统温度的方向移动。这些结论于 1884 年由法国科学家吕·查德里(Le Chetelier)归纳为一普遍规律：如以某种形式改变一个平衡系统的条件(如浓度、压力、温度)，平衡就会向着减弱这个改变的方向移动。这个规律叫作吕·查德里原理。

上述原理适用于所有的动态平衡系统。但须指出，它适用于已达平衡的系统，对于未达平衡的系统则不适用。

总之，一个化学反应进行的程度除由其本性决定外，还受浓度、压力、温度及催化剂等外界条件影响，这种影响表现出一定的规律，如表 3-2 所示。掌握这些原理，对制药(剂)和化工生产均有重要意义。

表 3-2　外界条件对化学平衡的影响

条件改变		化学平衡移动方向
浓度	增大反应物浓度	向正反应方向移动
	增大生成物浓度	向逆反应方向移动
	减小反应物浓度	向逆反应方向移动
	减小生成物浓度	向正反应方向移动
压力	增大压力	向气体分子数减少的方向移动
	减小压力	向气体分子数增加的方向移动
温度	升高温度	向吸热方向移动
	降低温度	向放热方向移动
催化剂		能缩短到达平衡时间，但不能使化学平衡移动

第二节　酸碱平衡及其应用

一、酸碱质子理论

酸和碱是两类重要的物质。在化学发展史上，人们提出了各种不同的酸碱理论，其中比较重要的有电离理论、质子理论和电子理论。阿累尼乌斯(Arrhenius)提出的酸碱电离理论认为：在水溶液中电离出的阳离子全部是 H^+ 的物质是酸，电离出的阴离子全部是 OH^- 的物质是碱，酸碱反应的实质是 H^+ 和 OH^- 结合生成 H_2O。酸碱电离理论成功地解释了一部分含有 H^+ 或 OH^- 的物质在水溶液中的酸碱性，但它将酸碱局限于水溶剂且必须含有可电离的 H^+ 或 OH^-，不能解释非水溶剂中的酸碱反应，也不能解释氨水的碱性。1923 年，布朗斯特(Bronsted)和劳来(Lowry)提出了酸碱质子理论，同年路易斯(Lewis)提出了酸碱电子理论，它们克服了酸碱电离理论的局限性。本节主要介绍酸碱质子理论。

（一）酸和碱的定义

酸碱质子理论认为：凡能给出质子（H^+）的物质都是酸，凡能接受质子的物质都是碱。例如，HAc、NH_4^+、$H_2PO_4^-$、HCl 等都是酸，因为有给出质子的能力；NH_3、PO_4^{3-}、$H_2PO_4^-$、Ac^-、Cl^- 都是碱，因为有接受质子的能力。酸和碱可以是中性分子、阴离子或阳离子。

根据酸碱质子理论，酸和碱不是孤立的而是相互关联的。酸（HA）失去一个质子变成相应的碱（A^-），碱（A^-）得到一个质子变成相应的酸（HA），这种对应关系称为酸碱的共轭关系，可表示为：

$$\text{酸(HA)} \rightleftharpoons H^+ + \text{碱}(A^-)$$

右边的碱是左边酸的共轭碱，左边的酸是右边碱的共轭酸，共轭酸比共轭碱只多一个质子，两者组成一个共轭酸碱对。例如：

$$HCl \rightleftharpoons H^+ + Cl^-$$

$$H_2CO_3 \rightleftharpoons H^+ + HCO_3^-$$

$$HCO_3^- \rightleftharpoons H^+ + CO_3^{2-}$$

$$NH_4^+ \rightleftharpoons H^+ + NH_3$$

$$H_2O \rightleftharpoons H^+ + OH^-$$

$$H_3O^+ \rightleftharpoons H^+ + H_2O$$

有些物质既可以给出质子，也能够接受质子，这些物质称为两性物质，如 H_2O、HCO_3^- 和 HPO_4^{2-} 等都是两性物质。

（二）酸碱反应

根据酸碱质子理论，酸碱反应的实质就是两个共轭酸碱对之间的质子传递。在反应中，酸给出质子转化为它的共轭碱，碱接受质子转化为它的共轭酸。由于质子不能单独存在，所以酸给出质子必然有另一种碱接受质子，同样，一种碱接受质子必然有另一种酸提供质子。例如：

$$\underset{\text{酸}_1}{HCl} + \underset{\text{碱}_2}{NH_3} \rightleftharpoons \underset{\text{酸}_2}{NH_4^+} + \underset{\text{碱}_1}{Cl^-}$$

HCl 和 NH_3 反应，无论在水溶液中、苯或气相中，反应实质都是一样的：HCl 是酸，将质子传递给 NH_3 后，转变成它的共轭碱 Cl^-；NH_3 是碱，接受 HCl 给出的质子后转变成它的共轭酸 NH_4^+。酸碱反应进行的方向是强的共轭酸与强的共轭碱反应生成弱的共轭碱和弱的共轭酸。

不仅是酸碱中和反应属于酸碱之间的质子传递反应，水的电离、盐类物质的水解、一些酸和碱的电离等都属于酸碱之间的质子传递。

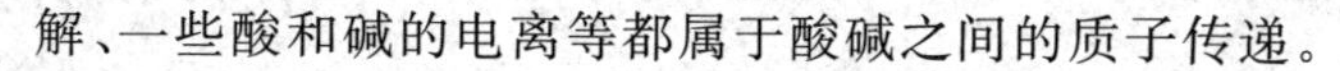

$$H_2O + H_2O \rightleftharpoons H_3O^+ + OH^-$$（水的电离）

$$NH_3 + H_2O \rightleftharpoons NH_4^+ + OH^-$$（电离）

$$Ac^- + H_2O \rightleftharpoons HAc + OH^-$$（水解）

质子传递反应，既不要求反应必须在溶液中进行，也不是先要生成独立的质子再加到碱上，而只是质子从一种物质传递到另一种物质，因此，反应既可在水溶液中进行，也可在非水溶剂中或气相中进行。

二、水的电离与溶液的 pH

（一）水的离子积

水是最重要的溶剂，因为许多生命现象都与在水溶液内的反应有关。由于纯水有微弱的导电性，所以水本身能够发生电离，是一种极弱的电解质，其电离方程式可写成：

$$H_2O \rightleftharpoons H^+ + OH^-$$

达到电离平衡时，其电离平衡常数 K_i 为：

$$K_i = \frac{[H^+][OH^-]}{[H_2O]}$$

由导电性实验测得，298 K 时纯水中：

$$[H^+] = [OH^-] = 1.0 \times 10^{-7}\ mol \cdot L^{-1}$$

则

$$K_w = K_i[H_2O] = [H^+][OH^-] = 1.0 \times 10^{-14} \qquad (3\text{-}3)$$

K_i 为常数，$[H_2O]$ 可看作常数，故 K_w 也为常数，称为水的离子积常数，简称水的离子积。式(3-3)表示：在一定温度下，纯水中 H^+ 的平衡浓度与 OH^- 的平衡浓度的乘积为一定值（室温下一般为 $K_w = 1.0 \times 10^{-14}$）。

水的电离是吸热反应，温度越高，K_w 越大。但 K_w 随温度变化不大（表 3-3），通常取值为 1.0×10^{-14}。

表 3-3　不同温度时水的离子积

T/K	273	283	298	323	373
K_w	1.139×10^{-15}	2.290×10^{-15}	1.008×10^{-14}	5.474×10^{-14}	5.5×10^{-13}

因为酸性溶液和碱性溶液中都同时存在着 H^+ 和 OH^-，水的离子积又不因溶解其他物质而改变，所以室温下，用式(3-3)可以计算任何水溶液中的 $[H^+]$ 或 $[OH^-]$。若已知溶液中的 $[H^+]$，则可计算出溶液中的 $[OH^-]$；反之亦然。

（二）溶液的酸碱性

在水溶液中，若$[H^+]=[OH^-]$，称为中性溶液；若$[H^+]>[OH^-]$，称为酸性溶液；若$[H^+]<[OH^-]$，称为碱性溶液。由于$[H^+][OH^-]=K_w$，室温时$K_w=1.0\times10^{-14}$，溶液的酸碱性与$[H^+]$和$[OH^-]$的关系可表示为：

中性溶液：$[H^+]=[OH^-]=1.0\times10^{-7}\ mol\cdot L^{-1}$

酸性溶液：$[H^+]>1.0\times10^{-7}\ mol\cdot L^{-1}>[OH^-]$

碱性溶液：$[H^+]<1.0\times10^{-7}\ mol\cdot L^{-1}<[OH^-]$

溶液中$[H^+]$越大，酸性越强，其$[OH^-]$越小，碱性越弱；$[H^+]$越小，酸性越弱，其$[OH^-]$越大，碱性越强。对于任何水溶液，H^+与OH^-总是同时存在，只是浓度大小不同而已。

（三）溶液的酸碱度和pH

溶液的酸碱性可用$[H^+]$或$[OH^-]$来表示。在稀溶液中，$[H^+]$或$[OH^-]$较小，常用pH或pOH来表示溶液的酸碱性。pH是指氢离子浓度的负对数，pOH是指氢氧根离子浓度的负对数：

$$pH=-\lg[H^+] \qquad pOH=-\lg[OH^-]$$

室温时，$pH+pOH=-\lg([H^+][OH^-])=-\lg(1.0\times10^{-14})=14$

习惯上用$[H^+]$表示溶液的酸碱度，因此，溶液的酸碱度就是指溶液中$[H^+]$的大小。例如：

$[H^+]=1.0\times10^{-7}\ mol\cdot L^{-1}$　$pH=-\lg(1.0\times10^{-7})=7$

$[H^+]=1.0\times10^{-2}\ mol\cdot L^{-1}$　$pH=2$

$[H^+]=1.0\times10^{-9}\ mol\cdot L^{-1}$　$pH=9$

溶液的酸碱性和pH关系：

中性溶液：$pH=7$

酸性溶液：$pH<7$

碱性溶液：$pH>7$

pH的范围一般在0～14之间。pH越小，溶液的酸性越强，碱性越弱；pH越大，溶液的酸性越弱，碱性越强。对于$pH<0$（$[H^+]>1\ mol\cdot L^{-1}$）的强酸性溶液或$pH>14$（$[OH^-]>1\ mol\cdot L^{-1}$）的强碱性溶液，用pH表示其酸碱性就不太方便，一般直接用$[H^+]$或$[OH^-]$来表示。

必须注意，溶液的pH相差一个单位，$[H^+]$相差10倍。例如，$pH=2$和$pH=4$的两种溶液，$[H^+]$相差100倍。

pH不仅在化学上非常重要，而且在医学上也很重要。人体内的各种反应需在一定的pH条件下进行，各种体液都有一定的pH范围（表3-4）。例如，血液的pH的正常范围为 7.35～7.45，低于 7.3 会发生酸中毒，高于 7.5 则会发生碱中毒。各种酶也只能在特定的 pH 范围内才能表现出其催化活性。

表 3-4 人体部分体液的 pH

名称	血液	成人胃液	唾液	尿液	小肠液	大肠液
pH	7.35～7.45	0.9～1.5	6.35～6.85	4.8～7.5	7.6	8.3～8.4

溶液 pH 的粗略测定，可使用广泛 pH 试纸或精密 pH 试纸；较准确测定溶液的 pH 可以用 pH 计来完成。

三、弱酸、弱碱的电离平衡

（一）弱酸、弱碱的电离平衡

弱电解质的电离过程是可逆过程，弱酸、弱碱在水溶液中存在着分子与离子间的电离平衡。

1. 一元弱酸、弱碱的电离平衡

例如，醋酸分子在水溶液中部分电离出一个氢离子，为一元弱酸，其电离过程为：

$$HAc \rightleftharpoons H^+ + Ac^-$$

在一定温度下，这个过程很快达到动态平衡。根据化学平衡原理，这时有：

$$\frac{[H^+][Ac^-]}{[HAc]} = K_a$$

K_a 称为弱酸的电离平衡常数。

一元弱碱的情况也是如此。例如，NH_3 是一元弱碱，其电离过程为：

$$NH_3 + H_2O \rightleftharpoons NH_4^+ + OH^-$$

当达到平衡后，有

$$\frac{[NH_4^+][OH^-]}{[NH_3]} = K_b$$

K_b 称为弱碱的电离平衡常数。

根据平衡常数的物理意义，电离平衡常数（简称电离常数）可以表示电离平衡时弱电解质电离为离子的趋势的大小。K 值越大，表示电离程度越大。因此，同类型的弱酸、弱碱的相对强弱，可以通过比较它们的 K_a（或 K_b）值的大小来确定。例如：

$$K_a(HAc) = 1.76 \times 10^{-5}$$

$$K_a(HCN) = 4.93 \times 10^{-10}$$

HAc 和 HCN 均为一元弱酸，但 HCN 的 K_a 值远小于 HAc 的 K_a 值，所以 HCN 是比 HAc 更弱的酸。

常用弱酸、弱碱的电离常数值见附录一，表中 $pK_a = -\lg K_a$。

和所有的平衡常数一样，电离常数与温度有关，而与浓度无关。但因电离常数的温度效应比较小，在室温范围内通常忽略不计。

2. 多元弱酸(碱)的电离平衡

多元弱酸(碱)在水中的电离过程分步进行，每步都有相应的电离常数，分别用 K_1、K_2 等表示。例如，碳酸是二元弱酸，在水中分步电离出 H^+、HCO_3^-、CO_3^{2-}：

第一步： $H_2CO_3 \rightleftharpoons H^+ + HCO_3^-$ $\quad \dfrac{[H^+][HCO_3^-]}{[H_2CO_3]} = K_1$

第二步： $HCO_3^- \rightleftharpoons H^+ + CO_3^{2-}$ $\quad \dfrac{[H^+][CO_3^{2-}]}{[HCO_3^-]} = K_2$

不难看出，多元弱酸(碱)的 $K_1 > K_2 > \cdots$，由附录一可知，K_1 比 K_2、K_2 比 K_3 约大 10^5 倍。因此，多元弱酸(碱)的溶液的 H^+ 或 OH^- 主要来源于第一级电离。

(二) 电离平衡的影响因素

1. 同离子效应

在弱电解质溶液中加入与弱电解质含有相同离子的强电解质时，弱电解质的电离平衡向生成弱电解质分子方向移动，电离度降低，这种现象称为同离子效应。

例如，在 $0.1\ mol \cdot L^{-1}$ HAc 溶液中加入少量 NaAc 固体，NaAc 为强电解质，在溶液中全部电离，使溶液中的 $[Ac^-]$ 增大，HAc 的电离平衡向生成 HAc 分子的方向移动，达到新的电离平衡状态时，HAc 的电离度降低，同时 $[H^+]$ 也减小。

$$HAc \rightleftharpoons H^+ + Ac^-$$

$$NaAc = Na^+ + Ac^-$$

同样，在 $0.1\ mol \cdot L^{-1}$ $NH_3 \cdot H_2O$ 溶液中加入少量强电解质 NH_4Cl 时，也会使 $NH_3 \cdot H_2O$ 的电离度降低，溶液中的 $[OH^-]$ 减小。

2. 盐效应

在 HAc 溶液中，加入强电解质 NaCl，NaCl 全部电离成 Na^+ 和 Cl^-，溶液中阴、阳离子的浓度增大。阴、阳离子间相互的静电吸引作用使 H^+ 和 Ac^- 自由运动性能减弱，结合成 HAc 分子的机会减少，HAc 的电离平衡向生成 H^+ 和 Ac^- 的方向移动，从而增大了 HAc 的电离度，同时 $[H^+]$ 也有所增大。像这样，弱电解质溶液中加入与弱电解质不含相同离子的强电解质时，弱电解质的电离平衡向电离的方向移动，电离度升高，这种现象称为盐效应。

发生同离子效应时，必然伴随着盐效应，但盐效应的影响远小于同离子效应。例如，在 1 L $0.1\ mol \cdot L^{-1}$ 的 HAc 溶液中加入 0.1 mol NaAc 固体，根据近似计算得知：HAc 的电离度由 1.34% 下降到 1.76×10^{-2}%；在 $0.1\ mol \cdot L^{-1}$ 的 HAc 溶液中加入 0.1 mol NaCl 固体，根据近似计算得知：HAc 的电离度由 1.34% 增加到

1.76%。所以在考虑同离子效应时，盐效应可以忽略。一般情况下，盐效应可以不考虑。

四、盐的水解及其应用

（一）盐的水解

用 pH 试纸分别测定相同浓度的氯化铵、醋酸钠、氯化钠溶液的 pH，结果显示：氯化铵溶液的 pH<7，显酸性；乙酸钠溶液的 pH>7，显碱性；氯化钠溶液的 pH=7，显中性。氯化铵和乙酸钠本身并不能电离出 H^+ 或 OH^-，但其水溶液却分别显示出酸性或碱性，是由于盐的离子和水中的氢离子或氢氧根离子结合生成弱电解质，使溶液中 H^+ 或 OH^- 的浓度发生了改变，这种过程称为盐的水解。例如：

$$AB+H—OH \underset{中和}{\overset{水解}{\rightleftharpoons}} HB+AOH$$

由上式可以看出，盐的水解反应是酸碱中和反应的逆反应。盐的水解的实质是盐(AB)的阳离子(A^+)或阴离子(B^-)破坏了水的电离平衡。

（二）不同类型盐的水解

1. 弱酸强碱盐的水解

例如，由氢氧化钠和乙酸生成的盐——乙酸钠的水解：

$$\begin{array}{rcl} CH_3COONa = Na^+ + & & CH_3COO^- \\ & & + \\ H_2O \rightleftharpoons OH^- + & & H^+ \\ & & \Updownarrow \\ & & CH_3COOH \end{array}$$

乙酸钠在水中全部电离成 Na^+ 和 CH_3COO^-，同时水也电离出极少的 H^+ 和 OH^-。H^+ 和 CH_3COO^- 结合成较难电离的乙酸分子，致使水的电离平衡向右移动，而 Na^+ 和 OH^- 并不结合成氢氧化钠分子，因此溶液中有较多的氢氧根离子，使 $[OH^-]>[H^+]$，溶液显碱性，pH>7。乙酸钠水解的反应方程式为：

$$CH_3COONa+H_2O \underset{中和}{\overset{水解}{\rightleftharpoons}} NaOH+CH_3COOH$$

乙酸钠水解的离子方程式为：

$$CH_3COO^- + H_2O \rightleftharpoons CH_3COOH + OH^-$$

多元酸形成的盐，其水解是分步进行的。例如，碳酸钠溶液的水解：

第一步水解：$CO_3^{2-} + H_2O \rightleftharpoons HCO_3^- + OH^-$

第二步水解：$HCO_3^- + H_2O \rightleftharpoons H_2CO_3 + OH^-$

第二步水解程度很小，故其水解程度和溶液的 pH 取决于第一步水解。在碳酸钠溶液中 H_2CO_3 浓度很小，不会放出 CO_2。

2. 弱碱强酸盐的水解

例如，由氨水和盐酸作用生成的盐——氯化铵的水解：

$$\begin{array}{ccccc} NH_4Cl & \longequal & NH_4^+ & + & Cl^- \\ & & + & & \\ H_2O & \rightleftharpoons & OH^- & + & H^+ \\ & & \Updownarrow & & \\ & & NH_3 \cdot H_2O & & \end{array}$$

氯化铵在溶液中全部电离成 NH_4^+ 和 Cl^-，同时水分子也电离出极少量的 H^+ 和 OH^-。NH_4^+ 和 OH^- 结合成难电离的一水合氨分子($NH_3 \cdot H_2O$)，致使水的电离平衡向右移动，而 H^+ 和 Cl^- 在溶液中不能结合成 HCl 分子，因此溶液中有较多的 H^+，使$[H^+]>[OH^-]$，溶液显酸性，$pH<7$。氯化铵水解的反应方程式为：

$$NH_4Cl + H_2O \rightleftharpoons NH_3 \cdot H_2O + HCl$$

氯化铵水解的离子方程式为：

$$NH_4^+ + H_2O \rightleftharpoons NH_3 \cdot H_2O + H^+$$

3. 弱酸弱碱盐的水解

例如，由乙酸和氨水作用生成的盐——乙酸铵的水解：

$$\begin{array}{ccccc} CH_3COONH_4 & = & CH_3COO^- & + & NH_4^+ \\ & & + & & + \\ H_2O & \rightleftharpoons & H^+ & + & OH^- \\ & & \Updownarrow & & \Updownarrow \\ & & CH_3COOH & & NH_3 \cdot H_2O \end{array}$$

从上面的反应可以看出，乙酸铵在水中全部电离，不仅铵离子和水电离出的氢氧根离子结合成了 $NH_3 \cdot H_2O$ 分子，而且乙酸根离子同时也和氢离子结合成了乙酸分子，因此更大程度地破坏了水的电离平衡，使平衡向右移动。

乙酸铵水解的反应方程式为：

$$CH_3COONH_4 + H_2O \rightleftharpoons CH_3COOH + NH_3 \cdot H_2O$$

乙酸铵水解的离子方程式为：

$$CH_3COO^- + NH_4^+ + H_2O \rightleftharpoons CH_3COOH + NH_3 \cdot H_2O$$

那么，如何判断水解后溶液是显酸性、碱性还是中性呢？比较组成中的弱酸和弱碱的相对强弱(K_a和 K_b的大小)。由于乙酸和氨水的酸、碱性相当($K_a = K_b$)，所以乙酸铵溶液显中性，$pH=7$。

强酸强碱盐，如氯化钠溶于水后电离出的钠离子和氯离子都不能和水中的氢离子、氢氧根离子结合成弱电解质，水的电离平衡不受影响，溶液中氢离子和氢氧根离子浓度不变，故强酸强碱盐不水解，水溶液呈中性。

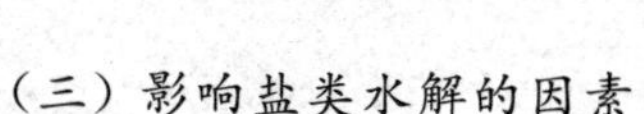
（三）影响盐类水解的因素

盐的水解反应是中和反应的逆反应，但水解的程度很小。不同的盐水解程度不同；同一种盐在不同的浓度、温度、酸度条件下，水解程度也不同。我们可以根据平衡移动原理来讨论影响水解的因素。

1. 盐的本性

形成盐的酸或碱越弱，则盐的水解程度越大。这是因为形成盐的酸或碱越弱，其 K_a 或 K_b 值越小，其离子与氢离子或氢氧根离子的结合能力越强，越易破坏水的电离平衡，盐的水解程度也就越大。

2. 溶液的浓度

浓度越小，水解程度越大。如乙酸溶液：

$$CH_3COO^- + H_2O \rightleftharpoons CH_3COOH + OH^-$$

加水稀释，可促使盐的水解平衡向水解方向（向右）移动，使水解程度增大。但稀释后，由于溶液的体积增大，$[H^+]$ 或 $[OH^-]$ 还是减小，溶液的酸碱性也相应地随之改变。

3. 溶液的酸碱性

以 $FeCl_3$ 的水解反应为例：

$$Fe^{3+} + 3H_2O \rightleftharpoons Fe(OH)_3 + 3H^+$$

加入盐酸，平衡向左移动，抑制了 $FeCl_3$ 的水解。因此，在配制三氯化铁、氯化亚锡（$SnCl_2$）、硝酸汞 $[Hg(NO_3)_2]$ 等溶液时，必须先将其溶于较浓的酸中，然后再加水到所需的体积。

4. 温度

盐的水解是吸热反应，所以温度升高，盐的水解程度加大。盐的水解在许多方面都有应用。例如，明矾净水是利用它水解产生的氢氧化铝胶体能吸附杂质；临床上治疗胃酸过多、代谢酸中毒时使用碳酸氢钠和乳酸钠，是利用它们水解后显弱碱性；治疗碱中毒使用氯化铵，则是因为它的溶液呈弱酸性。在药物储存中，如果某种药物容易水解变质，就应该把它们保存在干燥处。制剂室、实验室在配制易水解的盐溶液时，就应注意控制溶液的酸碱度或温度。

五、缓冲溶液与溶液 pH 的控制

（一）缓冲溶液的组成及缓冲作用

1. 缓冲作用及缓冲溶液的概念

各种体液的 pH 都在一个恒定范围内，这是人体正常生理活动所必需的。每天人体代谢会产生酸性或碱性物质，这些物质进入体液后，体液 pH 并没有产生很大的变化。正常人体液的 pH 为什么能保持稳定呢？体液是如何抵抗外来的酸性或碱性

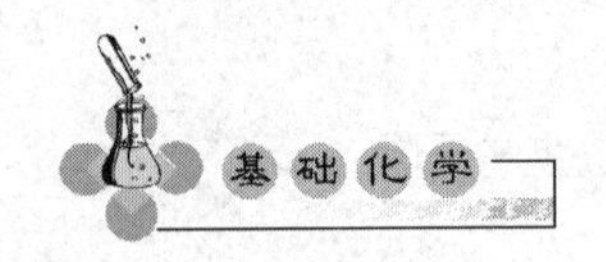

物质的呢?

在室温条件下,往 1 L 纯水、1 L NaCl 水溶液、1 L 含 0.1 mol HAc 与 0.1 mol NaAc 的混合溶液中分别加入 0.000 1 mol 的 HCl 和 0.000 1 mol 的 NaOH,三种溶液的 pH 变化见表 3-5。

表 3-5 加酸或碱时溶液 pH 的变化

溶液	pH	加酸后的 pH	加碱后的 pH
纯水	7.0	4	10
NaCl 溶液	7.0	4	10
HAc 与 NaAc 的混合溶液	4.75	4.74	4.76

由表 3-5 的数据可知,加入少量强酸或强碱,纯水和 NaCl 溶液的 pH 发生明显变化,而 HAc 与 NaAc 混合溶液的 pH 几乎不变。这说明纯水和 NaCl 溶液的 pH 很容易受外界少量酸或碱的影响而发生变化。HAc 与 NaAc 混合溶液能抵抗外来少量强酸或强碱而保持本身的 pH 几乎不发生变化;若向其中加入少量水稀释,其 pH 也不发生变化。溶液能抵抗外来少量强酸、强碱,或适当稀释而保持本身 pH 几乎不变的作用称为缓冲作用,具有缓冲作用的溶液称为缓冲溶液。

2. 缓冲溶液的组成

缓冲溶液中通常含有两种成分,一种是能与酸作用的碱性物质,称为抗酸成分;另一种是能与碱作用的酸性物质,称为抗碱成分。抗酸成分和抗碱成分合称为缓冲系或缓冲对。

缓冲对通常由弱酸及其对应的盐、弱碱及其对应的盐、酸式盐及其对应的次级盐所组成。常见的缓冲对如下:

抗碱成分 抗酸成分	弱酸 共轭碱
HAc-$NaAc$	HAc-Ac^-
H_2CO_3-$NaHCO_3$	H_2CO_3-HCO_3^-
$NaHCO_3$-Na_2CO_3	HCO_3^--CO_3^{2-}
NaH_2PO_4-Na_2HPO_4	$H_2PO_4^-$-HPO_4^{2-}
NH_4Cl-$NH_3 \cdot H_2O$	NH_4^+-NH_3

按照酸碱质子理论,缓冲对本质上是一对共轭酸碱对,抗酸成分为共轭碱,抗碱成分为弱酸。

3. 缓冲作用原理

缓冲溶液是一个共轭酸碱体系(HA-A^-),而且溶液中有足够浓度的弱酸 HA 和共轭碱 A^-。弱酸 HA 的电离度很小,又因共轭碱 A^- 引起的同离子效应,HA 绝大

多数以分子状态存在于溶液中。在溶液中，共轭酸碱对间存在如下的质子转移平衡：

$$HA+H_2O \rightleftharpoons A^- + H_3O^+$$

往体系中加入少量强酸时，溶液中足够浓度的 A^- 与少量强酸提供的 H_3O^+ 发生反应，消耗了少量的 A^-，生成了少量的 HA 和 H_2O，质子转移平衡向左移动，当达到新的平衡时，混合体系中 A^- 和 HA 的含量相对不变，溶液的 pH 没有显著下降。共轭碱（A^-）在此起了抗酸作用。

往体系中加入少量强碱时，溶液中有足够浓度的 HA 与少量强碱提供的 OH^- 结合，消耗了少量的 HA，生成了少量的 A^- 和 H_3O^+，质子转移平衡向右移动，当达到新的平衡时，溶液中 HA 和 A^- 的含量相对不变，溶液的 pH 没有显著上升。弱酸（HA）在此起了抗碱作用。

总之，由于缓冲溶液中含有足够量的弱酸和共轭碱，并存在质子转移平衡，故能抵抗外加的少量强酸或强碱，使溶液的 pH 基本保持不变。

（二）缓冲溶液 pH 的计算

每一种缓冲溶液都有一定的 pH，根据缓冲对的质子转移平衡，可以近似地计算其 pH。设缓冲溶液中弱酸（HA）的浓度为 c_a，共轭碱（A^-）的浓度为 c_b，缓冲对的质子转移平衡为：

$$HA+H_2O \rightleftharpoons A^- + H_3O^+$$

$$K_a=\frac{[H_3O^+][A^-]}{[HA]}$$

$$[H_3O^+]=\frac{K_a[HA]}{[A^-]}$$

$$pH=pK_a+\lg\frac{[A^-]}{[HA]} \tag{3-4}$$

式(3-4)称为亨德森-哈赛尔巴赫（Henderson-Hasselbalch）方程，亦称缓冲公式，式中$[A^-]/[HA]$称为缓冲比。由于 A^- 对 HA 具有同离子效应，缓冲对的浓度较大，因此可以近似地认为$[HA]=c_a$，$[A^-]=c_b$，式(3-4)可近似为：

$$pH=pK_a+\lg\frac{c_b}{c_a} \tag{3-5}$$

式(3-5)是计算缓冲溶液 pH 的近似公式。根据式(3-5)可知：

(1) 缓冲溶液的 pH 主要取决于共轭酸碱对中弱酸的 K_a 值；其次，取决于缓冲溶液的缓冲比。

(2) 对于同一缓冲对的缓冲溶液，其 pH 只取决于缓冲比。改变缓冲比，缓冲溶液的 pH 亦随之改变。当缓冲比为 1 时，缓冲溶液的 $pH=pK_a$。

(3) 适当稀释缓冲溶液，缓冲比不变，pH 亦不变。但加入大量水稀释时，pH 略有升高，称为稀释效应。

【例 3-1】 用 0.10 mol·L^{-1}的 HAc 溶液与 0.10 mol·L^{-1}的 NaAc 溶液等体积混合配制成缓冲溶液，求此缓冲溶液的 pH。（已知 HAc 的 pK_a=4.75）

解：由于 HAc 溶液与 NaAc 溶液是等体积混合，所以在缓冲溶液中 HAc 与 NaAc 的浓度均为原浓度的 1/2，即

$$[HAc]=\frac{0.10\ mol\cdot L^{-1}}{2}=0.05\ mol\cdot L^{-1}$$

$$[NaAc]=\frac{0.10\ mol\cdot L^{-1}}{2}=0.05\ mol\cdot L^{-1}$$

$$pH=pK_a+\lg\frac{0.05\ mol\cdot L^{-1}}{0.05\ mol\cdot L^{-1}}=4.75+\lg 1=4.75$$

（三）缓冲溶液的配制

在实际工作中，要配制某一 pH 的缓冲溶液，可以按以下步骤进行：

(1) 选择适当的缓冲对。

① 使所配制缓冲溶液的 pH 在所选缓冲对的缓冲范围(pH=pK_a±1)内。

② 所配制缓冲溶液的 pH 应尽可能地接近于缓冲对的 pK_a，从而使缓冲溶液的缓冲比接近于 1，所配制缓冲溶液的缓冲能力也尽可能大。

例如，要配制 pH=4.50 的缓冲溶液，可以选择 HAc-NaAc 缓冲对；若配制 pH=10.0 的缓冲溶液，可以选择 $NaHCO_3$-Na_2CO_3缓冲对。

③ 选择药用缓冲对时，不能与主药发生配伍禁忌，缓冲对无毒且在贮存期内要保持稳定；选择检验缓冲对时，不能对检验分析过程有干扰。

(2) 要有适当的总浓度。

总浓度是缓冲溶液中弱酸与共轭碱浓度之和，即 $c_{总}=[HA]+[A^-]\approx c_a+c_b$。缓冲溶液的总浓度越大，抗酸成分和抗碱成分就越多，其缓冲能力也越大。但总浓度过大，也没有必要，一般总浓度在 0.05～0.2 mol·L^{-1}之间。

(3) 用公式(3-4)计算酸、碱的用量。

通常情况下，常用等浓度的共轭酸、共轭碱溶液来配制缓冲溶液，则缓冲比就等于共轭碱溶液、共轭酸溶液的体积比，由式(3-4)得：

$$pH=pK_a+\lg\frac{V_{碱}}{V_{酸}} \tag{3-6}$$

其中，$V_{酸}$、$V_{碱}$分别为共轭酸溶液、共轭碱溶液的体积。

(4) 配制一定浓度的共轭酸、共轭碱溶液，量出共轭酸、共轭碱溶液的体积，混合即可得到所需 pH 的缓冲溶液，用 pH 计测定该缓冲溶液的 pH。

【例 3-2】 如何配制 pH=5.00 的缓冲溶液 100 mL？

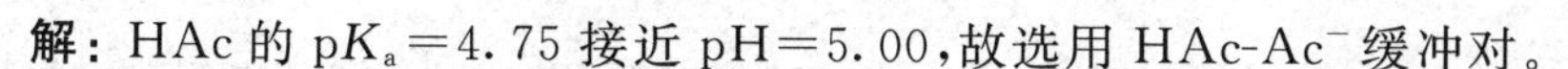

解：HAc 的 $pK_a=4.75$ 接近 $pH=5.00$，故选用 $HAc-Ac^-$ 缓冲对。

用浓度相同的 HAc 和 NaAc 溶液按体积比相混合，设 HAc 溶液的体积为 V_{HAc}(mL)、NaAc 溶液的体积为 V_{Ac^-}(mL)，由式(3-6)得：

$$5.00=4.75+\lg\frac{V_{Ac^-}}{V_{HAc}}$$

$$\frac{V_{Ac^-}}{V_{HAc}}=1.8$$

又因为
$$V_{Ac^-}+V_{HAc}=100\ mL$$

解得
$$V_{Ac^-}=64\ mL\qquad V_{HAc}=36\ mL$$

取等浓度($0.1\sim0.2\ mol\cdot L^{-1}$)的 HAc 溶液 36 mL 和 NaAc 溶液 64 mL，混合后便得所需的缓冲溶液。

另外，也常采用将弱酸与强碱溶液按一定体积比混合，或将弱碱与强酸溶液按一定体积比混合配制一定 pH 的缓冲溶液。

化学·生活·医药

医药中的缓冲溶液

正常人体血液的 pH 总能在 7.35～7.45 狭小范围内保持恒定，这是因为血液本身就是一个缓冲体系，主要由 $NaHCO_3-H_2CO_3$、Na-血浆蛋白－H-血浆蛋白、$Na_2HPO_4-NaH_2PO_4$ 三对缓冲对组成。血液的缓冲作用保证了人体细胞的正常代谢活动和生理功能的正常运转。当机体发生某些疾病或因外界因素造成酸碱度突然改变时，就会不同程度地导致“酸中毒”或“碱中毒”，严重时甚至危及生命。人体中的酶只有在一定 pH 范围的体液中才具有活性，如胃蛋白酶的适宜 pH 为 1.5～2.0，在 $pH>4.0$ 时失去活性。

在体外，微生物的培养、组织染色、血液的冷藏保存都需要一定 pH 的缓冲溶液；在药剂的生产过程中，受人的生理状态、药物的稳定性和溶解性等因素的影响，需要选择适当的缓冲溶液来调节并稳定药物的 pH 在一定的范围内。例如，维生素 C 溶液的 pH 需要调节并稳定在 5.5～6.0 之间，葡萄糖、安乃近等注射液则需要保持其 pH 在加热、灭菌过程中的稳定，滴眼液的 pH 需根据人泪液的 pH(7.3～7.5)和药物的性质加以调控。

第三节　沉淀溶解平衡及其应用

一、沉淀溶解平衡

前面我们讨论了弱酸、弱碱的电离平衡及盐的水解平衡，它们属于单相平衡。本节将讨论的沉淀溶解平衡是多相平衡，它是难溶电解质饱和溶液中存在的固体和水合离子之间的平衡。

物质的溶解度大小各有不同。实验证明，任何难溶电解质在水中都会或多或少地溶解，绝对不溶的物质是不存在的。例如，AgCl 的溶解度虽然很小，但在水中会有微量溶解并电离，最后建立下列平衡：

$$AgCl(s) \underset{沉淀}{\overset{溶解}{\rightleftharpoons}} Ag^{+}(aq) + Cl^{-}(aq)$$

这一平衡称为沉淀溶解平衡。平衡时的溶液就是 AgCl 的饱和溶液。

1. 溶度积常数 K_{sp}

对于一般的难溶电解质 M_aX_b：

$$M_aX_b(s) \underset{沉淀}{\overset{溶解}{\rightleftharpoons}} aM^{b+} + bX^{a-}$$

平衡时体系服从化学平衡定律，即

$$[M^{b+}]^a[X^{a-}]^b = K_{sp}$$

K_{sp}是难溶电解质的沉淀溶解平衡常数，称为溶度积常数，简称溶度积。它反映了物质的溶解能力。

溶度积常数的意义是：一定温度下，难溶电解质饱和溶液中离子浓度（严格说应为活度）的系数次方之积为一常数。

常见难溶电解质的 K_{sp}见附录二。

2. K_{sp}与溶解度

K_{sp}与溶解度都可以用来表示物质的溶解能力，它们之间可以相互换算。设一般难溶电解质 M_aX_b的溶解度为 $s(mol \cdot L^{-1})$，即在该温度下该物质在 1 L 溶液中可溶解 s(mol)，则

$$[M^{b+}] = as; \quad [X^{a-}] = bs$$

$$K_{sp} = [M^{b+}]^a[X^{a-}]^b = (as)^a(bs)^b$$

$$= a^a \cdot b^b \cdot s^{(a+b)}$$

对于 AgCl、$BaSO_4$、FeS 等 1∶1 型电解质：

$$K_{sp} = s^2$$

对于 Ag_2CrO_4、PbI_2、$Mn(OH)_2$ 等 1∶2 型或 2∶1 型电解质：

$$K_{sp}=2^2\times1^1\times s^{(2+1)}=4s^3$$

由此可见：对于不同类型的难溶电解质，其溶解度与溶度积之间的关系是不同的。因此，相同类型的电解质，在相同的温度下，K_{sp}越大，溶解度亦越大，反之也成立，即 K_{sp}和溶解度一致。但不同类型的电解质，如 AgCl 和 Ag_2CrO_4 就不能直接从它们的 K_{sp}比较它们的溶解度大小，这时两者常常是不一致的。

此外，难溶电解质的溶解度与弱电解质的电离度相似，受到溶液中共同离子的影响；但溶度积 K_{sp}是平衡常数，不受浓度及溶液中其他离子的影响。

二、溶度积规则

难溶电解质在一定条件下能否生成沉淀或沉淀能否溶解，可以根据溶度积规则来判断。

在难溶电解质溶液中，离子浓度系数次方的乘积称为离子积，用 Q_i表示。例如，$Mg(OH)_2$的离子积为：

$$Q_i=c_{Mg^{2+}}\cdot c_{OH^-}^2$$

在任一给定的溶液中，离子积 Q_i与溶度积 K_{sp}之间可以有三种情况：

(1) $Q_i=K_{sp}$，溶液为饱和溶液，无新沉淀析出，也无沉淀溶解，达到动态平衡。

(2) $Q_i<K_{sp}$，溶液未饱和，无沉淀析出。体系中若有固体存在，则固体会溶解直至达到平衡，形成饱和溶液。

(3) $Q_i>K_{sp}$，溶液过饱和，平衡向析出沉淀方向移动，直至 $Q_i=K_{sp}$，形成饱和溶液。

以上称为溶度积规则。

根据溶度积规则，要使沉淀从溶液中析出，必须设法增大溶液中有关离子的浓度，使其离子积大于溶度积；要使难溶电解质溶解，则必须设法减小溶液中有关离子的浓度，使离子积小于溶度积。因此，控制溶液中有关离子的浓度，就可以达到沉淀生成或溶解的目的。

三、沉淀的生成、溶解和转化

（一）沉淀的生成

在难溶电解质溶液中，如果 $Q_i>K_{sp}$，就会有沉淀生成。这是沉淀生成的必要条件。

【例 3-3】 将等体积的 0.004 $mol\cdot L^{-1}$ $AgNO_3$ 和 0.004 $mol\cdot L^{-1}$ K_2CrO_4 混合，有无 Ag_2CrO_4沉淀析出？($K_{sp,Ag_2CrO_4}=9\times10^{-12}$)

解：混合后

$$c_{Ag^+}=c_{CrO_4^{2-}}=0.002\ mol\cdot L^{-1}$$

$$Q_i=c^2_{Ag^+}\cdot c_{CrO_4^{2-}}=(0.002)^2\times(0.002)=8\times10^{-9}$$

$$Q_i>K_{sp}$$

答：有 Ag_2CrO_4 沉淀生成。

（二）沉淀的溶解与转化

根据溶度积规则，沉淀溶解的必要条件是 $Q_i<K_{sp}$。因此创造一定条件，降低溶液中有关离子浓度就可以使沉淀溶解或转化为更难溶的沉淀。沉淀溶解一般有下面几种方法：

1. 生成弱电解质

难溶氢氧化物均溶于酸，有的还可以溶于铵盐。例如：

$$\begin{array}{rl} Mg(OH)_2(s)\rightleftharpoons & Mg^{2+}+2OH^- \\ & \quad\quad + \\ 2HCl = & 2Cl^-+2H^+ \\ & \quad\quad \Updownarrow \\ & \quad\quad 2H_2O \end{array}$$

即
$$Mg(OH)_2(s)+2H^+\rightleftharpoons Mg^{2+}+2H_2O$$

$$\begin{array}{rl} Mg(OH)_2(s)\rightleftharpoons & Mg^{2+}+2OH^- \\ & \quad\quad + \\ 2NH_4Cl = & 2Cl^-+2NH_4^+ \\ & \quad\quad \Updownarrow \\ & \quad\quad 2NH_3\cdot H_2O \end{array}$$

即
$$Mg(OH)_2(s)+2NH_4^+\rightleftharpoons Mg^{2+}+2NH_3\cdot H_2O$$

由于溶液中生成弱电解质 H_2O 和 $NH_3\cdot H_2O$，使溶液中的 $[OH^-]$ 下降，因而 $Q_i=c_{Mg^{2+}}\cdot c^2_{OH^-}<K_{sp}$，平衡朝着 $Mg(OH)_2$ 溶解的方向移动。再如：

$$\begin{array}{rl} CaCO_3(s)\rightleftharpoons & Ca^{2+}+CO_3^{2-} \\ & \quad\quad + \\ 2HCl = & 2Cl^-+2H^+ \\ & \quad\quad \Updownarrow \\ & \quad\quad H_2CO_3\rightleftharpoons CO_2\uparrow+H_2O \end{array}$$

2. 氧化还原反应

加入氧化剂或还原剂，使某一离子发生氧化还原反应而降低其浓度。例如：

$$3CuS+8HNO_3=3Cu(NO_3)_2+3S\downarrow+2NO\uparrow+4H_2O$$

3. 生成难电离的配离子

例如，AgCl 沉淀可溶于氨水中：

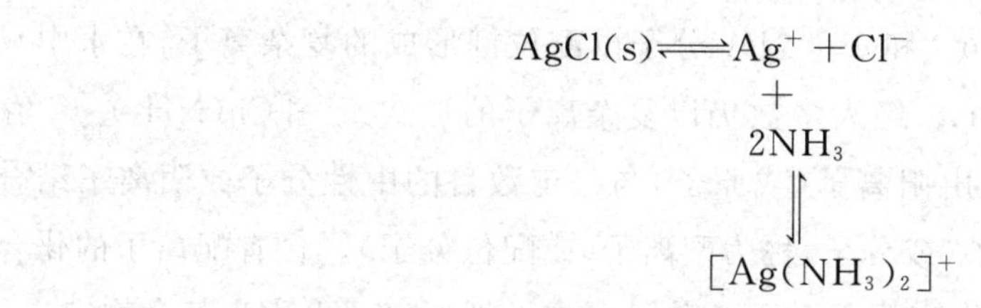

即
$$AgCl(s)+2NH_3 \rightleftharpoons [Ag(NH_3)_2]^+ + Cl^-$$

由于$[Ag(NH_3)_2]^+$的生成，降低了$[Ag^+]$而使 AgCl 溶解。

4. 沉淀的转化

在含有沉淀的溶液中加入适当试剂，与某一离子结合成更难溶的物质，这一过程称为沉淀的转化。

例如，在 $PbCl_2$的沉淀中加入 Na_2CO_3溶液，发生下列过程：

$$\begin{array}{l} PbCl_2(s) \rightleftharpoons Pb^{2+} + 2Cl^- \\ \qquad\qquad\qquad + \\ \qquad\qquad\quad CO_3^{2-} \\ \qquad\qquad\qquad \Updownarrow \\ \qquad\qquad PbCO_3(s) \end{array}$$

即
$$PbCl_2(s)+CO_3^{2-} \rightleftharpoons PbCO_3(s)+2Cl^-$$

这一反应之所以能够发生，是由于生成了更难溶的 $PbCO_3$沉淀。$PbCO_3$的生成，降低了溶液中的$[Pb^{2+}]$，使得 $PbCl_2$的沉淀平衡不断向右移动，$PbCl_2$溶解，直至全部转化为 $PbCO_3$。

总之，溶解沉淀的方法虽各有不同，但从中可以归纳出一条规律，即凡能有效地降低难溶电解质饱和溶液中有关离子的浓度，使 $Q_i < K_{sp}$，就可以使沉淀溶解或转化。

第四节　配位平衡及其应用

一、配位化合物的基础知识

（一）配位化合物的概念

向盛有 2 mL 0.1 $mol \cdot L^{-1}$ $CuSO_4$溶液的试管中加入 1～2 滴 NaOH 溶液，就会产生浅蓝色沉淀，再逐滴加入 6 $mol \cdot L^{-1}$的氨水，沉淀逐渐溶解并形成深蓝色的溶液。反应方程式如下：

$$Cu^{2+}+2OH^- = Cu(OH)_2\downarrow(浅蓝色)$$

$$Cu(OH)_2+4NH_3 = [Cu(NH_3)_4]^{2+}(深蓝色)+2OH^-$$

如果往该溶液中加入适量酒精就会析出深蓝色的晶体。经 X 射线分析，其化学组成是$[Cu(NH_3)_4]SO_4 \cdot H_2O$，在水溶液中全部电离为$[Cu(NH_3)_4]^{2+}$和 SO_4^{2-}，而

$[Cu(NH_3)_4]^{2+}$是由1个Cu^{2+}和4个NH_3分子以配位键形成的复杂离子，在水中只能部分地电离出Cu^{2+}和NH_3，绝大多数仍以复杂离子的形式——$[Cu(NH_3)_4]^{2+}$存在。像$[Cu(NH_3)_4]^{2+}$这种由阳离子（或原子）与一定数目的中性分子或阴离子结合而成的不易电离的复杂离子（或分子）称为配离子（或配位分子）。含有配离子的化合物和配位分子统称为配位化合物，简称配合物。习惯上把配离子也称为配合物。

配合物有酸、碱、盐之分，还可以是电中性的配位分子。例如，$H[Cu(CN)_2]$、$[Ag(NH_3)_2]OH$、$[Cu(NH_3)_4]SO_4$、$[Pt(NH_3)_2Cl_2]$、$[Ni(CO)_4]$等都是配合物。

（二）配合物的组成

除了少数不带电荷的配位单元如$[Ni(CO)_4]$外，配合物一般都是由内界和外界两部分组成的，具有复杂结构单元的配离子称为内界，带异性电荷的其他部分称为外界。内界和外界以离子键结合，在水溶液中可以完全电离。

$$[\ Cu\quad (NH_3)_4]^{2+}\qquad SO_4^{2-}$$

[中心离子（配位体）$_{配体数}$] 外界（离子）

配位键 → 配离子（内界）

离子键 → 配位化合物

配合物的内界是由以配位键结合的中心离子（或原子）和配位体组成，在水溶液中很稳定。内界是配合物的特征组分，下面将详细介绍内界的组成。

1. 中心离子

中心离子一般是金属阳离子，尤其是过渡金属阳离子，如Fe^{3+}、Co^{3+}、Ni^{2+}、Cu^{2+}、Zn^{2+}、Ag^{+}和Hg^{2+}等；有时是金属原子，如$[Fe(CO)_5]$中的Fe。p区的某些金属离子和某些高氧化态的非金属元素如$[SiF_6^{2-}]$中的Si^{4+}等也可以作中心离子。

2. 配位体

配位体简称配体，是围绕在中心离子周围、与中心离子间以配位键结合的阴离子或中性分子。配体中提供孤对电子直接与中心离子成键的原子称为配位原子。配位原子主要是位于周期表中ⅣA、ⅤA、ⅥA及ⅦA族的元素，如C、N、P、O、S、F、Cl、Br、I等。根据分子中所含配位原子的数目，配体分为两类：

(1) 单齿配体：分子中只有一个配位原子，同中心离子只以一个配位键相结合的配体，如NH_3、H_2O、Cl^-等。

(2) 多齿配体：分子中含有两个或两个以上的配位原子，能同中心离子形成多个配位键的配体。例如，乙二胺（$H_2\underline{N}—CH_2CH_2—\underline{N}H_2$）中的N原子为配位原子，每个乙二胺分子中含有2个配位原子，可以形成2个配位键。

由于同一个分子的两个部位与同一个中心原子成键，这种配位体形成的配合物具有环状结构。例如，Zn^{2+}与两分子乙二胺（简写为en）形成的配离子$[Zn(en)_2]^{2+}$的结构为：

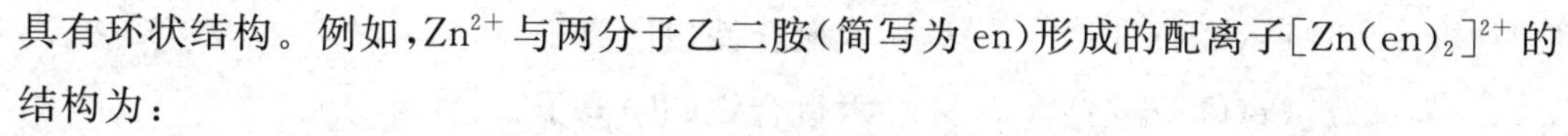

具有环状结构的配合物叫作螯合物，形成螯合物的配位体叫作螯合剂。螯合物大多具有五元环或六元环，是一类稳定的配合物。乙二胺四乙酸（简称EDTA）是最常用的螯合剂，分子中含有六个配位原子，能够与许多金属离子形成稳定螯合物。

3. 配位数

直接同中心离子形成配位键的配位原子的数目为该中心离子的配位数。一般中心离子的配位数是2、4、6、8，其中最常见的配位数是4和6。

中心离子的配位数是通过配体数计算的。如果配体是单齿配体，那么中心离子的配位数就是配体数。例如，在$[Co(NH_3)_5(H_2O)]Cl_3$中，配体NH_3和H_2O都是单齿配体，配体数是6，所以配位数为6。

如果配体是多齿配体，那么中心离子的配位数等于配体数乘以每个配体所含有的配位原子数。例如，在$[Fe(en)_3]Cl_2$中，en是双齿配位体，即每一个en有两个氮原子同中心离子Fe^{2+}配位，因此，Fe^{2+}的配位数是$3\times2=6$。

4. 配离子的电荷

配离子所带的电荷等于中心离子所带的电荷同所有配体所带的电荷的代数和。例如，Fe^{2+}与6个CN^-形成配离子，配离子的电荷数是-4，写成$[Fe(CN)_6]^{4-}$。

我们还可以用相同的方法在已知配离子的情况下求出中心离子的电荷数。例如，在配离子$[PtCl_3(NH_3)]^-$中，由于配离子带1个单位负电荷，而其中配体有3个Cl^-带3个单位负电荷，即可以求出金属Pt的电荷数是$+2$。

（三）配合物的命名

配合物的命名遵循无机化合物的命名原则。

1. 配合物内界的命名

配合物内界的命名顺序如下：

配体数—配位体名称—合—中心离子名称（化合价）—离子
↓　　　　　　　　　　　　　　　　↓
中文数字（一、二、…）　　　　　　罗马数字（Ⅰ、Ⅱ、…）

例如：　$[Ag(NH_3)_2]^+$　　二氨合银（Ⅰ）离子　（又称银氨配离子）

　　　　$[Cu(NH_3)_4]^{2+}$　　四氨合铜（Ⅱ）离子　（又称铜氨配离子）

$[Fe(CN)_6]^{3-}$　　　六氰合铁(Ⅲ)离子

$[Fe(CN)_6]^{4-}$　　　六氰合铁(Ⅱ)离子

当配合物中有多种配体存在时，顺序命名为：先无机配体后有机配体，先阴离子配体后中性分子配体。例如：

$[PtCl_2(en)_2]$　　　二氯·二(乙二胺)合铂(Ⅱ)

$[Co(NO_2)_4(NH_3)_2]^-$　　　四硝基·二氨合钴(Ⅲ)离子

2. 配合物外界的命名

根据无机化合物的命名规则，先命名阴离子，再命名阳离子，中间以“化”或“酸”连接。例如：

$[Cu(NH_3)_4](OH)_2$　　　氢氧化四氨合铜(Ⅱ)

$[Ag(NH_3)_2]Cl$　　　氯化二氨合银(Ⅰ)

$[Cu(NH_3)_4]SO_4$　　　硫酸四氨合铜(Ⅱ)

$K_4[Fe(CN)_6]$　　　六氰合铁(Ⅱ)酸钾　(亚铁氰化钾、黄血盐)

$K_3[Fe(CN)_6]$　　　六氰合铁(Ⅲ)酸钾　(铁氰化钾、赤血盐)

二、配位化合物形成的特征

配合物在结构上具有与普通化合物不同的特点，在性质表现出一些特殊性。在溶液中，配合物的形成往往会使某些性质，如颜色、溶解度等发生显著改变。

1. 颜色的变化

通常有颜色的金属离子与配位体形成配离子后，颜色会加深。例如，$[Cu(NH_3)_4]^{2+}$为深蓝色，比Cu^{2+}的蓝色要深。可以根据颜色的变化来判断配离子是否生成，还可以利用某些配位体和金属离子的特殊显色反应来鉴定金属离子。例如，Fe^{3+}与SCN^-在溶液中可以生成配位数为6的血红色配离子，反应式为：

$$\underset{(黄色)}{Fe^{3+}} + \underset{(无色)}{6SCN^-} \rightleftharpoons \underset{(血红色)}{[Fe(SCN)_6]^{3-}}$$

根据颜色的变化，既可用于鉴定Fe^{3+}，又可判定配离子的生成。

2. 溶解度的变化

一些难溶于水的金属氯化物、溴化物、碘化物和氰化物可溶于过量Cl^-、Br^-、I^-、CN^-等离子的溶液和氨水中。例如，AgCl可溶于氨水中，反应式为：

$$AgCl + 2NH_3 \rightleftharpoons [Ag(NH_3)_2]^+ + Cl^-$$

三、配位平衡

(一) 配合物的配位平衡与稳定常数

由于中心原子和配位体之间以配位键结合，配离子比较稳定，在溶液中不能完全电离。例如，Ag^+和NH_3形成$[Ag(NH_3)_2]^+$的过程可表示为：

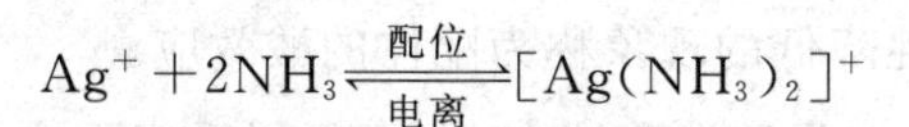

在一定条件下，配合物的配位与电离最终达到平衡状态，这种平衡称为配位平衡状态，简称配位平衡。其平衡常数可用稳定常数（生成常数）或不稳定常数（电离常数）表示，本书采用稳定常数，符号为 K_s。

例如，上述平衡的稳定常数表达式为：

$$K_s=\frac{[Ag(NH_3)_2^+]}{[Ag^+][NH_3]^2}$$

稳定常数是配合物的特征常数，反映出配合物的生成倾向和稳定性。通常情况下，同种类型的配合物（中心原子与配体数之比相同），K_s 值越大，配离子越容易形成，配合物越稳定；K_s 值越小，配离子越容易分解，配合物越不稳定。例如，$[FeF_6]^{3-}$ 和 $[Fe(CN)_6]^{3-}$ 均为 1∶6 型的配离子，它们的 K_s 分别为 2.04×10^{14} 和 1.0×10^{42}，所以 $[Fe(CN)_6]^{3-}$ 比 $[FeF_6]^{3-}$ 更稳定。但不同类型的配位化合物不能简单地通过稳定常数进行判断。

表 3-6 列出了一些常见配离子的稳定常数（$\lg K_s$ 为稳定常数的对数值）。

表 3-6　一些常见配离子的稳定常数

配离子	K_s	$\lg K_s$
$[Ag(NH_3)_2]^+$	1.1×10^{7}	7.05
$[Cu(NH_3)_2]^+$	7.3×10^{10}	10.86
$[Ag(CN)_2]^-$	1.3×10^{21}	21.11
$[Zn(NH_3)_4]^{2+}$	2.87×10^{9}	9.46
$[Cu(NH_3)_4]^{2+}$	2.09×10^{13}	13.32
$[HgI_4]^{2-}$	6.76×10^{29}	29.83
$[FeF_6]^{3-}$	2.04×10^{14}	14.31
$[Fe(CN)_6]^{3-}$	1×10^{42}	42
$[Co(NH_3)_6]^{3+}$	1.58×10^{35}	35.20

（二）配位平衡的移动

作为有条件的动态平衡，平衡体系的条件改变时，配位平衡就会移动。影响配位平衡的因素主要有溶液的 pH、沉淀的生成和溶解，以及其他配体的存在。

1. 溶液 pH 的影响

配体都具有孤对电子，可以接受 H^+。当溶液的 pH 变小时，配体与 H^+ 结合生成弱酸，而使配位平衡发生移动，导致配离子的电离度增大，稳定性降低。这种溶液

pH 减小使配离子稳定性降低的现象称为配体的酸效应。

例如，$[Fe(CN)_6]^{4-}$ 在强酸性溶液中，由于下列反应而增大了 $[Fe(CN)_6]^{4-}$ 的电离度，降低了其稳定性：

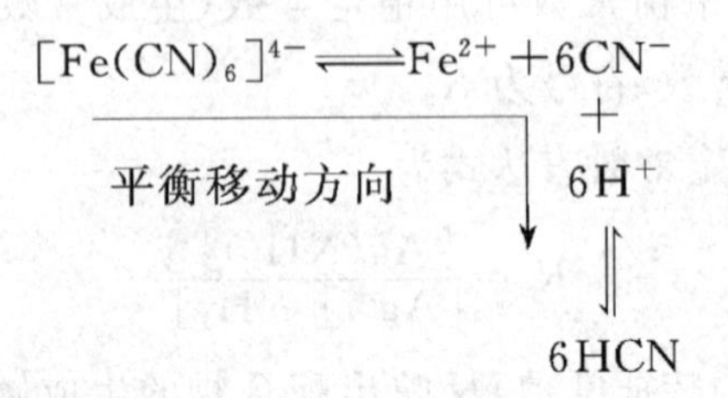

中心离子往往是过渡金属离子，它在水溶液中大都存在着不同程度的水解作用。例如，配离子 $[FeF_6]^{3+}$ 的中心离子 Fe^{3+} 有如下水解反应：

$$Fe^{3+} + H_2O \rightleftharpoons Fe(OH)^{2+} + H^+$$

$$Fe(OH)^{2+} + H_2O \rightleftharpoons Fe(OH)_2^+ + H^+$$

$$Fe(OH)_2^+ + H_2O \rightleftharpoons Fe(OH)_3(s) + H^+$$

溶液的酸度愈小，即 pH 愈大时，Fe^{3+} 就愈容易水解，且水解得愈彻底。随着水解的进行，Fe^{3+} 的浓度下降，配位平衡发生移动，$[FeF_6]^{3-}$ 的稳定性降低。这种因溶液酸度减小导致金属离子水解，而使配离子稳定性降低的现象称为金属离子的水解效应。

配体的酸效应和金属离子的水解效应同时存在，且都影响配位平衡移动和配离子的稳定性。至于某一 pH 条件下以哪个效应为主，将由配合物的稳定常数、配体的碱性强弱和金属离子所生成的氢氧化物的溶解度所决定。

2. 配位平衡与沉淀的生成和溶解

若在沉淀中加入能与金属离子形成配离子的配位剂，则沉淀有可能转化为配离子而溶解。例如，向 AgCl 沉淀中加入氨水，则 AgCl 沉淀溶于氨水，生成 $[Ag(NH_3)_2]^+$。若在配离子溶液中加入能与中心离子更易形成沉淀的沉淀剂，则配离子有可能转化为沉淀而电离。例如，在 $[Ag(NH_3)_2]^+$ 溶液中加入 KI，则生成 AgI 黄色沉淀。

$$AgCl(s) + 2NH_3 \rightleftharpoons Cl^- + [Ag(NH_3)_2]^+$$

$$+ \; I^-$$

平衡移动方向 ↓

$$AgI(s) + 2NH_3$$

在配位平衡与沉淀的生成和溶解的相互转化过程中，配离子的稳定常数越小，生

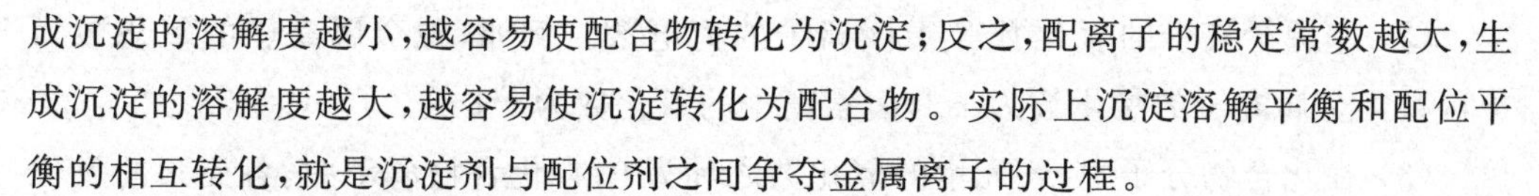

成沉淀的溶解度越小，越容易使配合物转化为沉淀；反之，配离子的稳定常数越大，生成沉淀的溶解度越大，越容易使沉淀转化为配合物。实际上沉淀溶解平衡和配位平衡的相互转化，就是沉淀剂与配位剂之间争夺金属离子的过程。

3. 配位平衡之间的相互转化

向一种配离子溶液中加入另一种能与该中心离子形成更稳定配离子的配位剂时，原来的配位平衡将发生转化。例如，$[FeF_6]^{3-}$（$K_s = 2.04 \times 10^{14}$）比$[Fe(SCN)_6]^{3-}$（$K_s = 2.3 \times 10^{3}$）更稳定，所以往含$[Fe(SCN)_6]^{3-}$的溶液中加入氟化铵，$[Fe(SCN)_6]^{3-}$就会转化为$[FeF_6]^{3-}$：

$$[Fe(SCN)_6]^{3-} \xrightleftharpoons{NH_4F} [FeF_6]^{3-}$$

第五节　氧化还原平衡及其应用

一、氧化还原反应的基础知识

人类对氧化还原反应的认识有一个过程。最初，根据物质反应过程是否得失氧来确定氧化还原反应，并拓展到得失氢的过程，定义为：物质结合氧或失去氢的过程为氧化，失去氧或结合氢的过程为还原。有机化学和生物化学现在仍然沿用这种直观的定义。这种定义以与具体元素的结合或失去为基础，显然有很大的局限性。后来人们将体系中发生了电子得失的反应叫作氧化还原反应，得到电子的物质发生还原反应，本身作氧化剂；失去电子的物质发生氧化反应，本身作还原剂。例如：

$$Zn + 2H^+ \rightleftharpoons Zn^{2+} + H_2$$

其中，锌为还原剂，氢离子为氧化剂。这个定义具有较广的适用范围，而且电子得失的概念更能表达氧化还原反应的实质。

但在许多反应中并没有发生完全的电子得失，只是电子在元素间发生了偏移，如反应：

$$H_2 + Cl_2 \rightleftharpoons 2HCl$$

在生成的 HCl 分子中，只是电子偏向了电负性大的 Cl 元素，这时我们需要引入氧化数的概念来定义氧化还原反应。

（一）氧化数

1990 年，国际纯粹与应用化学联合会（IUPAC）将氧化数定义为某元素一个原子的荷电数，这个荷电数是假设把每个键中的电子指定给电负性较大的原子而求得。

根据这一定义，确定元素电负性的规则如下：

（1）单质中元素的氧化数为 0，如 Na、N_2等。

(2) 单原子离子的氧化数等于该离子的荷电数。例如，碱金属离子的氧化数为+1，碱土金属离子的氧化数为+2，卤素离子的氧化数为−1等。

(3) 在化合物分子中，各元素的氧化数之和为0；在化合物离子中，各元素的氧化数之和为该离子的荷电数。

(4) 在含氧化合物中，氧元素的氧化数一般为−2。但在过氧化物（如 H_2O_2 分子）中，氧元素的氧化数为−1；在超氧化物（如 KO_2 分子）中，氧元素的氧化数为−1/2；氧与氟化合时（如 OF_2 分子），因为氟的电负性比氧大，所以氧元素的氧化数为+2。

(5) 在含氢化合物中，氢元素的氧化数一般为+1。但在活泼金属氢化物（如 NaH 分子）中，由于活泼金属的电负性比氢元素小，所以氢元素的氧化数为−1。

根据这个规则，我们可以求算化合物中各种元素的氧化数。

【例 3-4】 求出 $K_2Cr_2O_7$ 中 Cr、$Na_2S_2O_3$ 中 S、$S_4O_6^{2-}$ 中 S 的氧化数。

解： 设 $K_2Cr_2O_7$ 中 Cr 的氧化数为 x_1

$$1\times2+2x_1+(-2)\times7=0$$

$$x_1=+6$$

设 $Na_2S_2O_3$ 中 S 的氧化数为 x_2

$$1\times2+2x_2+(-2)\times3=0$$

$$x_2=+2$$

设 $S_4O_6^{2-}$ 中 S 的氧化数 x_3

$$4x_3+(-2)\times6=-2$$

$$x_3=+\frac{5}{2}$$

由此可见，氧化数是按一定规则求出的原子的荷电数，带有一定的人为性和经验性，它可以是正数，可以是负数，也可以是分数。

(二) 氧化还原反应

引入氧化数的概念后，可以将氧化还原反应定义为反应前后元素的氧化数发生了变化的反应。其中，所含元素氧化数升高的反应物发生了氧化反应，本身作还原剂；所含元素氧化数降低的反应物发生了还原反应，本身作氧化剂。例如：

$$\overset{2e^-}{\overbrace{Zn+Cu^{2+}}}\rightleftharpoons Zn^{2+}+Cu$$

反应中，Zn 的氧化数由0变到+2，金属锌发生氧化反应，是还原剂；Cu 的氧化数由+2变到0，Cu^{2+} 发生还原反应，是氧化剂。

氧化数的改变是氧化还原反应的特征，而变化的本质则是反应物之间电子的转移(电子得失或电子偏移)。如上述反应中,还原剂 Zn 失去电子,氧化数升高;氧化剂 Cu^{2+} 得到电子,氧化数降低。

又如:

$$\overset{5e^-}{MnO_4^- + 5Fe^{2+} + 8H^+ \rightleftharpoons Mn^{2+} + 5Fe^{3+} + 4H_2O}$$

反应中,Fe 失去电子,氧化数由 +2 升高到 +3,Fe^{2+} 发生氧化反应,是还原剂;Mn 得到电子,氧化数从 +7 降低到 +2,MnO_4^- 发生还原反应,是氧化剂。

(三) 氧化还原半反应和电对

氧化还原反应是氧化剂与还原剂之间发生的化学反应,可以由两个"半反应"组成,即氧化剂发生的还原半反应和还原剂发生的氧化半反应。例如:

$$Zn + Cu^{2+} \rightleftharpoons Zn^{2+} + Cu$$

可写成:

氧化半反应: $Zn \rightleftharpoons Zn^{2+} + 2e^-$

还原半反应: $Cu^{2+} + 2e^- \rightleftharpoons Cu$

半反应中,参加反应的物质和生成的物质主要是由同一元素组成的不同氧化数的物质,如上述反应中的 Zn 和 Zn^{2+},Cu^{2+} 和 Cu。其中,氧化数高的 Zn^{2+}、Cu^{2+} 称为氧化型物质,氧化数低的 Zn、Cu 称为还原型物质。

同一元素的氧化型物质和还原型物质组成氧化还原电对,简称电对,用符号"氧化型物质/还原型物质"表示。例如,Zn 和 Zn^{2+} 组成的电对表示为 Zn^{2+}/Zn,Cu^{2+} 和 Cu 组成的电对表示为 Cu^{2+}/Cu。MnO_4^-/Mn、Fe^{3+}/Fe^{2+} 分别表示 MnO_4^- 和 Mn、Fe^{3+} 和 Fe^{2+} 组成的电对。

氧化还原反应实际上是两个氧化还原电对之间电子转移的结果。

二、原电池和电极电势

(一) 原电池

原电池是将化学能转变成电能的装置。图 3-2为铜锌原电池装置示意图。两个烧杯中分别加入 $ZnSO_4$ 和 $CuSO_4$ 溶液。在 $ZnSO_4$ 溶液中插入 Zn 片,在 $CuSO_4$ 溶液中插入 Cu 片,两烧杯之间用盐桥(充满饱和 KCl 溶液与琼脂制成的凝胶的 U 形管)连接。若用导线将 Zn 片和 Cu 片相连,并在导线上接一检流计,其指针立即发生偏转,说明导线中有电流通过,电子从 Zn 片流向 Cu

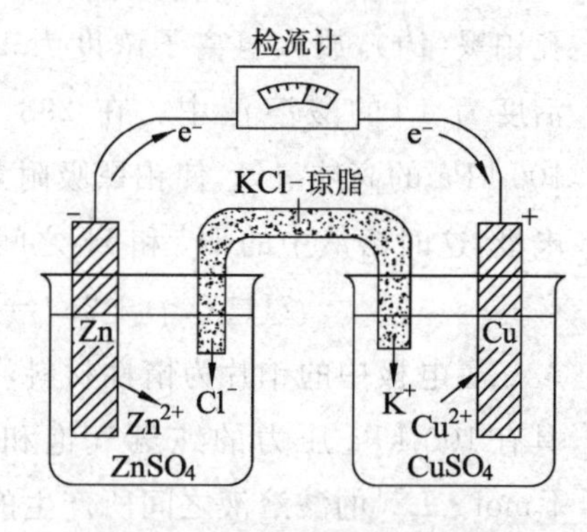

图 3-2　铜锌原电池装置示意图

片(电流方向与此相反)。在原电池中,电子输出处称为负极,电子输入处称为正极。此原电池的正极和负极分别发生如下电极反应:

正极反应: $Cu^{2+}+2e^{-} \rightleftharpoons Cu$(还原反应)

负极反应: $Zn-2e^{-} \rightleftharpoons Zn^{2+}$(氧化反应)

由正极反应和负极反应所构成的总反应称为电池反应:

$$Zn+Cu^{2+} \rightleftharpoons Zn^{2+}+Cu$$

电池反应就是氧化还原反应。原电池借助氧化还原反应产生电流,将化学能转变为电能。

为了方便,原电池常用特定的符号表示。例如,铜锌原电池表示为:

$$(-)Zn|Zn^{2+}(1\ mol \cdot L^{-1}) \| Cu^{2+}(1\ mol \cdot L^{-1})|Cu(+)$$

习惯上把负极写在盐桥左边,正极写在右边。其中,"|"表示两相界面(金属电极和溶液界面);"‖"表示盐桥,起到沟通两个半电池、保持电荷平衡,使电池反应得以持续进行的作用。盐桥两边分别为两个半电池,每一个半电池也称为一个电极,电极由电对构成。原电池实际上是由两对不同电对组成的。

(二) 标准电极电势

原电池的两个电极之间有电流通过,表明两者之间存在电势差,而且正极的电势(用 $\varphi_{正}$ 表示)高于负极的电势(用 $\varphi_{负}$ 表示),两者之间的差值就是原电池的电动势(用 E 表示):

$$E=\varphi_{正}-\varphi_{负}$$

电极电势(φ)的大小反映了构成该电极的电对得失电子倾向的大小。但是电极电势的绝对值至今仍无法测量。为此,可选定某一电极作为标准,以求得其他各电极的相对电极电势值。目前国际上通常选择标准氢电极(SHE)作为标准电极。

1. 标准氢电极

标准氢电极的装置见图 3-3。将铂片表面镀上一层多孔铂黑(Pt),放入氢离子浓度为 1 mol·L^{-1}(严格来说是活度为 1)的酸溶液中。在 298 K 时,不断通入分压为 100 kPa 的高纯氢气,使铂黑吸附氢气达饱和,形成一个氢电极,这时溶液中的 H^{+} 和 H_2 之间建立了以下平衡:

$$2H^{+}(aq)+2e^{-} \rightleftharpoons H_2(g)$$

氢电极中的铂片为惰性材料,仅用于导电。应用时,把具有 100 kPa 压力的纯氢气饱和了的铂片和 H^{+} 浓度为 1 mol·L^{-1}的酸溶液之间所产生的电势差称为标准氢电极的电势,指定其值为零,以此作为与其他电极电势进行比较

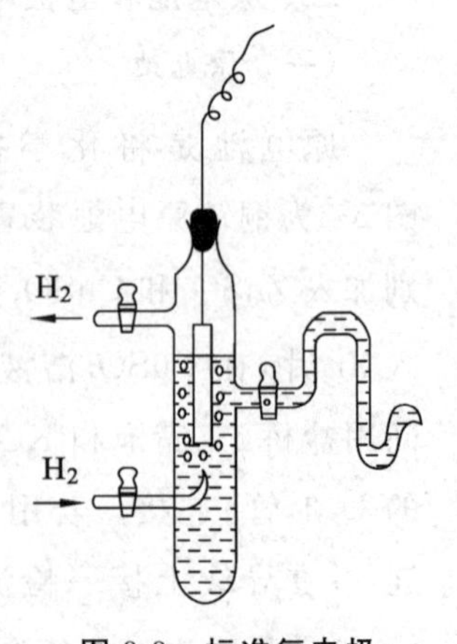

图 3-3　标准氢电极

的相对标准。

2. 标准电极电势的测定

通常将测定温度为 298 K，组成电极的各离子浓度为 1 mol · L^{-1}，各气体压力为 100 kPa 时的状态，称为电极的标准状态（用上标“⊖”表示）。在标准状态下，某电极与标准氢电极组成原电池，测定其电动势 $E^{\ominus}$，根据 $E^{\ominus}=\varphi_{+}^{\ominus}-\varphi_{-}^{\ominus}$ 就可求出该电极的标准电极电势 $\varphi^{\ominus}$。

例如，298 K 时，测得电池 SHE ‖ Cu^{2+}（1 mol · L^{-1}）| Cu 的电动势 $E^{\ominus}=$ +0.340 2 V，即铜电极的标准电极电势 $\varphi^{\ominus}(Cu^{2+}/Cu)$为+0.340 2 V。

又如，298 K 时，测得电池 Zn^{2+}（1 mol · L^{-1}）| Zn ‖ SHE 的电动势 $E^{\ominus}=$ 0.762 8 V，锌电极为负极，即锌电极的标准电极电势 $\varphi^{\ominus}(Zn^{2+}/Zn)=-0.762\ 8$ V。其他各种电极的标准电极电势 $\varphi^{\ominus}$ 都可以用同样的方法测得。

将各种电极的标准电极电势按照由负到正、由小到大的顺序排列，就得到标准电极电势表。

3. 标准电极电势表

表 3-7 列出了 298 K 时一些常用电极的标准电极电势。为了正确使用标准电极电势表，现将有关问题概述如下：① 表中使用的符号是 1953 年 IUPAC 规定的。氢以上的电势为负，负值越大，电极电势越低；氢以下的电势为正，正值越大，电极电势越高。② $\varphi^{\ominus}$ 值与电极反应的写法无关，标准电极电势的正负号不因电极反应的写法而改变。因为电极反应是可逆的，从哪一边开始写均可。③ 电极式中的各组分乘以或除以一个系数，其 $\varphi^{\ominus}$ 值不变。因为 $\varphi^{\ominus}$ 值是氧化剂和还原剂强弱的标度，只与物质的本性有关，而与反应中物质的计量系数无关。

表 3-7　一些常用电极的标准电极电势(298 K)

电　极	电极反应式	$\varphi^{\ominus}$/V
氧化型/还原型	氧化型+ne^- ⇌ 还原型	
Li^+/Li	$Li^+ + e^- \rightleftharpoons Li$	−3.040
K^+/K	$K^+ + e^- \rightleftharpoons K$	−2.931
Ca^{2+}/Ca	$Ca^{2+} + 2e^- \rightleftharpoons Ca$	−2.868
Na^+/Na	$Na^+ + e^- \rightleftharpoons Na$	−2.713
Mg^{2+}/Mg	$Mg^{2+} + 2e^- \rightleftharpoons Mg$	−2.372
Zn^{2+}/Zn	$Zn^{2+} + 2e^- \rightleftharpoons Zn$	−0.761 8
Fe^{2+}/Fe	$Fe^{2+} + 2e^- \rightleftharpoons Fe$	−0.447
Sn^{2+}/Sn	$Sn^{2+} + 2e^- \rightleftharpoons Sn$	−0.137 5
Pb^{2+}/Pb	$Pb^{2+} + 2e^- \rightleftharpoons Pb$	−0.126 2

续表

电　极	电极反应式	$\varphi^{\ominus}$/V
H^+/H_2	$2H^+ + 2e^- \rightleftharpoons H_2$	0.000 0
Sn^{4+}/Sn^{2+}	$Sn^{4+} + 2e^- \rightleftharpoons Sn^{2+}$	0.151
Cu^{2+}/Cu	$Cu^{2+} + 2e^- \rightleftharpoons Cu$	0.341 9
I_2/I^-	$I_2 + 2e^- \rightleftharpoons 2I^-$	0.535 5
MnO_4^-/MnO_4^{2-}	$MnO_4^- + e^- \rightleftharpoons MnO_4^{2-}$	0.558
O_2/H_2O_2	$O_2 + 2H^+ + 2e^- \rightleftharpoons H_2O_2$	0.695
Fe^{3+}/Fe^{2+}	$Fe^{3+} + e^- \rightleftharpoons Fe^{2+}$	0.771
Ag^+/Ag	$Ag^+ + e^- \rightleftharpoons Ag$	0.799 6
Br_2/Br^-	$Br_2 + 2e^- \rightleftharpoons 2Br^-$	1.066
O_2/H_2O	$O_2 + 4H^+ + 4e^- \rightleftharpoons 2H_2O$	1.229
$Cr_2O_7^{2-}/Cr^{3+}$	$Cr_2O_7^{2-} + 14H^+ + 6e^- \rightleftharpoons 2Cr^{3+} + 7H_2O$	1.232
Cl_2/Cl^-	$Cl_2 + 2e^- \rightleftharpoons 2Cl^-$	1.358
MnO_4^-/Mn^{2+}	$MnO_4^- + 8H^+ + 5e^- \rightleftharpoons Mn^{2+} + 4H_2O$	1.507
MnO_4^-/MnO_2	$MnO_4^- + 4H^+ + 3e^- \rightleftharpoons MnO_2 + 2H_2O$	1.679
H_2O_2/H_2O	$H_2O_2 + 2H^+ + 2e^- \rightleftharpoons 2H_2O$	1.778
F_2/F^-	$F_2 + 2e^- \rightleftharpoons 2F^-$	2.87

(三) 影响电极电势的因素

标准电极电势给出了电对在标准状态下的相对电势值。但是实际的化学反应往往在非标准状态下进行，而且随着反应的进行，电极电势随之改变。电极电势与浓度、温度间的关系可通过能斯特(W. Nernst)方程表示。

1. 能斯特方程

对于电极反应：

$$a\text{氧化型} + ne^- \rightleftharpoons g\text{还原型}$$

非标准状态下的电极电势：

$$\varphi = \varphi^{\ominus} + \frac{2.303RT}{nF}\lg\frac{[\text{氧化型}]^a}{[\text{还原型}]^g} \tag{3-7}$$

式中，$\varphi^{\ominus}$为标准电极电势；R是气体常数，其值为8.314 J·K^{-1}·mol^{-1}；F为法拉第常数，其值为96 485 C·mol^{-1}；T为热力学温度；n为电极反应中转移的电子数；[氧化型]、[还原型]分别表示电对中氧化型和还原型物质的浓度。

能斯特方程说明了温度、浓度对电极电势的定量影响，借助该方程可以计算出非标准态下的电极电势值φ。

当温度为298 K时，将各常数代入式(3-7)，则能斯特方程可改写为：

$$\varphi=\varphi^{\ominus}+\frac{0.059\ 16}{n}\lg\frac{[\text{氧化型}]^{a}}{[\text{还原型}]^{g}} \tag{3-8}$$

上式表明，当温度一定时，若增大氧化型物质的浓度（或减小还原型物质的浓度），则电极电势数值将增大；反之亦然。应用能斯特方程时需注意以下几点：

(1) 计算前，首先配平电极反应式。

(2) 组成电极的物质中若有纯固体、纯液体（包括水），则不必代入方程中；若为气体，则用分压表示（气体分压代入公式时，应除以标准态压力 100 kPa）。

(3) 电极反应中若有 H^+、OH^- 等物质参加反应，H^+ 或 OH^- 的浓度也应根据反应式写在方程中。

2. 影响电极电势的因素

从能斯特方程可以看出，温度和电极反应中各物质的浓度对电极电势均有影响。不仅电极物质本身的浓度，而且酸度、沉淀反应、配离子的形成等均可引起电极反应中离子浓度的改变，从而改变 φ 值。例如，MnO_4^- 的氧化能力随$[H^+]$的降低而明显减弱。凡是有 H^+ 参加的电极反应，pH 对其 φ 值均有较大的影响，有时还能影响氧化还原的产物。例如，Na_2SO_3 与 $KMnO_4$ 在不同介质中的反应：

$2MnO_4^- + 5SO_3^{2-} + 6H^+ \longrightarrow 2Mn^{2+}$（肉色）$+ 5SO_4^{2-} + 3H_2O$（强酸性介质）

$2MnO_4^- + 3SO_3^{2-} + H_2O \longrightarrow 2MnO_2\downarrow$（棕色）$+ 3SO_4^{2-} + 2OH^-$（中性介质）

$2MnO_4^- + SO_3^{2-} + 2OH^- \longrightarrow 2MnO_4^{2-}$（绿色）$+ SO_4^{2-} + H_2O$（强碱性介质）

三、电极电势的应用

（一）比较氧化剂和还原剂的相对强弱

电极电势的大小反映了电对中氧化型和还原型物质氧化还原能力的强弱。电对 $\varphi^{\ominus}$ 值愈大，即电极电势愈高，则该电对中氧化型物质的氧化能力愈强，是强氧化剂；而其对应的共轭还原型物质的还原能力就愈弱，是弱还原剂。反之，$\varphi^{\ominus}$ 值愈小，即电极电势愈低，则电对中还原型物质的还原能力愈强，是强还原剂；而其对应的氧化型物质的氧化能力就愈弱，是弱氧化剂。所以，应用标准电极电势可以定量比较氧化剂和还原剂的相对强弱。

例如，$\varphi^{\ominus}(I_2/I^-) < \varphi^{\ominus}(Fe^{3+}/Fe^{2+})$，则还原型物质 I^- 比 Fe^{2+} 的还原能力强，I^- 是比 Fe^{2+} 更强的还原剂；氧化型物质 Fe^{3+} 比 I_2 的氧化能力强，Fe^{3+} 是比 I_2 更强的氧化剂。

标准电极电势表中，氧化型物质的氧化能力从上向下逐渐增强，而还原型物质的还原能力从下向上逐渐增强。因此，K 是最强的还原剂，K^+ 是最弱的氧化剂；F_2 是最强的氧化剂，F^- 是最弱的还原剂。

（二）判断氧化还原反应进行的方向

氧化还原反应总是在得电子能力强的氧化剂与失电子能力强的还原剂之间发生，即较强的氧化剂与较强的还原剂反应生成较弱的还原剂和较弱的氧化剂。因此，在标准电极电势表中，位于左下方的氧化型物质可以氧化位于右上方的还原型物质；同样，位于右上方的还原型物质可以还原位于左下方的氧化型物质。此称为“对角线相互反应关系”。

【例 3-5】 试判断下列反应进行的方向（在标准状态下）：

$$2Fe^{3+}+2I^- \rightleftharpoons 2Fe^{2+}+I_2$$

解： 查表 $\varphi^{\ominus}_{Fe^{3+}/Fe^{2+}}=0.771\ V$，$\varphi^{\ominus}_{I_2/I^-}=0.535\ 5\ V$ 因 $\varphi^{\ominus}_{Fe^{3+}/Fe^{2+}}>\varphi^{\ominus}_{I_2/I^-}$，故氧化性 $Fe^{3+}>I_2$，还原性 $I^->Fe^{2+}$。由判断规则可知：

$$2Fe^{3+}+2I^- \longrightarrow 2Fe^{2+}+I_2$$

（三）电势法测定溶液 pH 的方法

电势法是测定溶液 pH 的方法之一，可以准确地测定溶液的 pH。电势法用玻璃电极(G)作指示电极（$\varphi_G=\varphi^{\ominus}_G-0.059\ 16\ pH$）、饱和甘汞电极（SCE）作参比电极，同时插入待测液中，组成如下工作电池：

(－)玻璃电极(G)｜待测液‖甘汞电极(SCE)(＋)

将此电池与测量系统相连，即可测得电池电动势：

$$E=\varphi_{SCE}-\varphi_G=\varphi_{SCE}-(\varphi^{\ominus}_G-0.059\ 16\ pH)$$

$$pH=\frac{E+\varphi^{\ominus}_G-\varphi_{SCE}}{0.059\ 16}$$

pH 计（又称酸度计）就是利用上述原理测定待测溶液 pH 的。在实际测量过程中，一般采用两次法，以消去未知常数 $\varphi^{\ominus}_G$ 和 φ_{SCE}，即先测定已知 pH 标准（缓冲）溶液：

$$pH_s=\frac{E_s+\varphi^{\ominus}_G-\varphi_{SCE}}{0.059\ 16}$$

再测定未知 pH 的待测溶液：

$$pH_x=\frac{E_x+\varphi^{\ominus}_G-\varphi_{SCE}}{0.059\ 16}$$

则

$$pH_x=pH_s+\frac{E_x-E_s}{0.059\ 16}$$

式中，pH_s 为已知值，E_x、E_s 为先后两次测定值。从上式可知，在 298 K 时，该电池的电动势每相差 0.059 16 V，就相当于溶液中发生 1 个 pH 单位的酸度变化。通常实验室中用以测定溶液酸碱度的 pH 计便是利用 59.16 mV 相当于 1 个 pH 单位进行标度的。

1. 填空题。

(1) 在 NaH_2PO_4-Na_2HPO_4 缓冲对中，抗碱成分是________。

(2) HCO_3^- 的共轭酸是________，共轭碱是________。

(3) 血浆中主要缓冲对的抗酸成分是________。

(4) 在 HAc 溶液中加入 NaAc 时，可使 HAc 的电离度________，这种效应称为________效应；而在 HAc 溶液中加入 NaCl 时，可使 HAc 的电离度________，这种效应称为________效应，当电解质浓度不大时，该效应可以忽略不计。

(5) $Ag_2C_2O_4$ 的溶度积常数表达式为：________。

(6) 配合物 $K_3[Fe(SCN)_6]$ 的中心离子是________，配体是________，配位原子是________，配位数为________，其名称为________。

(7) 配合物 $[Co(en)_3]Cl_3$ 的系统命名为________，中心离子是________，配位数是________，配位原子是________。

(8) 写出配离子 $[Cd(NH_3)_4]^{2+}$ 的稳定常数表达式：________。

(9) 已知电对 Fe^{3+}/Fe^{2+} 的 $\varphi^{\ominus}=0.771V$，Cu^{2+}/Cu 的 $\varphi^{\ominus}=0.341\,9\ V$，$Br_2/Br^-$ 的 $\varphi^{\ominus}=1.066\ V$，则最强的氧化剂是________，最强的还原剂是________。

2. 综合题。

(1) 请写出下列反应的实验平衡常数的表达式：

① $CH_3CH_2COOH + H_2O \rightleftharpoons CH_3CH_2COO^- + H_3O^+$

② $CaCO_3(s) \rightleftharpoons CaO(s) + CO_2(g)$

③ $NO(g) + \frac{1}{2}O_2(g) \rightleftharpoons NO_2(g)$

④ $C(s) + H_2O(g) \rightleftharpoons CO(g) + H_2(g)$

(2) 对于下述已达平衡的反应：$2A(g) + B(s) \rightleftharpoons D(g) + 2E(g)$，$\Delta H_m^{\ominus} > 0$，当改变下列平衡条件时，平衡将向哪个方向移动？

平衡条件改变	平衡移动方向
p(A)增加	
总压增加	
加入催化剂	
升高温度	

(3) 根据酸碱质子理论，下列分子或离子哪些是酸？哪些是碱？哪些是两性物质？

HF　ClO^-　H_2O　HCO_3^-　NH_4^+　NH_3　H_2S　$H_2PO_4^-$　H_3PO_4

(4) 如何配制 100 mL pH=7.00 的缓冲溶液？

(5) 在 $H_2PO_4^-$-HPO_4^{2-} 缓冲系的混合溶液中，共轭酸碱对的浓度均为 0.10 mol·L^{-1}，求该缓冲溶液的 pH。[已知 $pK_a(H_2PO_4^-)=7.21$]

(6) 向 0.50 L 0.10 mol·L^{-1} 的氨水中加入等体积 0.50 mol·L^{-1} 的 $MgCl_2$ 溶液，问：

① 是否有沉淀 $Mg(OH)_2$ 生成？

② 欲控制 $Mg(OH)_2$ 沉淀不产生，至少需加入多少克固体 NH_4Cl？(设加入固体后体积不变)

[已知：$K_{sp}[Mg(OH)_2]=1.8\times10^{-11}$；$K_b(NH_3)=1.8\times10^{-5}$；$M(NH_4Cl)=53.5$]

(7) 指出反应 $Cl_2+H_2O=\!=\!=HCl+HClO$ 的氧化剂、还原剂、氧化产物和还原产物。

第四章

常见单质和无机化合物

在迄今已发现的118种元素中，非金属元素共有27种（其中包括7种准金属元素），金属元素有91种。本章主要讨论与医药关系密切的元素的单质和无机物的组成、性质、用途等，它们包括卤素、氧、硫、氮、磷、碳、铅、碱金属、碱土金属、铁和锰等常见元素的单质和重要化合物，为专业学习打下基础。

第一节　卤素及其重要化合物

一、卤素单质

元素周期表中ⅦA族元素氟(F)、氯(Cl)、溴(Br)、碘(I)、砹(At)5种元素统称为卤族元素，简称卤素。卤素的希腊原文是成盐元素，因容易与典型金属元素化合形成盐而得名。在自然界中，卤素主要以盐的形式存在。其中，砹为放射性元素。

卤族元素的价层电子构型为ns^2np^5，都有7个电子，但核外电子层数不同，因此它们的单质及其化合物既有相似性质，又存在差异。

（一）卤素单质的物理性质

卤素单质的一些物理性质如表4-1所示。

表4-1　卤素单质的物理性质

性质	氟(F_2)	氯(Cl_2)	溴(Br_2)	碘(I_2)
颜色和状态	淡黄绿色气体	黄绿色气体	红棕色液体	紫黑色固体
熔点/℃	53.38	172.02	265.92	386.5
沸点/℃	84.86	238.95	331.76	457.35
溶解度(常温、100 g水)	分解水	0.732 g	3.58 g	0.029 g

氟、氯、溴、碘单质都具有刺激性气味和毒性。卤素单质为非极性分子，在水中溶解度都不大，容易溶解于汽油、苯、四氯化碳、酒精等有机溶剂中。消毒用的碘酊（碘酒）就是碘的酒精溶液。

（二）卤素单质的化学性质

卤素原子的价层电子构型都为 ns^2np^5，因而它们具有相似的化学性质，都容易获得一个电子形成稀有气体的稳定结构，从而表现为典型的非金属性。但由于从氟至碘的核外电子层数依次增加，原子半径依次增大，原子核对外层吸引力依次减弱，因此它们的非金属性按氟、氯、溴、碘依次减弱。氟的非金属性在所有元素中最强。

1. 卤素与金属、非金属反应

卤素最突出的化学性质是氧化性，能与许多金属或非金属及还原性化合物反应，反应的剧烈程度：$F_2>Cl_2>Br_2>I_2$。.

$$H_2+X_2 = 2HX$$

$$2M+nX_2 = 2MX_n$$

$$2P(适量)+3X_2 = 2PX_3$$

$$2P(过量)+5X_2 = 2PX_5$$

式中，X_2 代表卤素单质分子，M 代表金属。

2. 卤素与水反应

卤素与水的反应比较复杂，F_2 与水发生剧烈反应，放出氧气。

$$2F_2+2H_2O = 4H^++4F^-+O_2\uparrow$$

Cl_2 只有在光的照射下才能与水反应，缓慢地放出氧气；Br_2 与水放出氧气的反应相当慢；I_2 则不能发生此反应。

Cl_2 还能与水发生歧化反应：

$$Cl_2+H_2O = H^++Cl^-+HClO(次氯酸)$$

3. 碘与淀粉的反应

碘有一种化学特性，即与淀粉反应呈蓝（紫）色。碘与淀粉作用呈蓝（紫）色的反应非常灵敏，是鉴定碘或淀粉的常用方法。

4. 卤素间的置换反应

根据卤素的标准电极电势可知，其单质分子的氧化能力的递变顺序为 $F_2>Cl_2>Br_2>I_2$，卤离子的还原能力递变顺序为 $F^-<Cl^-<Br^-<I^-$。因此，Cl_2 可以把溴、碘从它们的卤化物中置换出来，Br_2 可以把碘从碘化物中置换出来：

$$Cl_2+2Br^- = 2Cl^-+Br_2$$

$$Cl_2+2I^- = 2Cl^-+I_2$$

生成的单质溴溶解在四氯化碳中呈红棕色，单质碘溶解在四氯化碳中呈紫红色，单质碘遇到淀粉呈蓝（紫）色。《中国药典》中，将该性质应用于碘化物的鉴别及药物中碘化物和溴化物的限度检查。

二、氢卤酸和卤化物

（一）氢卤酸

卤化氢（HX）的水溶液称为氢卤酸。氢卤酸的酸性从 HF—HCl—HBr—HI 依次增强。HCl、HBr、HI 是强酸；因为氢键的生成，HF 的酸性较弱（$K_a=3.5\times10^{-4}$）。

氢氟酸能与二氧化硅或硅酸盐发生如下反应：

$$4HF+SiO_2 = SiF_4\uparrow+2H_2O$$

所以氢氟酸被广泛用于分析化学上测定矿物或钢板中 SiO_2 的含量，还可用于玻璃上刻蚀标记和花纹。

氢卤酸的 X^- 处于最低氧化态，所以有一定的还原性，还原能力：HF＜HCl＜HBr＜HI。氢氟酸不能被任何化学试剂氧化，而氢碘酸常温下可被空气中的氧氧化：

$$4HI+O_2 = 2I_2+2H_2O$$

（二）卤化物

大多数金属卤化物能溶解于水，但卤化银难溶于水（除氟化银外），也不溶于稀硝酸，并具有不同的颜色。氯化银可溶于氨水生成银氨溶液，溴化银部分溶于氨水，碘化银不溶于氨水。《中国药典》中卤离子的检验即是利用此性质。药物分析中，也利用于此性质分离卤离子。

$$Cl^-+Ag^+ = AgCl\downarrow（白色）$$

$$Br^-+Ag^+ = AgBr\downarrow（淡黄色）$$

$$I^-+Ag^+ = AgI\downarrow（黄色）$$

三、卤素含氧酸及其盐

氯、溴、碘与电负性较大的元素化合时，可以形成＋1、＋3、＋5、＋7 各种氧化数的含氧酸（表 4-2）。氟具有最大的电负性，它不可能有正氧化态。

表 4-2　卤素的含氧酸

名　称	氧化数	氯	溴	碘
次卤酸	＋1	$HClO^*$	$HBrO^*$	HIO^*
亚卤酸	＋3	$HClO_2{}^*$	$HBrO_2{}^*$	
卤　酸	＋5	$HClO_3{}^*$	$HBrO_3{}^*$	HIO_3
高卤酸	＋7	$HClO_4$	$HBrO_4{}^*$	HIO_4、H_5IO_6

注：* 表示仅存在于溶液中。

（一）次氯酸及其盐

次氯酸（HClO，$K_a=2.95\times10^{-8}$）是一种比碳酸还弱的酸，很不稳定，仅存在于溶液中，且逐渐分解为氯化氢和氧气：

$$2HClO = 2HCl + O_2\uparrow$$

次氯酸具有杀菌和漂白能力就是基于这个反应。氯气具有漂白和杀菌能力也是它与水作用生成次氯酸的缘故，而完全干燥的氯气无此性质。

$$Cl_2 + H_2O = HCl + HClO$$

如果用氯气与 $Ca(OH)_2$反应，则生成大家所熟知的漂白粉。

$$2Cl_2 + 2Ca(OH)_2 = Ca(ClO)_2 + CaCl_2 + 2H_2O$$

漂白粉是次氯酸钙和氯化钙的混合物，它的有效成分是次氯酸钙，具有很强的氧化能力，受光、受热作用容易分解。漂白粉溶于水，跟水和二氧化碳反应产生次氯酸，因而有漂白作用，所以漂白粉的漂白作用原理与氯气的漂白原理相同。

$$Ca(ClO)_2 + CO_2 + H_2O = CaCO_3\downarrow + 2HClO$$

漂白粉不仅可以用来漂白棉、麻、纸浆，还可以用来消毒饮水、游泳池水、污水坑、厕所等。

(二) 氯酸及其盐

氯酸是一种强酸，其酸性和盐酸、硝酸相仿。所有卤酸盐加热时都能分解。氯酸钾在 MnO_2催化剂作用下，分解放出氧气。

$$2KClO_3 \xrightarrow[\triangle]{\text{催化剂}} 2KCl + 3O_2\uparrow$$

这是实验室中制备氧气的方法。固体氯酸钾与易燃物质(如硫、磷、碳等)混合后，经摩擦或撞击就会发生爆炸，用于制造炸药、烟火、火柴等。

(三) 高氯酸及其盐

高氯酸是已知含氧酸中最强的酸。热的浓酸氧化性很强，与易燃物接触会猛烈爆炸，但冷的稀溶液很稳定。在分析化学中，高氯酸常作为非水滴定的标准溶液，用于弱碱性物质的测定。例如，在冰醋酸溶剂中用高氯酸标准溶液滴定乳酸钠：

$$C_3H_5O_3Na + HClO_4 = NaClO_4 + C_3H_6O_3$$

大多数高氯酸盐易溶于水，但其钾盐难溶于水，因此在定性分析中用来鉴定钾离子。高氯酸镁吸湿性很强，可用作干燥剂。

四、拟卤化合物

有些原子团在游离状态时类似卤素单质的性质，形成离子时与卤离子性质相似，这样的原子团称为拟卤素，又称为类卤素。重要的拟卤素有氰[$(CN)_2$]和硫氰[$(SCN)_2$]，其对应阴离子为氰离子(CN^-)和硫氰酸根离子(SCN^-)，它们的盐分别称为氰化物、硫氰酸盐。

(一) 氰化氢和氰化物

和卤化氢一样，氰化氢(HCN)为无色气体，分子具有极性。氰化氢与水能混溶，其水溶液称为氢氰酸，氢氰酸为挥发性弱酸($K_a = 2.1 \times 10^{-9}$)。

CN^-有强的配位作用，能与过渡金属及锌、汞等形成稳定的配离子，如$[Fe(CN)_6]^{4-}$、$[Hg(CN)_4]^{2-}$，所以 NaCN 和 KCN 被广泛地用于从矿物中提取金和银。

氢氰酸和氰化物均为剧毒品，致死量为 0.05 g。氰化物固体必须密封保存，溶液必须保持强碱性。工业废水中氰化物排放标准应该控制在 0.05 mg·L^{-1}之内。可利用CN^-的强配位性和还原性处理氰化物所造成的环境污染。

$$2CN^- + 8OH^- + 5Cl_2 = 2CO_2\uparrow + N_2\uparrow + 10Cl^- + 4H_2O$$

$$FeSO_4 + 6CN^- = [Fe(CN)_6]^{4-} + SO_4^{2-}$$

铁氰化钾($K_3[Fe(CN)_6]$)和亚铁氰化钾($K_4[Fe(CN)_6]$)是Fe^{2+}和Fe^{3+}、Cu^{2+}的鉴定试剂，药物分析中用于亚铁盐、铁盐、铜盐的鉴别试验。

(二) 硫氰酸盐

大多数硫氰酸盐溶于水，硫氰酸根离子能与许多过渡金属离子形成配合物。SCN^-与Fe^{3+}反应生成红色配离子是一个非常灵敏的反应：

$$Fe^{3+} + SCN^- = [Fe(SCN)_6]^{3-}$$

该反应在《中国药典》中用于铁盐的鉴别试验和杂质(Fe^{3+})的检查。

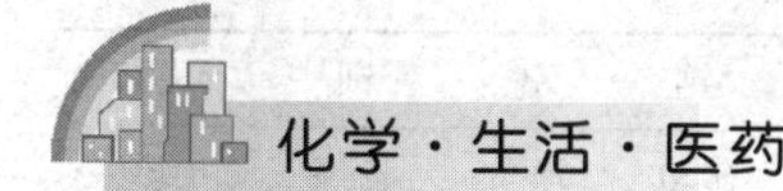

化学·生活·医药

卤素化合物与人体健康

1. 氟化合物与人体健康

氟是一种人体必需的微量元素。人体中大约含氟 0.005%，其中约有 2/3 在骨骼中，1/3 在牙齿内，以氟化钙的形式存在于体内。缺氟的人易发生龋齿，这就是在牙膏中常添加氟化物的原因。市场上出售的加氟牙膏含有氟化钠、氟化锶等氟化合物。人体中氟的主要来源是饮水。有研究认为，我国生活饮水中氟含量饮水以 0.5～1 mg·L^{-1}为宜。氟多了也不好，易得“氟骨病”和“斑釉病”。

2. 碘化合物与人体健康

碘也是人体内的一种必需微量元素，是甲状腺激素的重要组成成分。人体缺碘就会造成甲状腺肿大，俗称“大脖子病”，将导致智力低下、聋哑、身材矮小等。

人体含碘量与环境(土壤、水)及食物含碘有关，直接受每日碘摄入量的影响。人体一般每日摄入 0.1～0.2 mg 碘就可满足需要。正常情况下，通过食物、饮水即可摄入所需的微量碘。但一些地区由于水质、地质中缺碘，食物含碘也少，造成人体摄碘量不足，因此必须补充碘。目前人们补碘的主要方法是把碘以碘酸钾的形式加到盐中制成“加碘盐”，通过食用“加碘盐”补充人体所需的碘。此外，还可多吃含碘丰富的海带、紫菜等海产品。

第二节 碱金属、碱土金属的重要化合物

碱金属和碱土金属是周期表中ⅠA族和ⅡA族元素，碱金属包括锂(Li)、钠(Na)、钾(K)、铷(Rb)、铯(Cs)、钫(Fr)六种元素，由于它们的氧化物溶于水呈强碱性，所以称为碱金属。碱土金属包括铍(Be)、镁(Mg)、钙(Ca)、锶(Sr)、钡(Ba)、镭(Ra)六种元素，因其氧化物呈碱性，又类似于“土”(早先人们将难溶、难熔的物质称为土)，所以称为碱土金属。

一、焰色反应

我们曾做过钠的燃烧实验，发现钠燃烧的火焰呈现黄色。某些金属或它们的化合物燃烧时都会使火焰呈现出特殊的颜色，这在化学上叫作焰色反应。根据焰色反应所呈现的特殊颜色，可以鉴定金属或金属离子的存在。表 4-3 列出了一些金属或金属离子火焰的颜色。

表 4-3 一些金属或金属离子火焰的颜色

金属或金属离子	锂	钠	钾	铷	钙	锶	钡	铜
焰色反应的颜色	紫红	黄	紫	紫	砖红	洋红	黄绿	绿

药物分析中，焰色反应常用于无机金属盐的鉴别。节日晚上燃放的五彩缤纷的焰火，也是锶、钡等金属化合物焰色反应所呈现的各种鲜艳色彩。

二、氢氧化物

碱金属和碱土金属的氢氧化物都是白色固体，在空气中容易吸湿潮解，所以固体 NaOH 和 $Ca(OH)_2$ 是常用的干燥剂。它们还容易吸收空气中的 CO_2 反应生成碳酸盐，所以要密封保存。在化学分析工作中需要不含 Na_2CO_3 的溶液，可先配制 NaOH 的饱和溶液，Na_2CO_3 因不溶于 NaOH 的饱和溶液而沉淀析出，静置，取上层清液，用新煮沸冷却的蒸馏水稀释到所需浓度即可。

碱金属氢氧化物的突出化学性质是强碱性。氢氧化钠是最常用的强碱，因对纤维和皮肤有强烈的腐蚀作用，所以称为苛性钠、火碱或烧碱。它能与玻璃中的二氧化硅(SiO_2)反应，生成黏性的硅酸钠。因此盛放氢氧化钠的试剂瓶要用橡皮塞，否则长期存放，瓶塞不易打开。最好用耐腐蚀的塑料试剂瓶盛放氢氧化钠。

氢氧化钠是重要的化工原料，广泛用于制肥皂、合成洗涤剂、合成药物、精炼石油、造纸、纺织印染等行业。

碱土金属的氢氧化物的碱性比碱金属的氢氧化物弱。若把这两族同周期的相邻两个元素的氢氧化物加以比较，碱性的递变规律可以概括如下：

碱性增强（↓）		
	LiOH	$Be(OH)_2$
	NaOH	$Mg(OH)_2$
	KOH	$Ca(OH)_2$
	RbOH	$Sr(OH)_2$
	CsOH	$Ba(OH)_2$
	← 碱性增强	

$Be(OH)_2$显两性，$Mg(OH)_2$为中强碱，$Ca(OH)_2$、$Ba(OH)_2$都是强碱。

氢氧化钙俗称熟石灰，它的饱和水溶液叫作石灰水。$Ca(OH)_2$对皮肤、衣服等有腐蚀作用。将二氧化碳气体通入石灰水，会使澄清的溶液变浑浊。实验室内常用这一方法鉴别二氧化碳气体。

三、重要的盐类

碱金属和碱土金属的重要盐类有硫酸盐、卤化物、碳酸盐、硝酸盐等。

（一）氯化物

（1）氯化钠（NaCl）：俗称食盐，无色立方形结晶或结晶性粉末，水溶液显中性。氯化钠是人体正常生理活动不可缺少的物质，医疗上用的生理盐水是 $9\ g \cdot L^{-1}$ 的氯化钠溶液，用作失水的补充剂和失血的暂时补充剂，并可用来洗涤伤口、黏膜等。

（2）氯化钾（KCl）：无色长棱形或立方形结晶或结晶性粉末，农业上用作肥料（钾肥），医药上用于低血钾症的防治等，还可作利尿药。

（3）氯化钙（$CaCl_2$）：通常以含结晶水的无色晶体存在，加热后失去结晶水，成为无水氯化钙。无水氯化钙的吸水性强，常用作干燥剂，医药上用于缺钙症、皮肤黏膜过敏性疾病、镁中毒等。

（二）硫酸盐

（1）硫酸钠（Na_2SO_4）：含10个分子结晶水的硫酸钠（$Na_2SO_4 \cdot 10H_2O$）俗称芒硝，它是无色晶体，易溶于水，在干燥空气中极易失去结晶水而风化。无水硫酸钠就是中药玄明粉，医药上用作泻药，也可用作钡盐、铅盐中毒时的解毒剂。

（2）硫酸钙（$CaSO_4$）：含2个分子结晶水的硫酸钙称为石膏（$CaSO_4 \cdot 2H_2O$）。加热到150 ℃～170 ℃时，石膏就失去所含大部分结晶水而变成熟石膏（$CaSO_4 \cdot H_2O$）。熟石膏跟水混合成糊状物，会很快凝固，重新变成石膏。利用这一性质，通常用石膏来制造各种模型，医疗上用来制石膏绷带。

（3）硫酸钡（$BaSO_4$）：不溶于水，也不溶于酸，具有强烈吸收X射线的能力。硫酸钡在医疗上用作胃肠透视时的内服对比剂，检查诊断疾病。因硫酸钡在胃肠道中不溶解，也不被吸收，能完全排出体外，因而对人体无害。

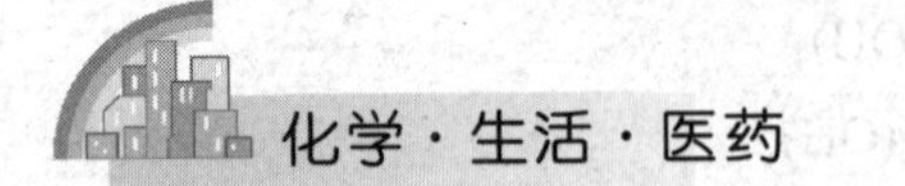

水的净化、软化和纯化

水是生产和生活中必不可少的物质。根据不同需要，我们必须对水进行净化、软化或纯化。

1. 水的净化

天然水中含有泥沙、腐殖质、藻类、细菌、浮渣，甚至可能含有某些对人体有害的污染物，必须经过沉淀、过滤、吸附、消毒等净化处理，成为通常我们所说的自来水，质量达到国家规定的《生活饮用水卫生标准》才能饮用。

从江河引入原水，先用明矾作为沉淀剂，将泥沙沉淀下来。上层水经过多孔性物质组成的过滤层，得到较为澄清的水。再用活性炭吸附去除水中的有机污染物，最后还要用氯气消毒，杀灭原水中的藻类、细菌、病毒等微生物。

2. 水的软化

天然水和空气、岩石、土壤等长期接触，溶解了许多无机盐类，一般都含有 Ca^{2+}、Mg^{2+}、HCO_3^-、CO_3^{2-}、Cl^-、SO_4^{2-} 等离子。

溶有较多钙盐和镁盐的水称为硬水，只含有少量或不含钙盐和镁盐的水称为软水。含有钙和镁的碳酸氢盐的硬水可以用煮沸的办法使它软化，称为暂时硬水；含有钙和镁的硫酸盐或氯化物的硬水则称为永久硬水。

水的硬度过高对生活和生产都有危害。长期饮用硬度过高或过低的水都不利于人体的健康。洗涤用水如果硬度太高，不仅浪费肥皂，而且也洗不净衣物。锅炉用水硬度过高，水中的钙、镁盐可生成不溶性沉淀附着在锅炉内形成锅垢，由于锅垢传热不良，不仅消耗燃料，更严重的是由于受热不均，会引起锅炉爆炸。纺织、印染、造纸、制药、化工、电厂等工业部门均要求使用软水。

软化硬水的主要方法有：

(1) 加热法：加热可以将钙、镁的碳酸氢盐转化为碳酸盐沉淀而除去。该法只能软化暂时硬水。

$$M(HCO_3)_2 \xlongequal{\triangle} MCO_3\downarrow + H_2O + CO_2\uparrow \quad (M: Ca、Mg)$$

(2) 石灰碳酸钠法：先测定水的硬度，再加入定量的 $Ca(OH)_2$ 及 Na_2CO_3，使 Ca^{2+}、Mg^{2+} 生成沉淀除去。

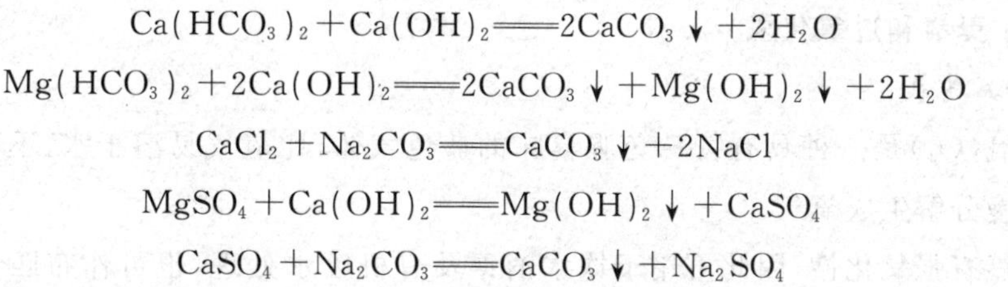

$$Ca(HCO_3)_2+Ca(OH)_2 = 2CaCO_3\downarrow+2H_2O$$

$$Mg(HCO_3)_2+2Ca(OH)_2 = 2CaCO_3\downarrow+Mg(OH)_2\downarrow+2H_2O$$

$$CaCl_2+Na_2CO_3 = CaCO_3\downarrow+2NaCl$$

$$MgSO_4+Ca(OH)_2 = Mg(OH)_2\downarrow+CaSO_4$$

$$CaSO_4+Na_2CO_3 = CaCO_3\downarrow+Na_2SO_4$$

(3) 离子交换法：用离子交换树脂可以将水中各种杂质离子全部除去，从而得到除去了各种离子的去离子水。离子交换树脂分为阳离子交换树脂和阴离子交换树脂。硬水软化使用阳离子交换树脂，如图 4-1 所示。通过树脂中的 H^+ 与硬水中的 Ca^{2+}、Mg^{2+} 等阳离子交换，除去水中的 Ca^{2+}、Mg^{2+}，从而使硬水软化。

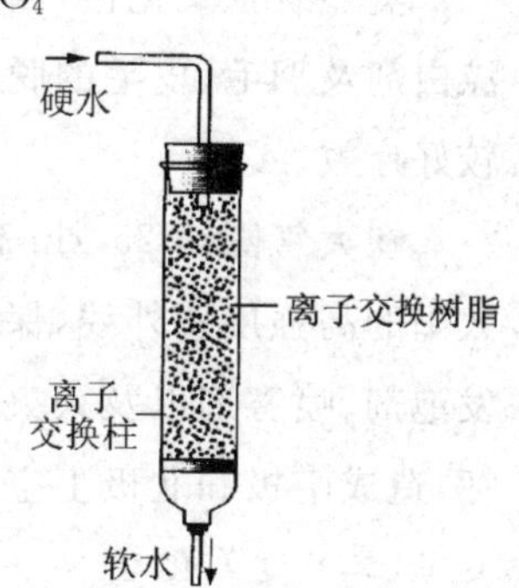

图 4-1　离子交换树脂软化硬水示意图

3. 水的纯化

只含有 H^+ 和 OH^- 的水为纯化水。无论药剂生产还是科学研究都要求使用纯化水。纯化水常用的制备方法有：

(1) 蒸馏法：将自来水用蒸馏器蒸馏而得到蒸馏水。由于蒸馏一次所得的蒸馏水仍含有微量杂质，只能用于定性分析或一般工业分析，该法制备纯化水产量低，一般纯度也不够高。医学上用的注射用水必须进行二次蒸馏，得到的纯化水称为重蒸馏水。

(2) 离子交换法：用阳离子交换树脂处理过的水，再用阴离子交换树脂处理，即可得到无离子水(或称去离子水)。这种方法具有出水纯度高、产量大、成本低的优点。

(3) 电渗析法：该法是在离子交换技术基础上发展起来的一项新技术。电渗析的基本原理是在外加直流电场作用下，利用阴、阳离子交换膜对水中离子的选择透过而使杂质离子自水中分离出来，从而制得纯化水。

第三节　氧和硫及其重要化合物

元素周期表ⅥA 族包括氧(O)、硫(S)、硒(Se)、碲(Te)、钋(Po)五种元素，称为氧族元素，本节主要讨论最常见的氧族元素——氧和硫。

氧族元素原子的价层电子构型为 ns^2np^4，共有 6 个价电子，容易获得 2 个电子形成稀有气体的稳定结构，表现出较活泼的非金属性。氧和硫都是典型的非金属元素。

一、臭氧和过氧化氢

(一) 臭氧

臭氧(O_3)是一种具有特殊鱼腥臭味的蓝色气体,比氧气易溶于水,不稳定,常温下能缓慢分解生成氧气。

臭氧有强氧化性,因此可用于饮水消毒及有机废水处理,也可作布匹、纸张等的漂白剂及羽毛、皮毛的脱臭剂。医用臭氧在临床上用于治疗腰痛、关节炎等也取得了较好疗效。

在大气圈约 25 km 高空有一臭氧层,其最高浓度仅 10 ppm,却吸收了 99%来自太阳的高强度紫外线,保护了人类和生物免遭紫外辐射的伤害。但是人类在制冷剂、发泡剂、喷雾剂以及灭火剂中大量使用氟氯烃,引起臭氧的过多分解,臭氧层遭到破坏,造成南极和北极上空出现了臭氧空洞。世界各国正共同努力减少这种破坏作用。

(二) 过氧化氢

过氧化氢分子中有一个过氧键(—O—O—),每个氧原子各连一个氢原子,其分子结构见图 4-2。

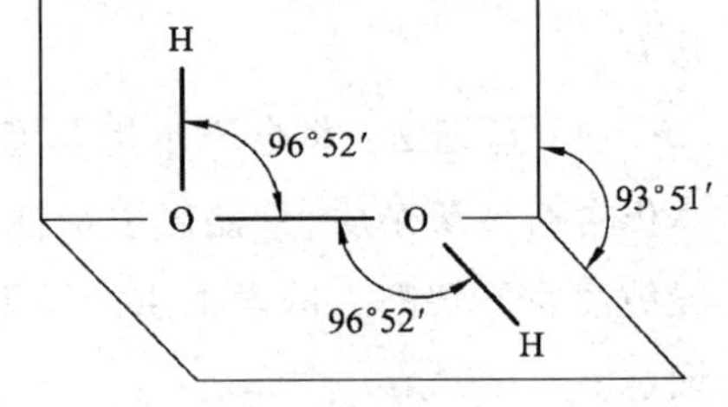

图 4-2 过氧化氢结构示意图

纯的过氧化氢是淡蓝色的黏稠液体,能以任意比例与水混溶,其水溶液俗称双氧水。

常温下过氧化氢能缓慢分解:

$$2H_2O_2 \xlongequal{} 2H_2O + O_2\uparrow$$

碱性溶液、光照、重金属离子的存在都会使过氧化氢加快分解。因此,过氧化氢应放置在棕色瓶内避光低温保存,并加少量稳定剂(如锡酸钠等)。

氧元素的常见氧化数为 0 和 −2;而 H_2O_2 中氧元素的氧化数为 −1,在化学反应中氧化数既可升高为 0,又可降低为 −2,因此它既显氧化性,又显还原性。

例如,H_2O_2 既能在酸性溶液中与 I^- 反应,显示其氧化性,又能被 MnO_4^- 氧化,显示其还原性:

$$H_2O_2 + 2I^- + 2H^+ \xlongequal{} I_2 + 2H_2O$$

$$2MnO_4^- + 5H_2O_2 + 6H^+ \xlongequal{} 2Mn^{2+} + 5O_2\uparrow + 8H_2O$$

药物分析中,利用过氧化氢的还原性测定过氧化氢的含量。

过氧化氢的主要用途以它的氧化性为基础。医药上用 $30\ g \cdot L^{-1}$ 的过氧化氢溶液外用消毒。工业上,过氧化氢用于漂白毛、丝等含动物蛋白质的织物。其优点是漂白、杀菌能力强,无有害残留物,不污染环境。

二、硫及其化合物

(一) 单质硫

硫以游离态和化合态存在于自然界中。

硫单质俗称硫黄,为淡黄色晶体。硫有许多同素异形体,如斜方硫和单斜硫。单质硫不溶于水,易溶于二硫化碳。

硫在工业上用来制硫酸、橡胶、火药、硫化物等,农业上用作杀虫剂,医药上用来制硫黄软膏。

(二) 硫的化合物

硫元素有多种氧化态,常见的氧化态、重要化合物及其主要性质见表 4-4。

表 4-4 硫的重要化合物

化合价	−2	+2	+4	+6
重要化合物	硫化物 (PbS)	硫代硫酸盐 ($Na_2S_2O_3$)	二氧化硫和亚硫酸盐 (SO_2, Na_2SO_3)	硫酸和硫酸盐 (H_2SO_4, Na_2SO_4)
主要性质	黑色固体,难溶于水	还原性,遇酸分解	还原性和氧化性	与 Ba^{2+} 生成不溶于盐酸的白色沉淀

1. 金属硫化物

金属硫化物的溶解性相差很大,且大多有特征颜色。常见的金属硫化物的颜色和溶解性可归纳如下:

(1) 溶于水的有:Na_2S(白色)、K_2S(白色)。

(2) 不溶于水,溶于稀盐酸的有:MnS(肉色)、ZnS(白色)、FeS(黑色)、NiS(黑色)、CoS(黑色)。

(3) 不溶于稀盐酸,溶于浓盐酸的有:CdS(黄色)、SnS(褐色)、PbS(黑色)。

(4) 不溶于稀和浓盐酸,溶于硝酸的有:CuS(黑色)、Cu_2S(黑色)、Ag_2S(黑色)、As_2S_3(浅黄)、As_2S_5(浅黄)。

(5) 仅溶于王水的有:Hg_2S(黑色)、HgS(黑色)。

金属硫化物的形成和溶解在实验中用于分离和鉴别各种金属离子。

2. 硫代硫酸钠

含结晶水的硫代硫酸钠($Na_2S_2O_3 \cdot 5H_2O$)的商品名为海波,俗称大苏打,是无色透明的结晶,易溶于水,其水溶液显弱碱性。

$Na_2S_2O_3$在中性、碱性溶液中很稳定,在酸性溶液中迅速分解:

$$Na_2S_2O_3 + 2HCl \xlongequal{} 2NaCl + S\downarrow + SO_2\uparrow + H_2O$$

该反应常作为 $S_2O_3^{2-}$ 的鉴定反应。

硫代硫酸钠的一个重要性质是还原性,它是一种中等强度的还原剂,可用作药物

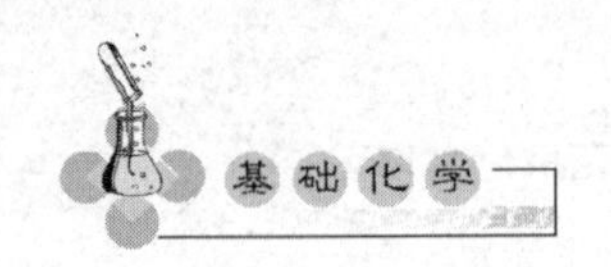

制剂中的抗氧化剂。例如，碘可将硫代硫酸钠氧化成连四硫酸钠：

$$2Na_2S_2O_3 + I_2 \longrightarrow Na_2S_4O_6 + 2NaI$$

这是药物分析中碘量法的一个主要反应，用于定量测定碘。较强的氧化剂如氯、溴等可将硫代硫酸钠氧化为硫酸钠：

$$Na_2S_2O_3 + 4Cl_2 + 5H_2O \longrightarrow Na_2SO_4 + H_2SO_4 + 8HCl$$

$S_2O_3^{2-}$ 作为一个配位体，能与重金属离子形成配离子，如$[Ag(S_2O_3)_2]^{3-}$，并能将CN^-转化为SCN^-。AgCl、AgBr可溶于$Na_2S_2O_3$溶液。

$$2S_2O_3^{2-} + AgX \longrightarrow [Ag(S_2O_3)_2]^{3-} + X^-$$

$$S_2O_3^{2-} + CN^- \longrightarrow SO_3^{2-} + SCN^-$$

硫代硫酸钠主要用作化工生产中的还原剂、棉织物漂白后的脱氯剂；医药上作氰化物中毒或铅、汞、砷等中毒的解毒剂，外用时可治疥疮、癣等皮肤病。

3. 硫酸和硫酸盐

浓硫酸具有强烈的吸水性、脱水性和氧化性。浓硫酸能强烈地吸收水分并放出大量的热，故在稀释浓硫酸时，只能将浓硫酸在搅拌下缓慢倒入水中，切不可将水倒入浓硫酸中！否则会发生局部过热而导致浓酸飞溅伤人。在工业上和实验室里常用浓硫酸来作干燥剂，干燥氯气、氢气、二氧化碳等气体。

浓硫酸还能按水的组成比脱去纸屑、棉花、木屑、蔗糖等有机物中的氢、氧元素，使这些有机物碳化。由于硫酸的强氧化性和脱水性，它对于动植物组织有很强的腐蚀性，使用浓硫酸必须注意安全。当皮肤不慎沾上浓硫酸时，不能马上用水冲洗，而要用干布迅速拭去，再用大量水冲洗。

一般硫酸盐都易溶于水。硫酸钡、硫酸铅难溶于水。《中国药典》中硫酸根离子的检验就是利用氯化钡与硫酸根离子反应生成硫酸钡白色沉淀，此沉淀不溶于酸。其他钡盐如$BaCO_3$、$BaSO_3$不溶于水，但溶于盐酸。

$$Ba^{2+} + SO_4^{2-} \longrightarrow BaSO_4 \downarrow$$

4. 过二硫酸盐

分子中含过氧键的含氧酸称为过酸。过二硫酸可看作是过氧化氢(H_2O_2)中的2个H被2个—SO_3H所取代的产物，即$HO_3S—O—O—SO_3H(H_2S_2O_8)$。过二硫酸钾($K_2S_2O_8$)和过二硫酸铵[$(NH_4)_2S_2O_8$]是过二硫酸典型的盐类，均为强氧化剂。例如，在$Ag^+$的催化下，可将$Mn^{2+}$氧化为$MnO_4^-$：

$$2Mn^{2+} + 5S_2O_8^{2-} + 8H_2O \xlongequal{Ag^+} 2MnO_4^- + 10SO_4^{2-} + 16H^+$$

第四节　氮和磷的重要化合物

元素周期表ⅤA族元素称为氮族元素，包括氮(N)、磷(P)、砷(As)、锑(Sb)、铋

(Bi)五种元素。氮和磷是构成生命体的重要元素,氮在蛋白质中的质量分数约为16%,而蛋白质是一切生命过程的物质基础;磷存在于植物种子,以及动物脑、血液和神经组织的蛋白质中。我国磷矿含量居世界第二位。

一、氨和铵盐

氨(NH_3)和铵盐、硝酸(HNO_3)和硝酸盐是最常用的氮的化合物。

(一) 氨(NH_3)

常温下,氨为无色、有刺激性气味的气体,极易溶解在水中,其水溶液称为氨水。氨是氮肥工业的基础,是制造硝酸、铵盐、纯碱、炸药、合成纤维、塑料、染料和药物等的重要原料。在自然界中,动物体内的蛋白质腐败后产生氨,尿素分解也会产生氨。

氨极易溶于水,氨在水中主要以水合物 $NH_3 \cdot H_2O$ 的形式存在,其中少数 $NH_3 \cdot H_2O$电离成 NH_4^+ 和 OH^-,使氨水呈弱碱性,能使酚酞溶液变红。

$$NH_3 + H_2O \rightleftharpoons NH_3 \cdot H_2O \rightleftharpoons NH_4^+ + OH^-$$

氨分子中氮原子上有一对孤对电子,所以氨是常见的配位体,能与其他原子或离子形成稳定的配合物,如$[Ag(NH_3)_2]^+$、$[Cu(NH_3)_4]^{2+}$。许多金属难溶盐和难溶氢氧化物通过生成配合物而溶解在氨水中。例如:

$$AgCl + 2NH_3 = [Ag(NH_3)_2]^+$$

(二) 铵盐

氨与酸作用得到相应的铵盐。铵盐一般为无色晶体,易溶于水。其中,碳酸铵$[(NH_4)_2CO_3]$、硫酸铵$[(NH_4)_2SO_4]$、氯化铵(NH_4Cl)、硝酸铵(NH_4NO_3)是优良的化肥;在医药上,氯化铵用作试剂、祛痰剂、利尿剂,溴化铵(NH_4Br)是镇静药三溴片的成分。

铵盐溶液遇强碱分解放出氨气,化学方程式为:

$$NH_4^+ + OH^- \xlongequal{\triangle} NH_3\uparrow + H_2O$$

氨气能使湿润的红色石蕊试纸变蓝色。这是实验室中鉴定 NH_4^+ 的特效反应。

固态铵盐加热时极易分解,生成氨和相应的酸。例如:

$$NH_4Cl \xlongequal{\triangle} NH_3\uparrow + HCl\uparrow$$

$$(NH_4)_2SO_4 \xlongequal{\triangle} NH_3\uparrow + NH_4HSO_4$$

但 NH_4NO_3 加热分解生成氮气和氧气,而且大量放热,容易发生爆炸,所以 NH_4NO_3 可用于制造炸药。

$$2NH_4NO_3 \xlongequal{\triangle} 2N_2\uparrow + O_2\uparrow + 4H_2O$$

二、氮的氧化物、含氧酸及其盐

(一) 氮的氧化物

氮原子和氧原子的结合有多种形式，氮的氧化数可以从+1变到+5，常见的有五种氮的氧化物：一氧化二氮(N_2O)、一氧化氮(NO)、三氧化二氮(N_2O_3)、二氧化氮(NO_2)和五氧化二氮(N_2O_5)，其中以NO和NO_2较为重要。

NO是无色气体，比空气略重，不溶于水，在常温下容易与空气中的氧结合。

$$2NO + O_2 = 2NO_2\uparrow$$

NO可用于延缓园艺产品成熟衰老，延长贮藏时间。

NO_2是红棕色气体，有毒，易溶于水生成HNO_3和NO。

$$3NO_2 + H_2O = 2HNO_3 + NO\uparrow$$

工业上制硝酸要用这两种氮的氧化物。

(二) 硝酸及其盐

1. 硝酸

硝酸(HNO_3)是无色、易挥发、有刺激性气味的液体，为三大无机强酸之一，具有酸的通性。但硝酸不稳定，浓硝酸见光或受热分解，应置于棕色瓶中，于阴暗处保存。

$$4HNO_3 \xlongequal{\text{见光或}\triangle} 4NO_2\uparrow + O_2\uparrow + 2H_2O$$

硝酸具有强氧化性，能够氧化而溶解除金、铂、铱等金属以外的几乎所有金属，对皮肤、衣物、纸张等均有腐蚀作用。铝、铁等金属因在冷的浓硝酸中发生钝化现象，用于制成浓硝酸的贮存容器。

浓硝酸与浓盐酸的混合液(体积比为1∶3)称为王水，王水是一种比硝酸更强的氧化剂，可溶解金、铂等很不活泼的金属，因为王水与金、铂发生了配位反应，生成配合物：

$$Au + HNO_3 + 4HCl = \underset{\text{四氯合金(Ⅲ)酸}}{H[AuCl_4]} + NO\uparrow + 2H_2O$$

2. 硝酸盐

重要的硝酸盐有硝酸钠、硝酸钾、硝酸铵等，它们都是常用的氮肥。硝酸盐均为易溶于水的无色晶体，不稳定，受热易分解而产生氧气，可作为高温时的供氧剂：

$$2NaNO_3 \xlongequal{\triangle} 2NaNO_2 + O_2\uparrow$$

$$2Pb(NO_3)_2 \xlongequal{\triangle} 2PbO + 4NO_2\uparrow + O_2\uparrow$$

$$2AgNO_3 \xlongequal{\triangle} 2Ag + 2NO_2\uparrow + O_2\uparrow$$

黑火药就是由硝酸钾、硫黄、木炭粉混合制成的。

（三）亚硝酸及其盐

亚硝酸是一种弱酸，其酸性比醋酸略强。

$$HNO_2 \rightleftharpoons H^+ + NO_2^- \quad K_a = 5.0 \times 10^{-4}$$

亚硝酸很不稳定，仅存在于冷的稀溶液中，微热即分解为 NO 和 NO_2：

$$2HNO_2 \rightleftharpoons NO\uparrow + NO_2\uparrow + H_2O$$

亚硝酸盐一般为白色或浅黄色结晶，都有毒性，是致癌物质。KNO_2 和 $NaNO_2$ 大量用于染料工业，也广泛用作防锈剂。

亚硝酸和亚硝酸钠中 N 的氧化数是 +3，处于中间氧化态，因此它既有氧化性，又有还原性。例如：

$$2NO_2^- + 2I^- + 4H^+ = I_2 + 2NO\uparrow + 2H_2O$$

$$2MnO_4^- + 5NO_2^- + 6H^+ = 2Mn^{2+} + 5NO_3^- + 3H_2O$$

腐烂的蔬菜及其他变质的食品中含有亚硝酸盐，不可食用，否则易中毒。亚硝酸盐中毒的原理是其与血红蛋白作用，使正常的二价铁被氧化成三价铁，形成高铁血红蛋白。高铁血红蛋白能抑制正常的血红蛋白携带氧和释放氧的功能，因而致使组织缺氧，表现为皮肤、口唇、指甲发紫，并有头痛、头晕、心率加快、恶心、呕吐、腹痛、腹泻等症状，严重的可造成死亡。

三、磷的含氧酸及其盐

磷能生成多种氧化数的含氧酸，较重要的有以下几种（表 4-5）：

表 4-5 磷的含氧酸

名称	正磷酸	焦磷酸	三磷酸	偏磷酸	亚磷酸	次磷酸
化学式	H_3PO_4	$H_4P_2O_7$	$H_5P_3O_{10}$	HPO_3	H_3PO_3	H_3PO_2
磷的氧化数	+5	+5	+5	+5	+3	+1

磷酸通常是指正磷酸，是一种三元中强酸，没有氧化性，能与水以任意比例混溶。磷酸在强热时分子间脱水，生成焦磷酸、三磷酸或偏磷酸：

$$2H_3PO_4 \xlongequal{\triangle} H_4P_2O_7 + H_2O$$

$$3H_3PO_4 \xlongequal{\triangle} H_5P_3O_{10} + 2H_2O$$

$$4H_3PO_4 \xlongequal{\triangle} (HPO_3)_4 + 4H_2O$$

市售磷酸是含 83%～98% H_3PO_4 的黏稠状浓溶液。磷酸可形成三类磷酸盐：磷酸正盐、磷酸一氢盐和磷酸二氢盐。磷酸一氢盐和磷酸正盐（除 Na^+、K^+ 和 NH_4^+ 的盐以外）一般都难溶于水，而所有的磷酸二氢盐都易溶于水。

磷酸盐和硝酸银反应生成浅黄色的磷酸银沉淀，沉淀在氨水和硝酸中均溶解。

《中国药典》中用此法鉴别磷酸盐。反应式如下：

$$3Ag^+ + PO_4^{3-} \longrightarrow Ag_3PO_4 \downarrow (浅黄色)$$

由于磷酸是中强酸，所以它的碱金属盐在水中都有不同程度的水解，如 Na_3PO_4 的水溶液显较强碱性，Na_2HPO_4 的水溶液显弱碱性，NaH_2PO_4 的水溶液显弱酸性。实验室及医药工作中常用各种磷酸盐配制缓冲溶液，正磷酸盐多用作化肥。

第五节　碳和铅的重要化合物

元素周期表ⅣA族元素称为碳族元素，包括碳(C)、硅(Si)、锗(Ge)、锡(Sn)、铅(Pb)五种元素。本族元素的价层电子构型是 ns^2np^2，最高氧化态为+4，此外还有+2氧化态。碳、硅的+4氧化态的化合物比较稳定，Pb则以氧化态为+2的化合物为主。碳是化合物最多的元素，碳酸盐、煤、石油、天然气、脂肪、蛋白质、淀粉和纤维素等都是碳的化合物。碳是有机化合物的基本元素。

一、一氧化碳和二氧化碳

任何形态的单质碳或含碳的可燃物质在空气中燃烧都可以生成 CO_2 和 CO，条件是空气是否充足。CO是无色无臭的气体，它的主要化学性质是可燃性、还原性和配位性。CO在空气中燃烧产生蓝色火焰，生成 CO_2 并放出大量的热。所以CO是一种很好的气体燃料。

CO是金属冶炼的重要还原剂：

$$FeO + CO \xrightleftharpoons{高温} Fe + CO_2$$

CO的还原性被用于测定微量CO的存在。例如，CO能使浅红色的 Pd^{2+} 被还原为黑色的Pd：

$$CO + PdCl_2 + H_2O \longrightarrow CO_2 \uparrow + Pd \downarrow + 2HCl$$

黑色沉淀的出现表示有CO的存在。

CO是电子对给予体，可以作配位剂，与许多过渡金属形成金属羰基配合物，如 $Fe(CO)_5$、$Ni(CO)_4$ 等。CO对动物和人体有毒，它与血液中血红素里的铁形成羰基配合物，使血红素失去输氧功能而引起中毒。

CO_2 也是无色无臭的气体，比空气重1.5倍。CO_2 在大气中约占0.03%。随着现代工业的发展，近几十年来大气中 CO_2 含量有所增加，被认为是造成温室效应的一个因素。CO_2 临界温度高(31 ℃)，加压时易液化，在低温下凝成雪花状固体(叫作干冰，在工业上被用作制冷剂)。

二、碳酸盐和碳酸氢盐

所有碳酸氢盐都溶于水，而碳酸盐只有碳酸铵、碱金属的碳酸盐溶于水。在一定条件下，碳酸盐和碳酸氢盐之间可以相互转化。例如，碳酸钙（$CaCO_3$）和碳酸镁（$MgCO_3$）是难溶于水的白色固体，当有水存在时，通入过量的 CO_2，碳酸钙和碳酸镁因形成碳酸氢钙和碳酸氢镁而溶解：

$$CaCO_3+CO_2+H_2O=\!=\!=Ca(HCO_3)_2$$

$$MgCO_3+CO_2+H_2O=\!=\!=Mg(HCO_3)_2$$

将上述溶液加热时，由于 CO_2 被驱出，又重新析出沉淀：

$$Ca(HCO_3)_2\overset{\triangle}{=\!=\!=}CaCO_3\downarrow+H_2O+CO_2\uparrow$$

$$2Mg(HCO_3)_2\overset{\triangle}{=\!=\!=}Mg_2(OH)_2CO_3\downarrow+H_2O+3CO_2\uparrow$$

这是自然界中溶洞、石笋、钟乳石形成的基本原理，也是使硬水软化的方法之一。《中国药典》中利用 Na_2CO_3 与 $MgSO_4$ 反应产生白色沉淀，$NaHCO_3$ 与 $MgSO_4$ 须加热煮沸后产生白色沉淀来鉴别碳酸盐和碳酸氢盐。

碳酸盐和碳酸氢盐均可与酸反应，生成 CO_2 和相应的盐：

$$CO_3^{2-}+2H^+=\!=\!=CO_2\uparrow+H_2O$$

$$HCO_3^-+H^+=\!=\!=CO_2\uparrow+H_2O$$

加稀盐酸于某种盐溶液中，如有气体产生，且能使澄清石灰水变浑浊，就证明该溶液存在碳酸盐或碳酸氢盐。这也是《中国药典》中检验碳酸盐和碳酸氢盐的方法。

CO_3^{2-} 是个弱酸根，所以可溶性的碳酸盐和碳酸氢盐在水溶液中都可以水解，使溶液显碱性。例如：

$$CO_3^{2-}+H_2O\rightleftharpoons HCO_3^-+OH^-$$

$$HCO_3^-+H_2O\rightleftharpoons H_2CO_3+OH^-$$

0.1 $mol\cdot L^{-1}$ Na_2CO_3 和 $NaHCO_3$ 溶液的 pH 约为 11.6 和 8.3。

当其他金属离子遇到可溶性碳酸盐溶液便会产生不同的沉淀，如碳酸盐、碱式碳酸盐或氢氧化物：

$$Ba^{2+}+CO_3^{2-}=\!=\!=BaCO_3\downarrow$$

$$2Fe^{3+}+3CO_3^{2-}+3H_2O=\!=\!=2Fe(OH)_3\downarrow+3CO_2\uparrow$$

$$2Cu^{2+}+2CO_3^{2-}+H_2O=\!=\!=Cu_2(OH)_2CO_3\downarrow+CO_2\uparrow$$

究竟以何种形式沉淀，一般说来，氢氧化物碱性较强的如 Ca^{2+} 和 Ba^{2+} 可沉淀为碳酸盐；氢氧化物碱性较弱的金属离子如 Cu^{2+}、Zn^{2+}、Mg^{2+} 等可沉淀为碱式碳酸盐；而强水解性的金属离子如 Al^{3+}、Fe^{3+} 可沉淀为氢氧化物。

碳酸钠（Na_2CO_3）和碳酸氢钠（$NaHCO_3$）是两种重要的碳酸盐和碳酸氢盐。碳酸钠的俗名为纯碱或苏打，是白色粉末。碳酸钠晶体含结晶水，化学式是 $Na_2CO_3 \cdot 10H_2O$。在空气里，碳酸钠晶体很容易失去结晶水，并渐渐变成粉末。失水以后的碳酸钠叫无水碳酸钠。碳酸氢钠俗称小苏打。

碳酸钠是一种基本化工原料，有很多用途。它广泛用于玻璃、肥皂、造纸、纺织等工业中，也可以用来制造其他钠盐或碳酸盐。碳酸氢钠是焙制糕点所用发酵粉的主要成分之一；在医疗上，它是一种治疗胃酸过多的药剂。

三、铅的化合物

（一）氧化物

一氧化铅（PbO）又名密陀僧，有毒，是一种中药，有黄色及红色两种变体。它主要用于制造铅蓄电池、铅玻璃，也是合成其他化合物的原料。

二氧化铅（PbO_2）是棕黑色固体，受热至 300 ℃就分解生成一氧化铅和氧气，所以它与硫、磷等到一起摩擦可以起火燃烧，这是它大量用于火柴工业的原因。二氧化铅是两性氧化物，它与氢氧化钠或冷的浓盐酸作用均生成铅盐。工业上，二氧化铅主要用于制铅蓄电池。铅蓄电池的充、放电反应如下：

$$2PbSO_4 + 2H_2O \underset{\text{放电}}{\overset{\text{充电}}{\rightleftharpoons}} Pb + PbO_2 + 2H_2SO_4$$

四氧化三铅（Pb_3O_4）俗称铅丹，是鲜红色固体，故又称红丹。它广泛用制铅玻璃和钢材上的涂料。因为它有氧化性，涂在钢材上有利于钢铁表面的钝化，其防锈蚀效果好，所以被大量用于油漆船舶和桥梁钢架，也广泛用于陶瓷、火柴、油漆等轻工业中。

（二）氢氧化物

当铅（Ⅱ）的盐和强碱作用时，可得到白色的氢氧化铅[$Pb(OH)_2$]沉淀，过量的碱能使氢氧化铅溶解：

$$Pb(OH)_2 + OH^- = Pb(OH)_3^-$$

这个反应说明 $Pb(OH)_2$ 是两性氢氧化物，它也能溶于酸：

$$Pb(OH)_2 + 2H^+ = Pb^{2+} + 2H_2O$$

（三）盐类

铅盐大多数都难溶于水和稀酸，且铅盐的沉淀大多具有特征颜色：

$PbCl_2$	$PbSO_4$	$PbCO_3$	PbI_2	$PbCrO_4$	PbS
白色	白色	白色	金黄色	黄色	黑色

$PbCl_2$ 可溶于热水和浓盐酸；$PbSO_4$ 可溶于浓硫酸或饱和的 NH_4Ac 溶液，也溶于强碱；PbI_2 能溶于沸水或 KI 溶液；PbS 能溶于酸而不溶于碱：

$$PbCl_2 + 2HCl(\text{浓}) = H_2[PbCl_4]$$

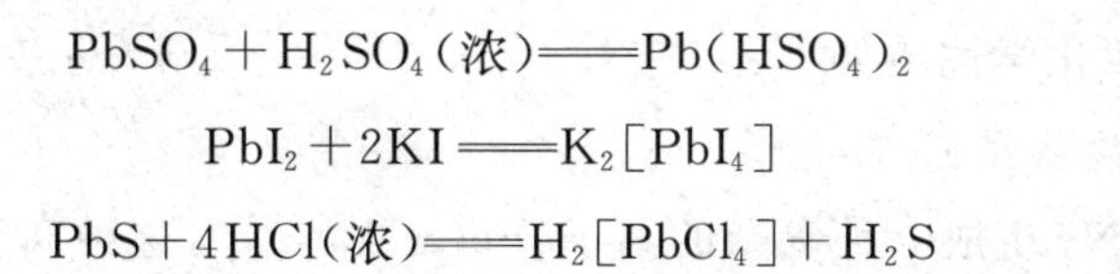

$$PbSO_4 + H_2SO_4(浓) = Pb(HSO_4)_2$$

$$PbI_2 + 2KI = K_2[PbI_4]$$

$$PbS + 4HCl(浓) = H_2[PbCl_4] + H_2S$$

硫化铅(PbS)因其特征的黑色且溶解度小，在《中国药典》中利用此性质检查药物中的微量重金属铅。其方法是在 pH 为 3.5 的醋酸盐缓冲液中加入硫代乙酰胺，生成黑色的沉淀：

$$CH_3CSNH_2 + H_2O = CH_3CONH_2 + H_2S$$

$$H_2S + Pb^{2+} \xlongequal{pH=3.5} PbS\downarrow + 2H^+$$

醋酸铅[$Pb(Ac)_2$]是少数可溶铅化合物之一，它是一种弱电解质，味甜，俗称铅糖，极毒。

氰化物和砷化物及重金属中的汞、镉、铬、铅是国际上公认的六大毒物。铅进入人体内后与含巯基(—SH)的蛋白质结合，引起血液、神经和消化系统的中毒，当血铅浓度超过 100 $\mu g \cdot L^{-1}$，就会对健康产生危害。铅中毒后，可用 EDTA 的二钠钙盐解毒，生成的铅配合物可从尿中排出：

$$[Ca(EDTA)]^{2+} + Pb^{2+} = [Pb(EDTA)]^{2+} + Ca^{2+}$$

第六节　铁和锰的重要化合物

元素周期表中ⅢB 到ⅡB 族共 10 个纵列的 31 种元素(不含镧系和锕系元素)，它们的性质是从金属元素向非金属元素的过渡，而且它们都是金属元素，故称为过渡金属元素。其中包括铜、锌、汞、铁、铬、锰等许多重要的金属元素，它们与人体健康密切相关，在工农业生产和科学实验中有着广泛的应用。

一、铁的化合物

铁(Fe)位于周期表中第四周期Ⅷ族。它在地壳中的含量仅次于氧、硅和铝，居第四位，是一种历史悠久、应用最广泛、用量最大的金属。钢铁工业是整个国家的工业基础。

除单质铁外，铁元素常以＋2 价或＋3 价存在于各种化合物中，如氧化铁(Fe_2O_3)、氧化亚铁(FeO)、氢氧化铁[$Fe(OH)_3$]、氢氧化亚铁[$Fe(OH)_2$]、铁盐和亚铁盐等。其中，＋3 价的化合物较为稳定。

(一) 铁盐

三氯化铁是常用的铁盐，主要用于制造有机染料。它的溶液能引起蛋白质迅速凝固，医药上用作止血药。

铁盐的主要化学性质如下：

1. 与硫氰酸盐反应

Fe^{3+}与SCN^-生成一种复杂的离子$[Fe(SCN)_6]^{3-}$，这种离子在水溶液中显血红色。反应式为：

$$Fe^{3+}+6SCN^- = [Fe(SCN)_6]^{3-}$$

这一反应非常灵敏，常用来检验Fe^{3+}。

2. 氧化性

Fe^{3+}能够氧化较强的还原剂，如I^-、S^{2-}等。反应式为：

$$2Fe^{3+}+2I^- = 2Fe^{2+}+I_2$$

3. 强水解性

Fe^{3+}极易水解，使溶液显酸性，并产生浑浊。因此在配制铁盐溶液时，必须将铁盐直接溶于强酸（如盐酸）中，然后再稀释。

4. 与六氰合铁（Ⅱ）酸钾反应

六氰合铁（Ⅱ）酸钾又叫亚铁氰化钾，俗名为黄血盐。亚铁氰化钾与$FeCl_3$反应，生成难溶于水的蓝色化合物$Fe_4[Fe(CN)_6]_3$（称为普鲁士蓝）。反应式为：

$$4FeCl_3+3K_4[Fe(CN)_6] = Fe_4[Fe(CN)_6]_3\downarrow+12KCl$$

利用这一性质可检验Fe^{3+}。

（二）亚铁盐

硫酸亚铁（$FeSO_4$）是比较重要的亚铁盐。$FeSO_4\cdot 7H_2O$为淡绿色的晶体，称为绿矾，在医药上常制成片剂或糖浆，用于治疗缺铁性贫血症。

亚铁盐的主要化学性质如下：

1. 还原性

亚铁盐中的Fe^{2+}具有还原性，易被氧化成Fe^{3+}，因此亚铁盐固体应密封保存；在配制溶液时，由于Fe^{2+}在酸性溶液中比较稳定，应加入足够浓度的酸，必要时加入单质铁（如铁钉），将Fe^{3+}还原为Fe^{2+}：

$$2Fe^{3+}+Fe = 3Fe^{2+}$$

2. 与六氰合铁（Ⅲ）酸钾反应

六氰合铁（Ⅲ）酸钾又叫铁氰化钾，俗名为赤血盐。铁氰化钾与$FeSO_4$反应，生成难溶于水的蓝色化合物$Fe_3[Fe(CN)_6]_2$（称为滕氏蓝）。反应式为：

$$3FeSO_4+2K_3[Fe(CN)_6] = Fe_3[Fe(CN)_6]_2\downarrow+3K_2SO_4$$

利用这一性质可检验Fe^{2+}。

（三）铁配合物

铁是过渡金属元素，不仅可以和CN^-、F^-、SCN^-等离子形成配合物，还可以与

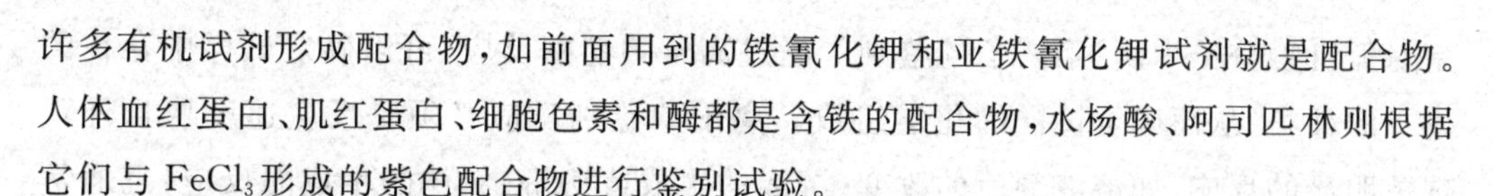

许多有机试剂形成配合物，如前面用到的铁氰化钾和亚铁氰化钾试剂就是配合物。人体血红蛋白、肌红蛋白、细胞色素和酶都是含铁的配合物，水杨酸、阿司匹林则根据它们与$FeCl_3$形成的紫色配合物进行鉴别试验。

二、锰的化合物

锰(Mn)位于周期表中第四周期ⅦB族，是重金属中除铁外最丰富的元素，约占地壳组成的0.085%。锰元素的主要化合价、对应的化合物及其特性见表4-6。在锰的主要化合物中，高锰酸钾最重要、最常用。

表4-6　锰的重要化合物

主要化合价	+2	+4	+6	+7
重要化合物	锰盐($MnSO_4$)	二氧化锰(MnO_2)	锰酸盐	高锰酸盐
水溶液中的存在方式	Mn^{2+}	不溶于水	MnO_4^{2-}	MnO_4^-
水溶液中的颜色	肉色	棕黑色固体	深绿色	紫红色

高锰酸钾又名灰锰氧，俗称P.P粉，是一种深紫色的晶体，易溶于水。其水溶液呈MnO_4^-特有的紫红色。由于$KMnO_4$见光分解，故应保存于棕色瓶中。

$KMnO_4$是强氧化剂，可以与许多具有还原性的物质发生反应。但在不同的酸碱溶液中，其还原产物各不相同：

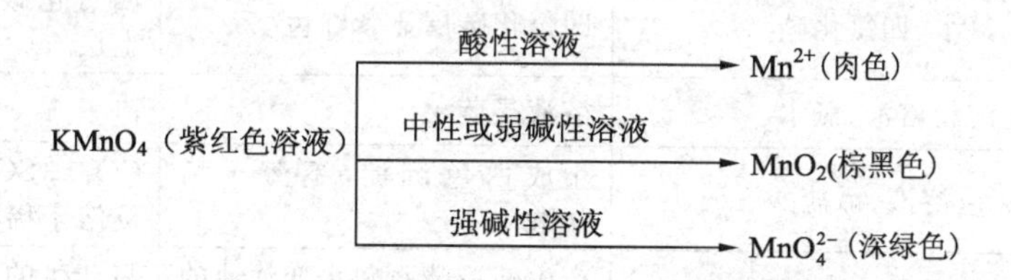

利用$KMnO_4$的强氧化性，$KMnO_4$常用作消毒防腐剂。0.05%～0.2%的$KMnO_4$溶液外用冲洗黏膜、腔道和伤口。1∶1 000的$KMnO_4$溶液用于有机物中毒时洗胃，但必须注意浓度过大时易发生灼伤。约0.01% $KMnO_4$稀溶液可用于消毒浸洗水果和餐具。

第七节　无机物的检验

无机物的检验主要包括无机物的鉴别、杂质离子的检查以及无机物含量测定等工作。

一、无机物的鉴别

鉴别是指利用无机物的特征反应确定样品是否为标示物或目的物。无机反应通常在水溶液中进行，直接反应的是溶液中的离子。所以用化学方法检验无机物，主要

是对无机物分子中阴、阳离子的鉴别。通过离子的鉴别反应，可以确定试样中存在的离子的种类，从而确定试样的化学组成。离子的鉴别反应必须是反应速度快且外观现象明显的反应，如溶液颜色的改变、沉淀的生成或溶解、气体的生成的反应，且通常具有灵敏度高和选择性好的特点。综合前面的学习内容，我们把常见无机离子(或无机物)的鉴别方法总结于表 4-7 中，通过查表，可以找到鉴别所需试剂，然后进行无机物的鉴别。

表 4-7　常见无机离子(或无机物)的鉴别方法

无机离子(无机物)	化学试剂	主要实验现象	注明
Cl^-	$AgNO_3$溶液、氨水、稀硝酸	生成白色沉淀，沉淀溶于氨水，加稀硝酸酸化又生成沉淀	CO_3^{2-}产生的白色沉淀溶于稀硝酸
Br^-	① $AgNO_3$ 溶液、氨水、稀硝酸	生成浅黄色沉淀，沉淀微溶于氨水，不溶于稀硝酸	
	② 氯水、四氯化碳	四氯化碳层显红棕色	四氯化碳在下层，水在上层
I^-	① $AgNO_3$ 溶液、氨水、稀 HNO_3	生成黄色沉淀，不溶于氨水，不溶于稀硝酸	
	② 氯水、四氯化碳	四氯化碳层显紫红色	四氯化碳在下层，水在上层
	③ 淀粉溶液、氯水	溶液显蓝色	
SO_4^{2-}	$BaCl_2$ 溶液、稀盐酸	生成白色沉淀，不溶于稀盐酸	CO_3^{2-}、SO_3^{2-} 产生的沉淀溶于稀酸
CO_3^{2-} 和 HCO_3^-	① 稀酸、澄清石灰水	产生使澄清石灰水变浑浊的无色气体	将产生的气体通入澄清石灰水中
	② $MgSO_4$溶液	有白色沉淀生成，或煮沸有白色沉淀生成	有白色沉淀生成的是碳酸盐，煮沸有白色沉淀生成的是碳酸氢盐
$S_2O_3^{2-}$	盐酸	白色沉淀迅速变为黄色，产生使湿润的硝酸亚汞试纸变黑的刺激性气体	
NH_4^+	NaOH 溶液，加热	产生使湿润的红色石蕊试纸变蓝的无色气体	
Ba^{2+}	硫酸或硫酸盐溶液、稀盐酸	生成不溶于稀盐酸的白色沉淀	
Ca^{2+}	草酸、稀盐酸	生成白色沉淀，沉淀溶于稀盐酸	
Ag^+	盐酸或氯化物溶液、稀硝酸	生成不溶于稀硝酸的白色沉淀	

续表

无机离子（无机物）	化学试剂	主要实验现象	注明
Fe^{2+}	铁氰化钾	生成蓝色沉淀	
Fe^{3+}	硫氰酸钾	溶液显血红色	
	亚铁氰化钾	生成蓝色沉淀	
常见金属离子或金属盐	焰色反应	火焰颜色：钠显黄色，钾显紫色，钙显砖红色，钡显黄绿色	钾的焰色可隔着蓝色钴玻璃观察

注：本表所列离子或物质均为本书所论述的范围，其他离子的检验方法可查阅有关资料。

【例 4-1】 某药品 A，标签标明为 NaCl，请用化学方法鉴别。

【分析】 必须确定是否同时存在 Na^+ 和 Cl^-。Na^+ 的鉴别反应可用焰色反应，Cl^- 的鉴别反应可选 $AgNO_3$ 和稀硝酸、氨水试剂。

鉴别方案：$NaCl \xrightarrow{\text{焰色反应}}$ 黄色

$NaCl \xrightarrow{\text{稀硝酸}+AgNO_3}$ 白色沉淀 $\xrightarrow{\text{氨水}}$ 沉淀溶解 $\xrightarrow{\text{稀硝酸}}$ 白色沉淀

实验记录和推断：

$A \xrightarrow{\text{焰色反应}}$ 黄色（说明有 Na^+）

$A \xrightarrow{\text{稀硝酸}+AgNO_3}$ 白色沉淀 $\xrightarrow{\text{氨水}}$ 沉淀溶解 $\xrightarrow{\text{稀硝酸}}$ 白色沉淀（说明有 Cl^-）

结论：A 是 NaCl。

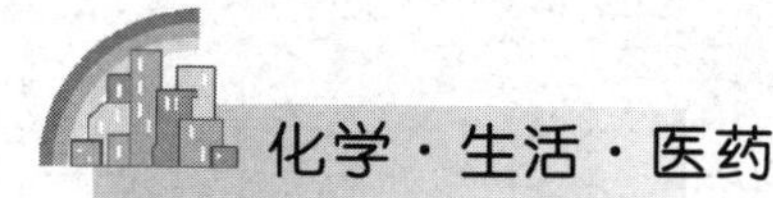

化学·生活·医药

无机药物的化学鉴别法

利用药物与一定试剂在适当条件下产生颜色、荧光、沉淀或气体等现象，对药物进行真伪鉴别的方法称为化学鉴别法。一般来说，无机药物利用阴、阳离子的特殊反应进行鉴别，有机药物则利用有机官能团的特征反应进行鉴别。

药物中常见无机离子的定性鉴别如表 4-8 所示。

表 4-8　药物中常见无机离子的定性鉴别

离子	加入试剂及条件	反应现象	药品举例
Na^+（钠盐）	焰色反应	显黄色	氯化钠、青霉素钠
Cl^-（氯化物）	① 稀硝酸、硝酸银溶液 ② 氨水 ③ 稀硝酸	白色沉淀 沉淀溶解 重新析出白色沉淀	氯化钠、氯化钾

续表

离　子	加入试剂及条件	反应现象	药品举例
SO_4^{2-}（硫酸盐）	稀盐酸、氯化钡溶液	白色沉淀	硫酸镁、硫酸阿托品
CO_3^{2-}（碳酸盐）或 HCO_3^-（碳酸氢盐）	稀盐酸	泡沸，放出二氧化碳气体	碳酸钙、碳酸氢钠
NH_4^+（铵盐）	过量氢氧化钠，加热	产生氨臭气，使湿润的红色石蕊试纸变蓝	氯化铵

二、杂质离子的检查

化学试剂在生产和贮藏过程中，不可避免地会引入一些杂质离子，利用杂质离子的特征反应检出这些离子，称为检查。

【例 4-2】 对 NaCl 试剂中的 Fe^{3+} 进行检查。

【分析】 利用 Fe^{3+} 加 KSCN 生成血红色产物这一特征反应检查，出现血红色证明含有 Fe^{3+}，不出现血红色则不含有 Fe^{3+}。

检查方案：

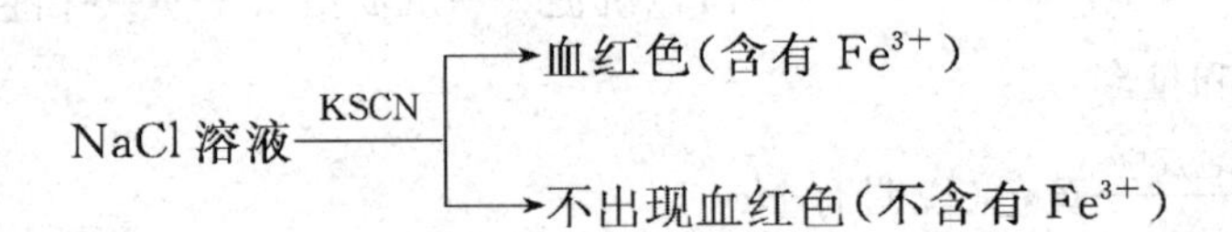

实验记录：NaCl 溶液 $\xrightarrow{KSCN}$ 血红色

结论：NaCl 试剂中含有 Fe^{3+}。

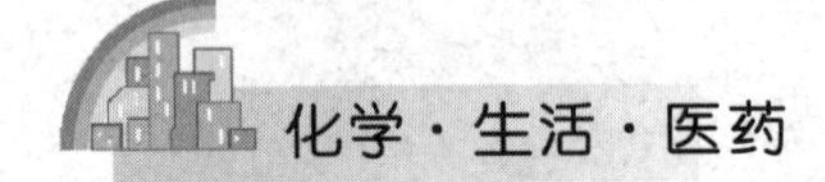

药物的杂质检查

《中国药典》将药物中存在的无治疗作用或影响药物的稳定性和疗效，甚至对人体健康有害的微量物质称为杂质，由药物的生产和贮藏引入。为了确保用药安全、有效，必须对药品中的杂质进行检查、控制。

由于在自然界中广泛存在，无机离子杂质出现在多种药物中而被称为一般杂质，通常利用无机离子的特殊反应进行检查。药物中的杂质离子一般不要求测定含量，只检查其含量是否超过规定的限量，即将一定量的标准品配成的对照液与供试品溶液在相同条件下实验，比较实验结果以确定杂质含量是否超过规定量，这种方法称为杂质的限量检查。

例如，营养药无水葡萄糖的检查项及方法见表 4-9。

表 4-9　营养药无水葡萄糖的检查项及方法

杂质(离子)	加入试剂及条件	实验方法	标准
氯化物(Cl^-)	稀硝酸、硝酸银	相同条件下,按《中国药典》规定的方法实验,将供试品溶液与对照溶液比浊	供试品溶液不得比标准品溶液更浑浊
硫酸盐(SO_4^{2-})	稀盐酸、氯化钡	相同条件下,按《中国药典》规定的方法实验,将供试品溶液与对照溶液比浊	供试品溶液不得比标准品溶液更浑浊
铁盐	稀硝酸、加热煮沸、硫氰酸铵	相同条件下,按《中国药典》规定的方法实验,将供试品溶液与对照溶液比色	供试品溶液的颜色不得比标准品溶液更深
重金属(Pb^{2+})	醋酸盐缓冲液(pH 3.5)、硫代乙酰胺	相同条件下,按《中国药典》规定的方法实验,将供试品溶液、标准品溶液、供试品与标准品混合溶液比色	混合液显色不浅于标准品溶液时,供试品溶液的颜色不得比标准品溶液深

三、无机物的含量测定

无机物的含量测定就是测定标示物的相对含量。常用于无机物含量测定的方法有滴定分析法和紫外-可见分光光度法。滴定分析法是将一种已知准确浓度的标准溶液通过滴定管滴加到待测物质溶液中,直到所滴加的标准溶液与被测物质按化学计量关系反应完全为止,然后根据标准溶液的浓度和消耗的体积计算被测组分含量的分析方法。

【例 4-3】 计算硼砂样品中 $Na_2B_4O_7 \cdot 10H_2O$ 的含量:

精密称取硼砂样品 0.408 5 g 于 250 mL 锥形瓶中,加蒸馏水 50 mL 使样品完全溶解后,加甲基红指示剂 2 滴,用 0.106 0 $mol \cdot L^{-1}$ HCl 标准溶液滴定至溶液由黄色变为橙色即为滴定终点,消耗 HCl 的体积为 19.65 mL。

【分析】 硼砂与盐酸的反应式如下:

$$Na_2B_4O_7 + 2HCl + 5H_2O = 2NaCl + 4H_3BO_3$$

被测组分 $Na_2B_4O_7 \cdot 10H_2O$ 与标准溶液 HCl 的计量关系式为:$n_{Na_2B_4O_7 \cdot 10H_2O} : n_{HCl} = 1 : 2$,据此可求出样品中硼砂的含量。$n_{HCl} = c_{HCl}V_{HCl}$,$M_{Na_2B_4O_7 \cdot 10H_2O} = 381.37$。

解:样品中硼砂的含量

$$w_{Na_2B_4O_7 \cdot 10H_2O} = \frac{1}{2} \frac{c_{HCl}V_{HCl} \times M_{Na_2B_4O_7 \cdot 10H_2O} \times 10^{-3}}{m_s} \times 100\%$$

$$= \frac{1}{2} \times \frac{0.106\,0 \times 19.65 \times 381.37 \times 10^{-3}}{0.408\,5} \times 100\%$$

$=97.23\%$

答：硼砂样品中 $Na_2B_4O_7 \cdot 10H_2O$ 的含量为97.23%。

在上面的滴定中，有一个很重要的问题，为什么甲基红由黄色变为橙色时，即判断该反应恰好进行完全而停止滴定？此问题留待后续课程讨论。

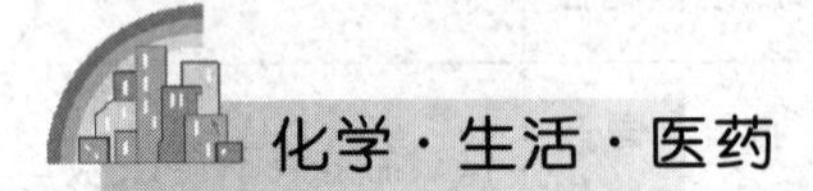

化学·生活·医药

药物的含量测定

药物的含量指药品中有效成分量的多少，是评价药品质量优劣、保证药品疗效的重要指标，必须符合标准规定的限度要求。含量测定方法主要有容量分析法、光谱分析法和色谱分析法。对于无机药物，可利用无机离子与标准物质溶液（滴定液）按化学计量反应完全后，根据滴定液的浓度和消耗的体积，计算出被测药物的含量。

无机药物含量测定应用实例：

1. 生理氯化钠溶液（NaCl）含量测定

精密量取本品10 mL，加水40 mL、2%糊精溶液5 mL、2.5%硼砂溶液2 mL与荧光黄指示液5滴，用硝酸银滴定液（$0.1\ mol \cdot L^{-1}$）滴定。每1 mL硝酸银滴定液（$0.1\ mol \cdot L^{-1}$）相当于5.844 mg的NaCl。

分析：氯化钠与硝酸银的反应

$$NaCl \quad + \quad AgNO_3 = NaNO_3 + AgCl\downarrow$$

$$1\ mol \qquad 1\ mol$$

$$\frac{m_{NaCl}}{M_{NaCl}} \qquad c_{AgNO_3} \cdot V_{AgNO_3}$$

$$m_{NaCl} = c_{AgNO_3} \cdot V_{AgNO_3} \cdot M_{NaCl}$$

消耗1 mL硝酸银滴定液相当于NaCl的质量

$$m_{NaCl} = c_{AgNO_3} \cdot M_{NaCl}$$

$$\rho_{NaCl} = \frac{c_{AgNO_3} \cdot M_{NaCl} \cdot V_{AgNO_3}}{10\ mL} \times 100\%$$

2. 抗贫血药硫酸亚铁（$FeSO_4$）含量测定

取本品约0.5 g，精密称定，加稀硫酸与新沸过的冷水各15 mL，溶解后，立即用高锰酸钾滴定液（$0.02\ mol \cdot L^{-1}$）滴定至溶液显持续的粉红色。每1 mL高锰酸钾滴定液（$0.02\ mol \cdot L^{-1}$）相当于27.80 mg的 $FeSO_4 \cdot 7H_2O$。

分析：反应方程式

$$2KMnO_4+8H_2SO_4+10FeSO_4 \xlongequal{} 5Fe_2(SO_4)_3+K_2SO_4+2MnSO_4+8H_2O$$

1 mol　　　　　　　　5 mol

$$m_{FeSO_4\cdot 7H_2O}=5\cdot c_{KMnO_4}\cdot V_{KMnO_4}\cdot M_{FeSO_4\cdot 7H_2O}$$

消耗 1 mL 高锰酸钾滴定液相当于 $FeSO_4\cdot 7H_2O$ 的质量

$$m_{FeSO_4\cdot 7H_2O}=5\cdot c_{KMnO_4}\cdot M_{FeSO_4\cdot 7H_2O}$$

$$w_{FeSO_4\cdot 7H_2O}=\frac{5\cdot c_{KMnO_4}\cdot M_{FeSO_4\cdot 7H_2O}\cdot V_{KMnO_4}}{0.5\ g}\times 100\%$$

思考与练习

1. 完成并配平下列反应式：

(1) $I_2+Na_2S_2O_3$

(2) $H_2O_2+H^++MnO_4^-$

(3) $Fe^{3+}+I^-$

(4) $H_2O_2+SO_3^{2-}$

(5) $S_2O_3^{2-}+H^+$

(6) $AgCl+S_2O_3^{2-}$

(7) Cl_2+OH^-(稀)

(8) $Ca(HCO_3)_2 \xlongequal{\triangle}$

2. 填空题。

(1) 实验室制取氯气时，多余的氯气可用______来吸收，其化学方程式为____________________________。

(2) 在碘化钾溶液中加入氯水和四氯化碳，四氯化碳层显______________，原因是____________________。

(3) 检验 NH_4^+ 的存在，可用________试剂，产生的现象是________________。

(4) 钠、钾的挥发性盐能发生焰色反应，其焰色分别为______色和______色。

(5) 硫代硫酸钠俗称________、________，其水溶液不稳定，在酸性条件下，反应析出________沉淀，同时产生________刺激性气味的气体。

(6) 亚铁氰化钾(俗名黄血盐)的化学式为________，铁氰化钾(俗名赤血盐)的化学式为__________，鉴别 Fe^{3+} 的方法是________________________，鉴别 Fe^{2+} 的方法是________________________。

(7) 将 H_2S 通入 $Pb(NO_3)_2$ 溶液得到________色的________沉淀。

(8) 卤素单质氧化能力的顺序为 ________________，其离子还原能力的顺序为 ________________。

3. 简答题。

(1) 氯水为何有漂白作用？干燥的氯气是否有漂白作用？

(2) 鉴别KI有哪几种方法？

(3) 为什么配制$FeCl_3$溶液时，要先用较浓的盐酸溶解$FeCl_3$？

(4) 为什么硝酸和Na_2CO_3作用得到CO_2，但和Na_2SO_3作用则得不到SO_2？

(5) 有一白色固体混合物，其中含有KCl、$MgSO_4$、$BaCl_2$、$CaCO_3$中的几种，根据下列实验现象判断其中含有哪些化合物。

① 混合物溶于水，得到澄清透明溶液。

② 对溶液做焰色反应，通过钴玻璃观察到紫色。

③ 向溶液中加碱，产生白色胶状沉淀。

(6) 将溶液A加入NaCl溶液中，有白色沉淀B析出，B溶于氨水得到溶液C，把NaBr加到溶液C中，有浅黄色沉淀D析出，D溶于$Na_2S_2O_3$溶液中。A、B、C、D各为什么物质？

(7) 查《中国药典》2010年版二部，氯化钠的鉴别方法，氯化钠中杂质：硫酸盐、钡盐、钙盐、重金属的检查方法，以及氯化钠含量的测定方法分别有哪些？

第五章

有机化合物概述

有机化合物是一类组成元素简单、结构却复杂(大部分)的化合物，这类化合物的结构和性质与前面学习的无机化合物有很大的差异。本章主要介绍与有机化合物相关的基础知识。

第一节　有机化合物的定义和特点

一、有机化合物的概念

早在17世纪，人类就把从无生命的矿物中获得的物质称为无机化合物，即“无生机之物”，简称无机物；从动植物有机体内获得的物质，如糖、染料、酒、醋等，称为有机化合物，即“有生机之物”，简称有机物。受当时科学技术水平的限制，人们普遍认为：离开有机体，人工合成有机化合物是不可能的。直到1828年，德国化学家魏勒首先成功地由无机化合物氰酸铵合成了有机化合物尿素，随后的许多实验都证实了有机物可以在实验室通过无机物进行合成。现在，许多有机物已经不从天然的有机体内获得，但是由于历史的原因和习惯，还保留“有机物”这个名称。

大量的实验资料表明，有机化合物和无机化合物之间没有明确的界限，它们遵循着共同的变化规律，但在组成、结构和性质上，这两类物质存在着明显的差异。从成分看，所有元素能够互相结合形成无机化合物，而有机化合物中只发现了为数有限的几种元素。所有有机化合物都含有碳元素，大多数有机化合物中含有氢元素，部分有机化合物中还含有氧、氮、卤素、硫、磷等元素。

显然，碳和氢是组成有机化合物的基本元素，人们把只由碳和氢两种元素组成的化合物称为碳氢化合物，又称为烃(tīng)。除碳、氢外还含有其他元素的有机化合物可视为由烃衍生出来的化合物，称为烃的衍生物。因此，有机化合物的现代定义为碳氢化合物(烃)及其衍生物。

研究有机化合物的组成、结构、性质、合成方法及其变化规律的学科，称为有机化学。

二、有机化合物的特点

在许多方面,有机化合物表现出与无机化合物不同的特点(表 5-1)。

表 5-1 有机化合物与无机化合物特点比较

比较项目	有机化合物	无机化合物
组 成	大多由较多原子组成	通常由几个原子组成
可燃性	多数容易燃烧	一般不易燃烧
溶解性	大多难溶于水、易溶于有机溶剂	大多易溶于水、难溶于有机溶剂
耐热性	不耐热、受热易分解、熔点低	耐热性好、受热不易分散、熔点高
反应速率	反应速率慢	反应速率快,常在瞬间完成
反应产物	除主要反应外,常伴有副反应,副产物多	一般无副反应和副产物,产率高
同分异构现象	普遍存在同分异构现象	同分异构现象很少

有机化合物大多是由多原子组成的复杂分子,化学反应往往不只局限在某一特定部位发生,在进行主要反应的同时还常伴随一些副反应。由于有机反应的复杂性,书写有机反应式时,经常只写出反应中的主要产物,并在反应物和产物之间用“→”代替“=”,一般不需要配平。

有机化合物与无机化合物产生上述差异的主要原因是化学键不同,有机物分子中原子之间主要通过共价键结合,而大多数无机物分子中的化学键为离子键。例如,以共价键结合的有机物一般为非极性分子或弱极性分子,水是极性溶剂,根据“相似相溶规则”,有机物难溶于水,而大多数以离子键结合、极性强的无机物则易溶于水。

化学·生活·医药

有机化合物与人类

有机化合物与人类生活有着极为密切的关系。人体的组成成分除了水和无机盐外,绝大部分为有机化合物,如糖类、脂类、蛋白质等。人体本身的变化就是一系列非常复杂、彼此制约、相互协调的有机化合物的变化过程,如糖、脂肪和蛋白质的代谢等,以此来维持体内新陈代谢和正常平衡。此外,食品的七大要素——糖类、脂肪、蛋白质、维生素、矿物质、纤维素和食品添加剂(防腐剂、调味剂、甜味剂等),我们生活中使用的主要燃料——天然气、液化石油气,穿的衣物的面料——棉麻(主要成分是纤维素)、丝毛(主要成分是蛋白质)、化学纤维,住宿中的许多装饰材料,出行时汽车等交通工具使用的汽油、柴油等,其主要成分都是有机化合物。防病、治病需要的各类药物绝大部分为有机化合物,如消毒用的酒精、解热镇痛药阿司匹林和对乙酰氨基酚、抗生素类药阿莫西林等,其作用机理也大多为有机化合物发生的化学反应。

第二节　有机化合物的结构

有机化合物分子由一定种类、数目的原子按一定的排列顺序，主要通过共价键结合而成，这种结合而成的总体具有一定的式样和形象，这就是有机化合物的结构。

一、有机化合物的化学键

碳是有机化合物的基本元素。碳原子的最外电子层有 4 个电子(图 5-1)，比电子层的稳定结构多或少 4 个电子，但失去或得到 4 个电子都很困难，碳原子往往通过电子对的共用来达到稳定结构，因此，有机化合物的化学键主要为共价键。

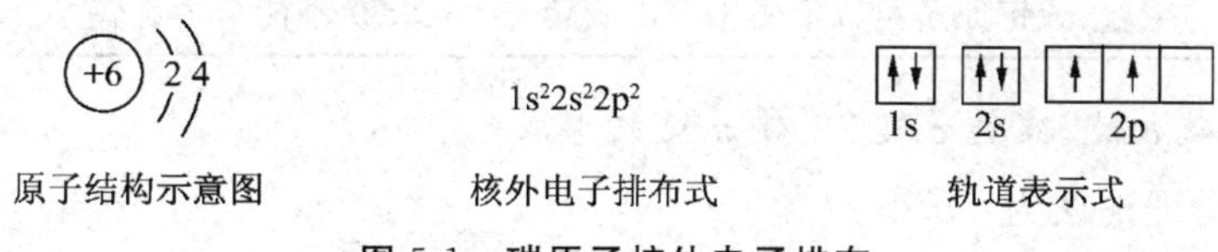

图 5-1　碳原子核外电子排布

碳原子与其他原子靠近时，它们的成键原子轨道相互重叠形成共价键。原子轨道的重叠方式有两种：一种原子轨道沿键轴(两个原子核之间的连线)方向以“头碰头”的形式正面重叠[图 5-2(a)]，一种原子轨道沿键轴方向以“肩并肩”的形式侧面重叠[图 5-2(b)]，对应形成了两种类型的共价键：σ 键和 π 键。

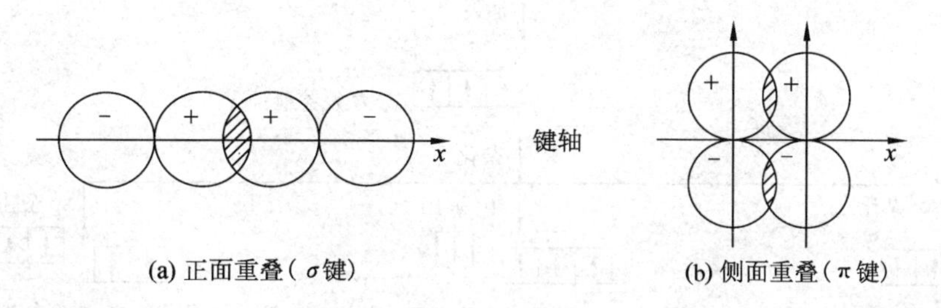

图 5-2　原子轨道的重叠方式

(一) σ 键和 π 键

1. σ 键

如图 5-2(a)所示，成键原子的原子轨道沿键轴正面重叠形成的共价键称为 σ 键。“头碰头”的重叠方式满足原子轨道的最大重叠，重叠部分面积大并密集于键轴处呈圆柱形对称分布，对原子核的吸引力较强。σ 键是正常情况下形成的共价键。

2. π 键

如图 5-2(b)所示，原子轨道相互平行，沿键轴从侧面重叠形成的共价键称为 π 键。采用“肩并肩”的重叠方式时，原子轨道没有达到最大重叠，重叠部分面积小并分

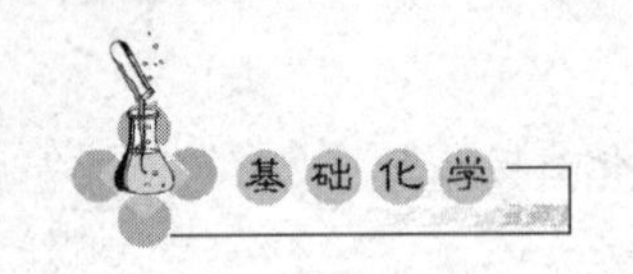

布于键轴平面的上下方向，对原子核的吸引力较弱。π键一般在σ键形成的同时被迫形成。

σ键与π键的性质有较大差别，它们的特点比较见表5-2。

表5-2　σ键与π键的比较

比较项目	σ键	π键
重叠方式	“头碰头”正面重叠	“肩并肩”侧面重叠
重叠部分	密集于键轴上	集中在键轴平面的上下方
存在方式	单独存在于所有的共价键中	与σ键共同存在于双键或叁键中
键的性质	① 重叠程度大，键的稳定性高 ② 成键原子可以沿键轴自由旋转	①重叠程度小，键的稳定性低 ② 不能自由旋转

（二）碳碳σ键、碳氢σ键、碳碳π键的形成

杂化轨道理论认为：

（1）碳原子在形成共价键时，首先经过激发和杂化的过程，即碳原子的最外层电子从基态转变为激发态，然后能量相近的s轨道和p轨道重新组合（该过程称为杂化）形成数目相等的杂化轨道，如图5-3所示。

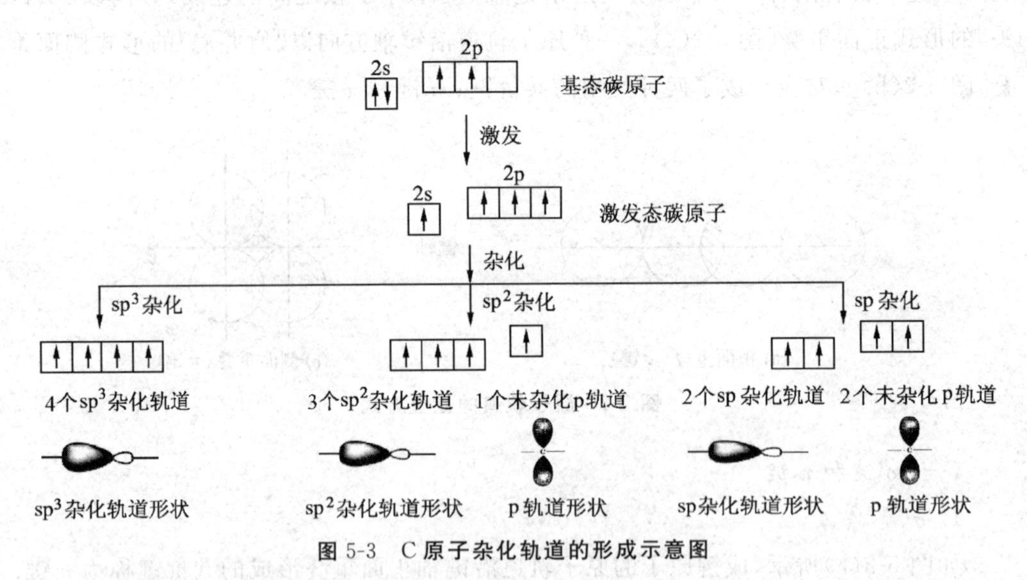

图5-3　C原子杂化轨道的形成示意图

碳原子通过杂化后形成的杂化轨道和未杂化的p轨道与另一个碳原子或其他原子的原子轨道重叠形成共价键。

（2）碳原子的一个杂化轨道与氢原子的原子轨道正面重叠形成碳氢σ键，如图5-4(a)所示；碳原子的一个杂化轨道与另一个碳原子的一个杂化轨道正面重叠形成碳碳σ键，如图5-4(b)所示；碳原子通过一个p轨道与另一个碳原子的p轨道侧面

重叠形成碳碳 π 键，如图 5-4(c)所示。

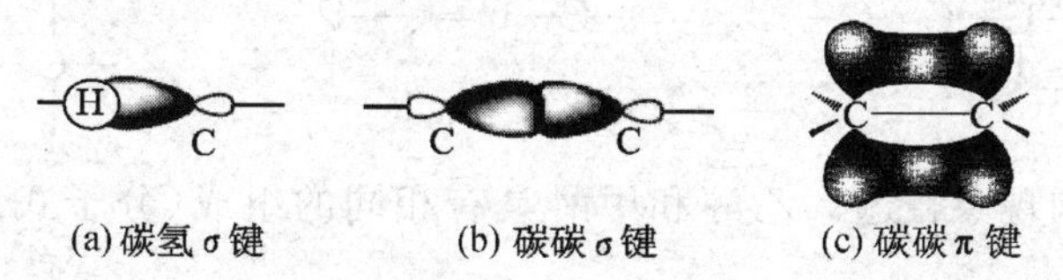

(a) 碳氢 σ 键　(b) 碳碳 σ 键　(c) 碳碳 π 键

图 5-4　碳氢 σ 键、碳碳 σ 键、碳碳 π 键形成示意图

有机化合物分子中，碳碳单键（ $-\overset{|}{\underset{|}{C}}-\overset{|}{\underset{|}{C}}-$ ）由一个 σ 键构成，碳碳双键（ $-\overset{|}{C}=\overset{|}{C}-$ ）由一个 σ 键和一个 π 键构成[图 5-5(a)]，碳碳叁键（ $-C\equiv C-$ ）由一个 σ 键和两个 π 键构成[图 5-5(b)]。

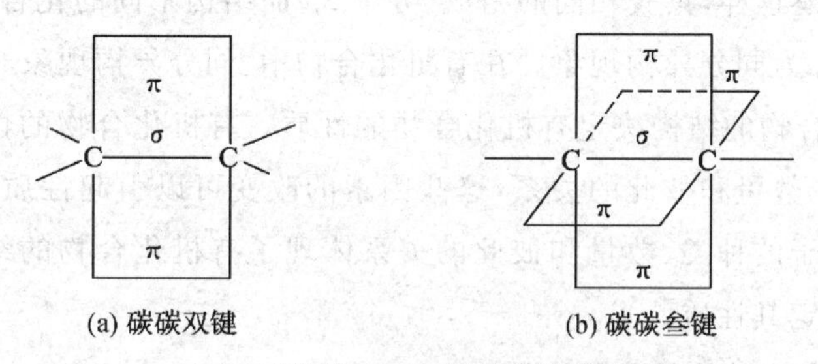

(a) 碳碳双键　(b) 碳碳叁键

图 5-5　碳碳双键和碳碳叁键的结构

二、有机化合物的结构特点

有机化合物的结构具有以下基本特点：

(1) 有机化合物分子中，原子之间主要通过共价键结合。例如：

```
     H   H                                                H   H
     |   |             H   H                              |   |
 H — C — C — H         |   |                          H — C — C — O — H
     |   |         H — C ═ C — H      H — C ≡ C — H       |   |
     H   H                                                H   H

    乙烷               乙烯              乙炔                乙醇
```

其中，碳氢键、碳碳键、碳氧键、氧氢键均为共价键。

(2) 无论在简单还是复杂的有机化合物中，碳原子都形成四个共价键，即碳原子总是四价。

(3) 碳原子之间可以通过单键、双键、叁键三种方式相互连接形成链状和环状两种基本结构，即碳架。

```
  |  |  |  |
 —C—C—C—C—
  |  |  |  |

  |  |  |  |
 —C—C═C—C—
  |        |

  |  |
 —C—C—
  |  |
 —C—C—
  |  |
```

(4) 同分异构现象普遍。乙醇和甲醚具有相同的组成(分子式为 C_2H_6O),而结构分别为:

```
   H  H
   |  |
H—C—C—O—H
   |  |
   H  H
  乙醇

   H     H
   |     |
H—C—O—C—H
   |     |
   H     H
  甲醚
```

像乙醇和甲醚这样,具有相同的组成(分子式)而结构不同的化合物,互称同分异构体,这种现象称为同分异构现象。在有机化合物中,同分异构现象非常普遍。

(5) 有机化合物的结构决定有机化合物的性质。有机化合物的性质取决于组成它的原子的性质、数量和彼此的关系,这些因素的改变可以引起性质上的差异,而有机化合物所含原子的种类、数量和彼此的关系体现了有机化合物的结构。所以有机化合物的结构决定其性质。

三、有机化合物结构的表示方法

组成相同的有机化合物,分子中的碳原子可以通过不同的连接方式和顺序构建成不同的碳架。例如,分子式为 C_3H_6 的有机化合物可以有两种不同的碳架结构:

```
   H  H  H
   |  |  |
H—C═C—C—H
         |
         H

      H   H
       \ /
        C
       / \
  H—C———C—H
     |     |
     H     H
```

因此,不能用分子式表示有机化合物的结构。

表示有机化合物结构的常用化学图式有结构式、结构简式和碳架(键线)式。由于结构或性质的特殊性,某些有机化合物还会使用费歇尔投影式、哈沃斯式等表示。

(一) 结构式

能够体现有机化合物分子中原子的种类、数目、排列次序和连接方式的化学图式称为结构式。

(二) 结构简式

结构式在表示结构复杂的有机化合物时书写很困难,为了便于使用,常常合并连

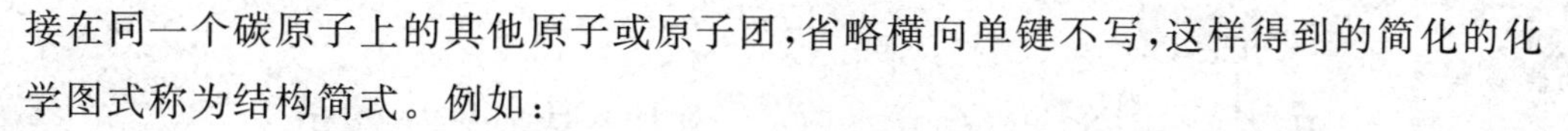

接在同一个碳原子上的其他原子或原子团，省略横向单键不写，这样得到的简化的化学图式称为结构简式。例如：

	乙烷	丙烯	乙醇
结构式：	H—C(H)(H)—C(H)(H)—H	H—C(H)═C(H)—C(H)(H)—H	H—C(H)(H)—C(H)(H)—OH
结构简式：	CH_3CH_3	$CH_2{=}CHCH_3$	CH_3CH_2OH

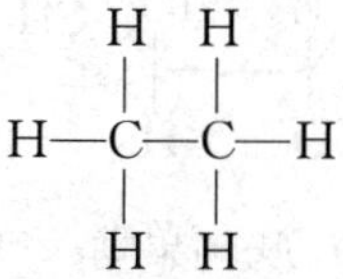

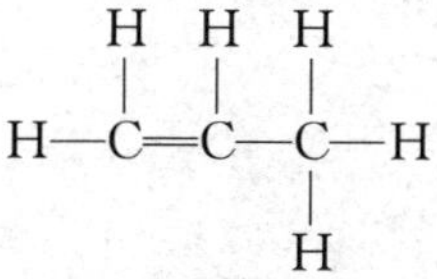

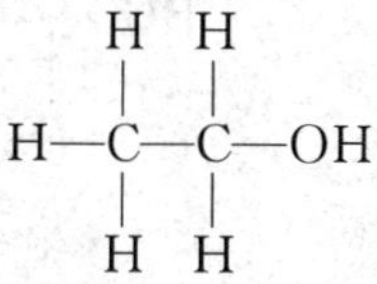

结构简式是表示链状有机化合物结构最常用的图式，许多基团也常使用结构简式表示，如—CH_3（甲基）、—CHO（醛基）、—COOH（羧基）、—NH_2（氨基）等。

（三）碳架（键线）式

书写具有较长碳链或环状结构的有机化合物时，常使用碳架（键线）式，即省略碳、氢元素符号和碳氢键，只保留碳架和其他基团。例如：

$CH_3CH_2CH_2CH_2CH_2CH_3$　　（CH_2）$_6$ 环　　（CH）$_6$ 苯环

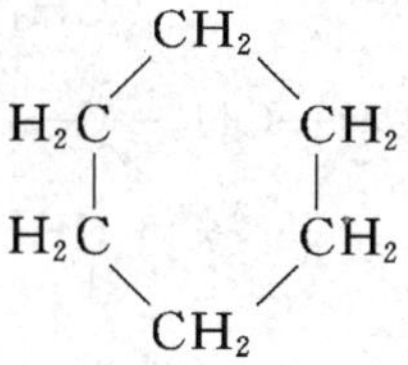

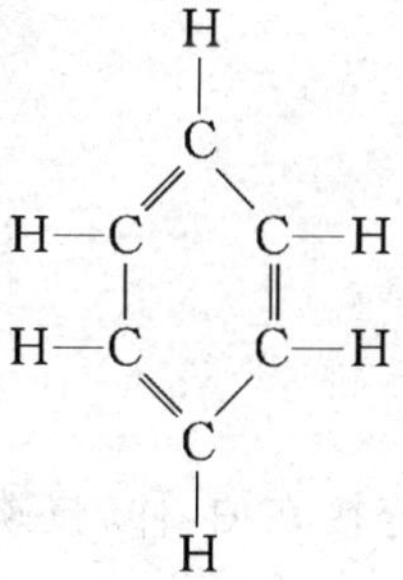

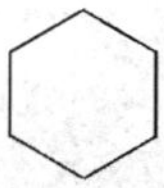

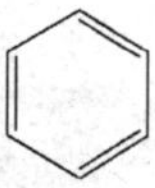

己烷　　环己烷　　苯

（四）费歇尔投影式

具有旋光性的有机化合物使用费歇尔投影式表示其结构。例如：

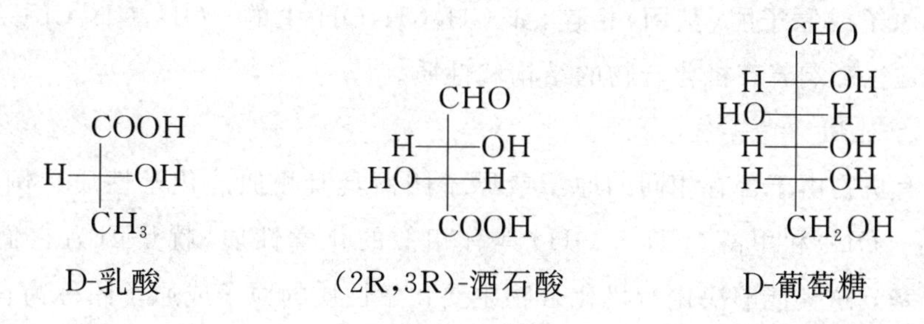

D-乳酸　　(2R,3R)-酒石酸　　D-葡萄糖

（五）哈沃斯式

哈沃斯式用于表示糖类的环状结构。例如：

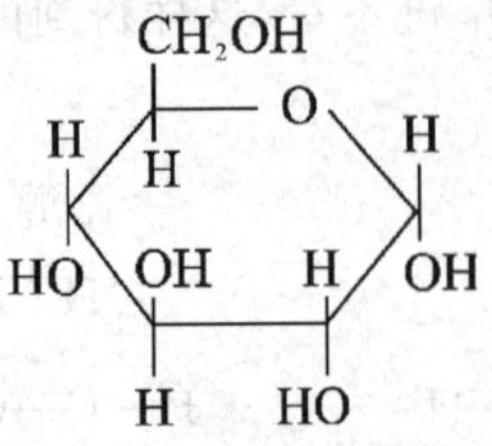

D-吡喃葡萄糖 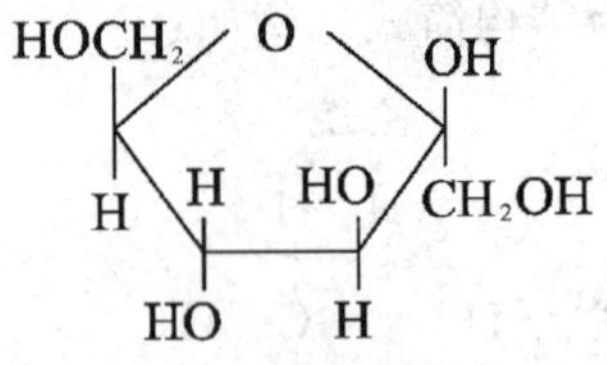　　　　D-呋喃果糖

四、碳原子和氢原子的类型

在有机化合物分子中，碳原子在碳架中所处的环境并非完全相同，为了加以识别，把全部形成单键的碳原子分为四类：只与一个碳原子直接相连的碳原子称为伯(或第一)碳原子，记为 1°；与两个碳原子直接相连的碳原子称为仲(或第二)碳原子，记为 2°；与三个碳原子直接相连的碳原子称为叔(或第三)碳原子，记为 3°；与四个碳原子直接相连的碳原子称为季(或第四)碳原子，记为 4°。

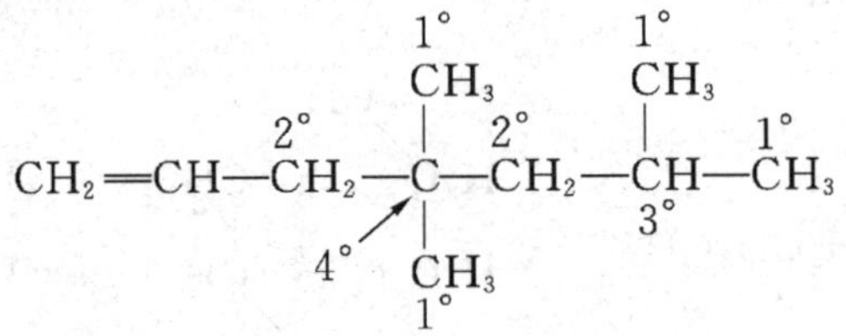

$$CH_2{=}CH{-}\underset{2^\circ}{CH_2}{-}\underset{4^\circ}{\overset{\overset{1^\circ}{CH_3}}{\underset{\underset{1^\circ}{CH_3}}{C}}}{-}\underset{2^\circ}{CH_2}{-}\underset{3^\circ}{\overset{\overset{1^\circ}{CH_3}}{CH}}{-}\underset{1^\circ}{CH_3}$$

连接在伯、仲、叔碳原子上的氢原子分别称为伯(1°)氢原子、仲(2°)氢原子、叔(3°)氢原子。四种碳原子和三种氢原子所处的位置不同，在性质上存在差异。

第三节　有机化合物的基团和分类

一、有机化合物的基团

在有机化合物分子中，碳原子除了相互连接形成碳架以及与氢原子连接外，还可以与其他原子或原子团(基团)相连，如 CH_3CH_2OH 中的—OH，CH_3Cl 中的—Cl。这些基团往往影响着有机化合物的结构和性质。

(一) 官能团

许多有机物由于含有相同的原子或原子团而具有相似的化学性质。例如，乙醇(CH_3CH_2—OH)和甲醇(CH_3—OH)具有相似的化学性质，就是因为它们都含有—OH(羟基)。这类能够决定有机化合物主要化学性质的原子或原子团称为官能团。

表 5-3 列出了有机化合物中常见的官能团。常见官能团的结构和性质将在第六章学习。

表 5-3　常见官能团和有机化合物的分类

官能团 结构	官能团 名称		有机化合物类别	实例
$\gt C=C\lt$	碳碳双键		烯烃	$CH_2=CH_2$　乙烯
$-C\equiv C-$	碳碳叁键		炔烃	$CH\equiv CH$　乙炔
$-X(Cl、Br、I)$	卤原子		卤代烃	$CHCl_3$　氯仿
$-OH$	羟基	醇羟基	醇	CH_3CH_2OH　乙醇
$-OH$	羟基	酚羟基	酚	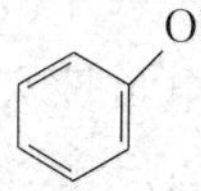 OH（苯环）　苯酚
$\gt C=O$：$-\overset{O}{\overset{\Vert}{C}}-H$　$(-CHO)$	羰基	醛基	醛	CH_3CHO　乙醛
$\gt C=O$：$(C)-\overset{O}{\overset{\Vert}{C}}-(C)$　$(-CO-)$	羰基	酮基	酮	CH_3COCH_3　丙酮
$-\overset{O}{\overset{\Vert}{C}}-OH$　$(-COOH)$	羧基		羧酸	CH_3COOH　乙酸
$-N\lt^{H}_{H}$　$(-NH_2)$	氨基		胺	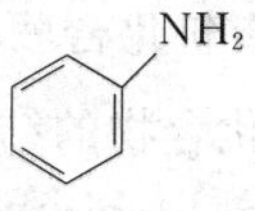 NH_2（苯环）　苯胺
$-\overset{O}{\overset{\Vert}{C}}-O(R)$　$(-COO-)$	酯基		酯	$CH_3COOC_2H_5$　乙酸乙酯
$-\overset{O}{\overset{\Vert}{C}}-N\lt$　$(-CON\lt)$	酰胺基		酰胺	CH_3CONH_2　乙酰胺
$(C)-O-(C)$	醚键		醚	CH_3OCH_3　甲醚

（二）烷基

烷基是一类对有机化合物的化学性质不能起主要、决定作用的原子团，经常出现在有机化合物的碳架结构中。

烷基可以看作是烷烃分子去掉一个氢原子后形成的基团，其名称由原烷烃而得：

$$R-H(\text{烷烃}) \xrightarrow{-H} R-(\text{烷基})$$

某烷　　　　某基

例如，$—CH_3$可以看作是CH_4（甲烷）去掉一个氢原子而得，故称为甲基。常见的烷基还有：$—CH_2CH_3$或$—C_2H_5$（乙基）、$—CH_2CH_2CH_3$（正丙基）、$CH_3—\underset{}{\overset{CH_3}{\overset{|}{C}}}H—$（异丙基）等。

烷烃是一类分子中碳原子之间都以单键（C—C）相连，碳原子的其余价键全部与氢连接的链状有机化合物，我们将在第七章详细学习。

（三）吸电子基和供电子基

供电子基和吸电子基是一类与有机化合物电子效应有关的基团。

以C—H键作为标准，吸电子能力比氢强的原子或基团称为吸电子基。例如，由于氧原子的电负性大于氢，—OH取代氢原子后，C—O键的电子云偏向O，即—OH将电子吸向自己，—OH为吸电子基。一些常见的吸电子基及其吸电子能力的强弱顺序如下：

$$—Cl>—Br>—I>\underset{\text{甲氧基}}{—OCH_3}>—OH>\underset{\text{苯基}}{—C_6H_5}>\underset{\text{乙烯基}}{—CH=CH_2}>—H$$

反之，吸电子能力比氢弱的原子或基团，键的电子云偏向C，即向C提供电子，故称为供电子基。一些常见的供电子基及其供电子强弱顺序如下：

$$—C(CH_3)_3>—CH(CH_3)_2>—CH_2CH_3>—CH_3>—H$$

二、有机化合物的分类

有机化合物的结构决定有机化合物的性质，结构相似的有机化合物其性质也相似，因此可按有机化合物结构特征进行分类来研究有机化合物。常用的分类方法有两种：一种是按碳架分类，另一种是按官能团分类。

（一）按碳架分类

1. 开链（链状）化合物

这类化合物的碳架是或长或短的链，可以是单独的一条链，也可以带有支链。例如：

$$\underset{\text{丁烷}}{CH_3CH_2CH_2CH_3} \qquad \underset{\text{2-甲基戊烷}}{CH_3CH_2CH_2\underset{\underset{CH_3}{|}}{C}HCH_3}$$

长链状的化合物最初是在脂肪中发现的，所以此类化合物又称脂肪族化合物。

2. 碳环化合物

这类化合物的分子中含有环状的碳架。例如：

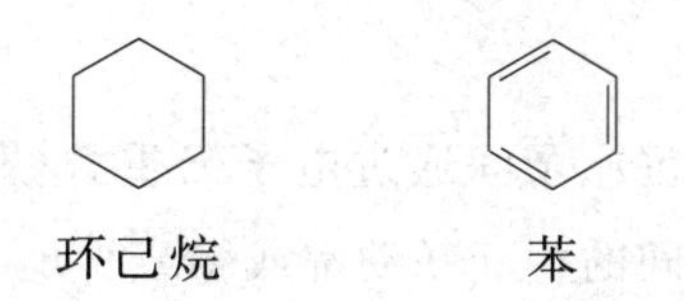

碳环化合物包括脂环族化合物(如环己烷,性质与相应的脂肪族化合物相似)和芳香族化合物(如苯,分子中大多含有苯环或稠苯环),两类环状化合物在化学性质上有较大的差异。

3. 杂环化合物

这类化合物的分子中含有由碳原子和其他元素的原子组成的环,称为杂环,其中的非碳原子称为杂原子。例如:

(二) 按官能团分类

含有相同官能团的有机化合物,其主要化学性质相似,所以可归为一类。表 5-3 列出了一些常见有机物类别及其所含官能团。

第四节　立体效应和电子效应

有机化合物的性质表明:在有机化合物分子中,原子、原子团与化学键之间存在着相互影响,这种相互影响可以用立体效应和电子效应来描述。

一、立体效应

有机化合物的分子结构往往比较庞大和复杂,有机物能发生化学反应的部位就隐藏在其中,这样反应部位的周边基团的体位或多或少地对化学试剂进攻反应部位产生阻隔作用,周边基团的体位越大,阻隔作用也越大,当周边基团的阻隔作用足够大时,甚至可使反应无法发生。这种分子的空间结构对性质所产生的影响称为立体效应。例如,氨基通过接受质子显碱性,但氨基连有的基团会阻隔氨基接受质子,如图 5-6 所示,阻隔作用越大,氨基接受质子越困难。

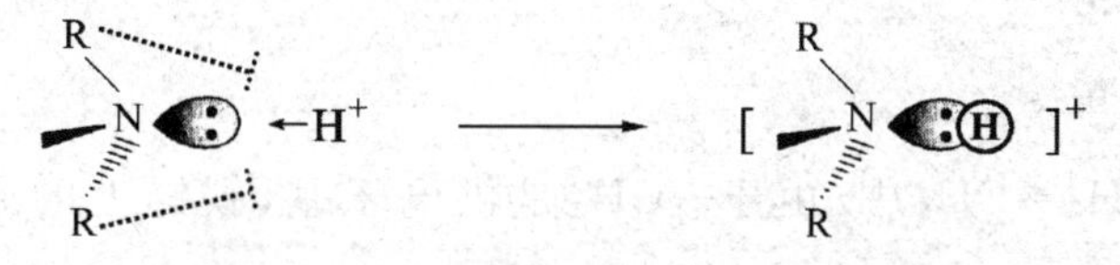

图 5-6　基团阻隔氨基接受质子示意图

二、电子效应

共价键(除配位键)是成键原子间通过电子云重叠(共用电子)形成的,成键原子的电负性差异以及电子云之间的相互联动都或多或少地对电子云密度的分布产生影响,从而影响共价键的极性和稳定性,进而影响有机物的性质。这种分子中电子云密度的分布对性质所产生的影响称为电子效应,包括诱导效应和共轭效应两类。

(一) 诱导效应

由于成键原子电负性不同而产生的极性,能使整个分子的电子云通过静电诱导作用沿碳链向某一方向偏移,这种原子间的相互影响称为诱导效应。例如:

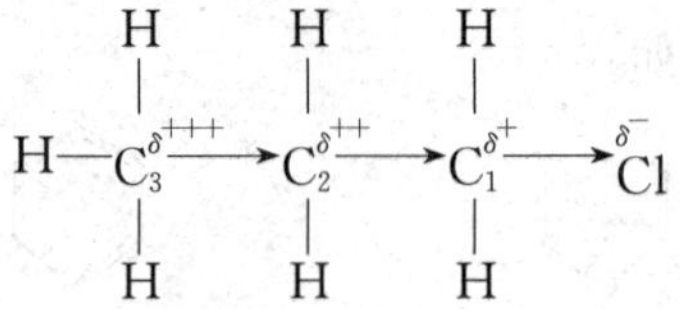

$$H-\overset{H}{\underset{H}{C_3^{\delta^{+++}}}}\rightarrow\overset{H}{\underset{H}{C_2^{\delta^{++}}}}\rightarrow\overset{H}{\underset{H}{C_1^{\delta^{+}}}}\rightarrow\overset{\delta^-}{Cl}$$

其中,箭头“→”表示 σ 电子云偏移的方向,δ^+、δ^- 表示原子带微量正电荷和微量负电荷,δ^{++}、δ^{--} 表示比 δ^+、δ^- 更微量的正电荷和负电荷,以此类推。

由于 C—Cl 键的极性,电子云沿碳链向 Cl 偏移,不仅与 Cl 直接相连的 C_1 产生部分正电荷(δ^+),而且与 Cl 相邻近的 C_2、C_3 也产生弱一些(δ^{++})和更弱一些的部分正电荷(δ^{+++})。

诱导效应用符号 I 表示,包括供电子诱导效应(+I)和吸电子诱导效应(−I)两类。

1. 吸电子诱导效应

上例中,由于—Cl 是吸电子基,碳链上的 σ 电子沿碳链向 Cl 移动,这种由吸电子基引起的诱导效应称为吸电子诱导效应。吸电子诱导效应的结果是使碳链上的电子云密度下降,可能引起有机物性质的变化。例如,苯酚连上吸电子基(如—NO_2)后引发的吸电子诱导效应,会使 O—H 之间的电子云更多地向氧原子移动,氧氢键极性增强,有利于氢电离成质子,酸性增强:

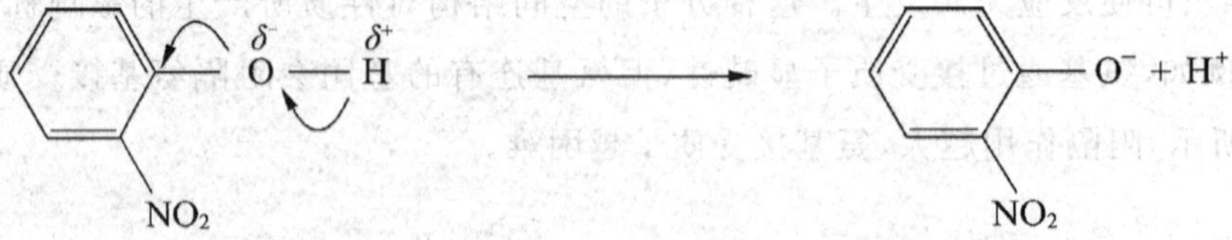

$$\text{(邻硝基苯酚)}\ \overset{\delta^-}{O}—\overset{\delta^+}{H} \longrightarrow \text{(邻硝基苯酚根)}\ O^- + H^+$$

2. 供电子诱导效应

例如,$CH_3CH=CH_2$ 中,由于—CH_3 是供电子基,碳链上的 σ 电子沿碳链向—$CH=CH_2$ 移动,结果改变了碳碳双键的电子云密度分布和键的极性:

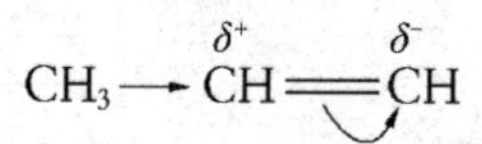

这种由供电子基引起的诱导效应称为供电子诱导效应。应用供电子诱导效应可解释一些化学反应的规则(如马氏规则)。

在诱导效应中,电子云偏移只涉及电子云密度分布的改变,仅引起键极性的变化,并不造成共用电子对单独属于某一个原子核。另外,电子云偏移的效应经过二、三个碳原子以后就逐渐减弱,以致消失,所以诱导效应是短程的,它会随碳链增长而减弱。

(二) 共轭效应

1. 共轭体系

电子离开原来的原子在分子的某部位或整个分子中运动,称为电子离域运动,有电子离域运动的体系称为共轭体系。共轭体系包括 π-π 共轭体系、p-π 共轭体系和σ-π 共轭体系三种。

(1) π-π 共轭体系。当两个碳碳双键以单键相连时,如 $C_1=C_2-C_3=C_4$,由于 C_2 和 C_3 靠得很近,以致 C_2 和 C_3 的 p 轨道之间发生重叠,把两个 π 键连在一起,形成一个整体,如图 5-7 所示。这种 π 键称为共轭 π 键(简称大 π 键)。

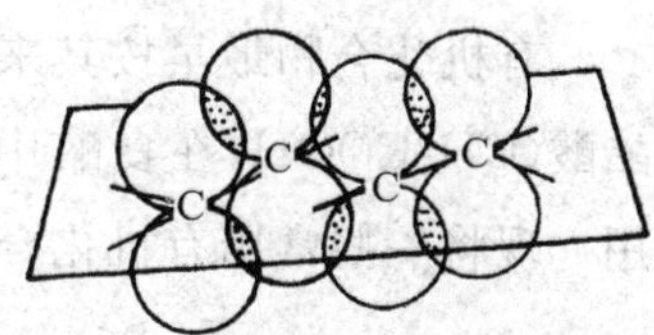

图 5-7　丁二烯分子的 π-π 共轭

共轭 π 键中的四个 π 电子在四个碳原子(C_1、C_2、C_3、C_4)周围产生离域运动。由于离域区域是 π-π 共轭形成的,因此该整体称为 π-π 共轭体系。

(2) p-π 共轭体系。与双键碳原子相连的原子,如 $CH_2=CH-Cl$ 中的氯原子,其未参与成键的 p 轨道与双键碳原子 π 键上的 p 轨道平行并发生侧面重叠,形成一个整体,如图 5-8 所示。四个电子就在这个整体内产生离域运动。由于离域区域是p-π共轭形成的,因此该整体称为 p-π 共轭体系。

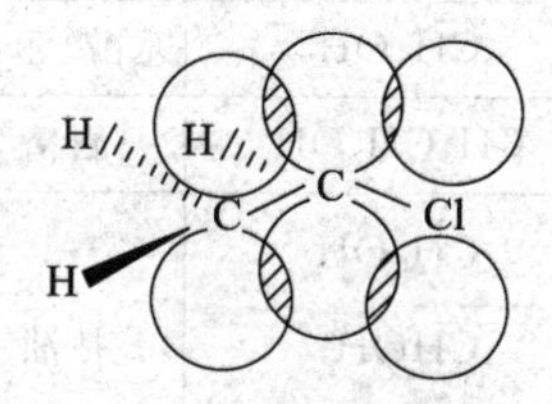

图 5-8　氯乙烯分子的 p-π

(3) σ-π 共轭体系(超共轭体系)。与双键碳原子相连的甲基,如 $CH_2=CH-CH_3$ 中的甲基,其中碳原子 σ 键上的 sp^3 杂化轨道与相邻双键碳原子 π 键上的 p 轨道部分重叠,形成一个整体,如图 5-9 所示。四个电子就在这个整体内产生离域运动。这种由 σ-π 共轭形成的离域区域称为 σ-π 共轭体系,

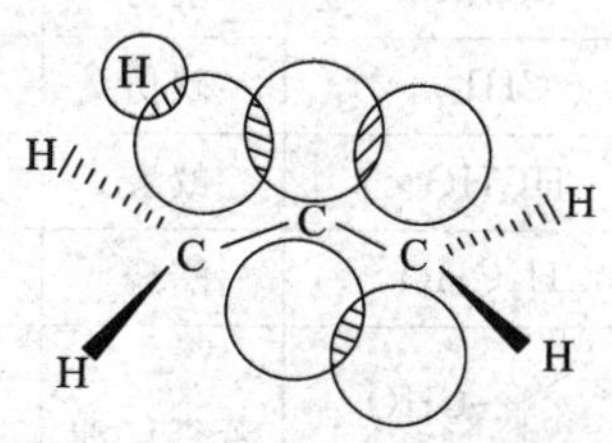

图 5-9　丙烯分子的 σ-π 共轭体系

又称超共轭体系。

2. 共轭效应

电子离域对分子产生的影响称为共轭效应。依据离域运动的电子所在的共轭体系，共轭效应分为π-π 共轭效应、p-π 共轭效应和σ-π 共轭效应。

共轭效应对分子的反应活性和反应方向有重要影响。这部分内容将在相关章节中介绍。

第五节　有机化合物的命名法

任何一种化学物质都有名称，化学物质的名称通过命名法命名。目前普遍采用的有机化合物的命名法有系统命名法、普通命名法和俗名，本章重点介绍俗名和系统命名法，普通命名法在有关章节中介绍。

一、俗名

有机化合物最早按其来源、特征和用途命名，如沼气（CH_4，在沼泽气泡中发现）、醋酸（CH_3COOH，在食醋中发现）。某些有机化合物的俗名沿用已久，至今仍在使用。现将一些常用有机化合物的俗名和学名列于表 5-4。

表 5-4　常用有机化合物的结构、俗名和学名

有机物	俗名	学名	有机物	俗名	学名
CH_4	沼气	甲烷	C_6H_5—OH	石炭酸	苯酚
CH_3OH	木醇、木精	甲醇	HCOOH	蚁酸	甲酸
CH_3CH_2OH	酒精	乙醇	CH_3COOH	醋酸	乙酸
CH_2OH—CHOH—CH_2OH	甘油	丙三醇	COOH—COOH	草酸	乙二酸
$CHCl_3$	氯仿	三氯甲烷	C_6H_5—COOH	安息香酸	苯甲酸
$CHBr_3$	溴仿	三溴甲烷	$CH_3CH(OH)COOH$	乳酸	α-羟基丙酸
CHI_3	碘仿	三碘甲烷	HO—CH—COOH HO—CH—COOH	酒石酸	2,3-二羟基丁二酸
HCHO	蚁醛	甲醛			
CH_3CHO	醋醛	乙醛			
C_6H_5—CHO	苦杏仁油	苯甲醛			

续表

有机物	俗名	学名
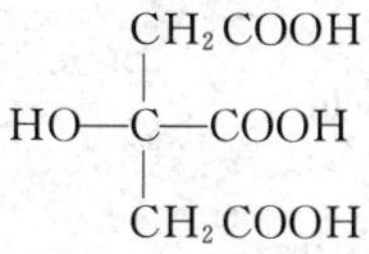 CH_2COOH HO—C—COOH CH_2COOH	柠檬酸	3-羟基-3-羟基戊二酸 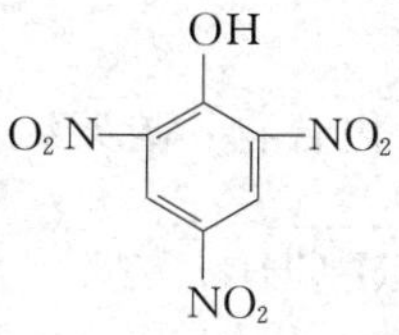
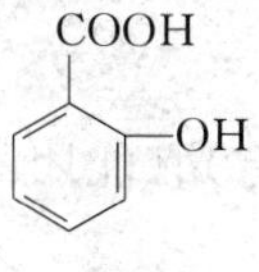 COOH OH	水杨酸	邻羟基苯甲酸 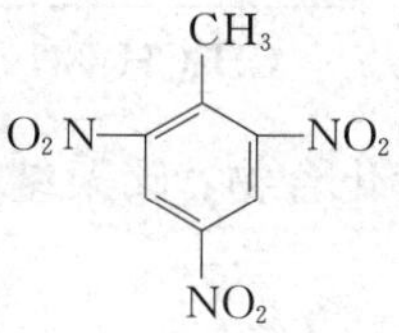
COOH HO OH OH	五倍子酸	3,4,5-三羟基苯甲酸
OH O_2N NO_2 NO_2	苦味酸	2,4,6-三硝基苯酚
CH_3 O_2N NO_2 NO_2	TNT	2,4,6-三硝基甲苯
CH_2COOH NH_2	甘氨酸	氨基乙酸
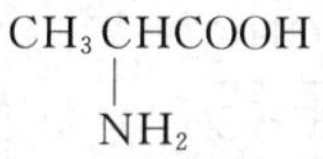 $CH_3CHCOOH$ NH_2	丙氨酸	α-氨基丙酸

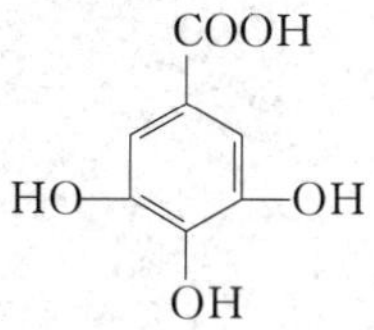

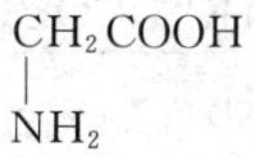

二、系统命名法

为了使名称能准确、简单地反映出有机物的组成和结构，在国际通用的 IUPAC 命名原则的基础上，结合我国的文字特点制定出系统命名法。根据系统命名法得出的名称称为学名。系统命名法是一种比较复杂的命名法，命名结构复杂的有机物时，会涉及很多的规定和惯例。本节仅介绍基本的命名原则和命名方法，如要深入了解系统命名法，请参考相关有机化学文献。

（一）相关知识

1. 系统命名法的基本思路

将有机化合物的结构划分为母体和取代基两部分，按规则确定母体名称和官能团、取代基在母体中的位次，然后按格式（先取代基后母体）写出有机化合物名称：

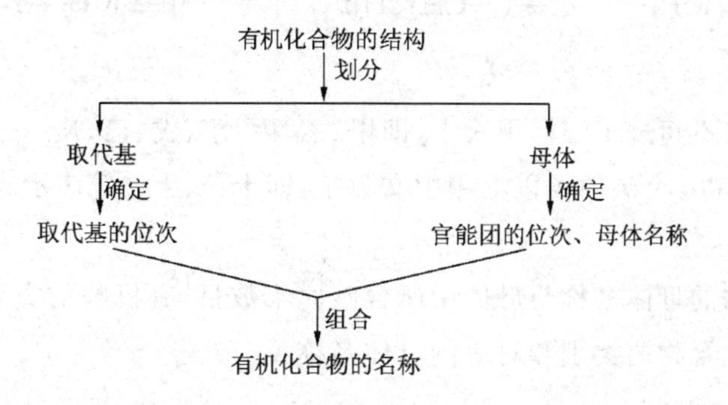

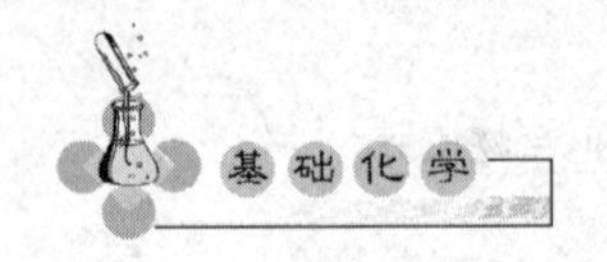

2．主链

主链是从有机化合物的碳架结构中划分出来的一条碳链，为链状化合物的母体，其确定方法为：

（1）无官能团的链状化合物：碳架结构中连续、最长的碳链。例如：

$$\begin{array}{l} \quad\;\; CH_2CH_3 \\ \quad\;\; | \\ CH_3CHCH_2CHCH_2CH_2CH_3 \\ \qquad\quad\;\; | \\ \qquad\quad\;\; CH_2CH_2CH_3 \end{array}$$

主链含8个碳原子

（2）含官能团的链状化合物：碳架结构中连续的含有（或直接连有）官能团的最长的碳链。例如：

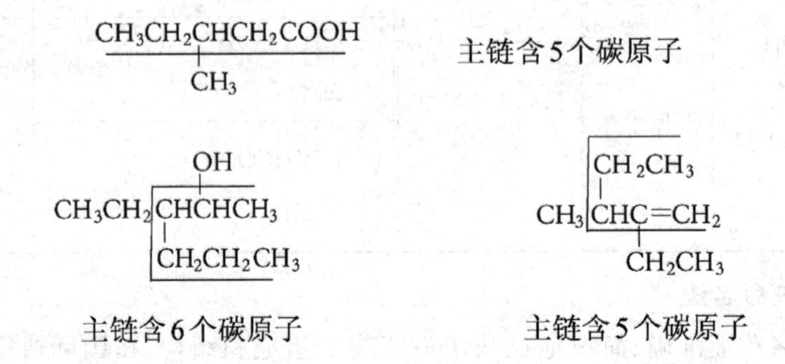

主链含5个碳原子

主链含6个碳原子　　主链含5个碳原子

3．取代基

从有机化合物的结构中划分出主链后，连在主链上的碳链就称为支链，支链在系统命名时作为取代基。另外，某些官能团如卤原子也是常见的取代基，氢原子不是取代基。例如：

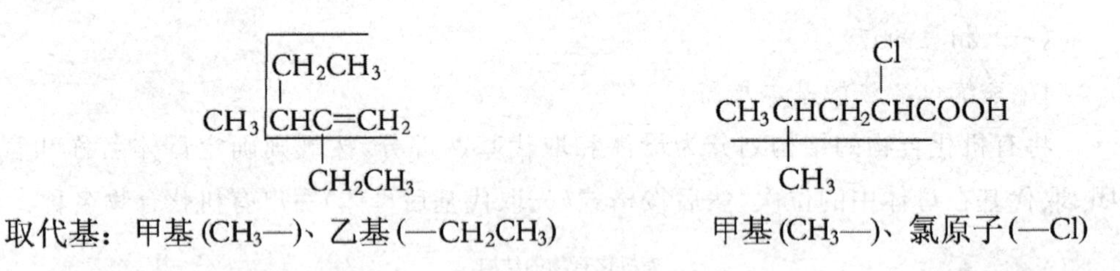

取代基：甲基（CH_3—）、乙基（—CH_2CH_3）　　甲基（CH_3—）、氯原子（—Cl）

4．碳原子数的表示方法

当碳原子数不超过10时，用天干，即甲、乙、丙、丁、戊、己、庚、辛、壬、癸分别表示1～10个碳原子；10个碳原子以上用中文数字，即十一、十二等表示碳原子数。

5．母体名称

有机化合物的母体名称与母体中所含碳原子数目、有机物的类别有关，表5-5列出了常见有机化合物的类别和对应的母体名称。

表 5-5　常见有机物的类别及其对应的母体名称

有机化合物类别	官能团	母体名称
烷烃	链状、无官能团	某烷
烯烃	$>C=C<$	某烯
炔烃	$—C \equiv C—$	某炔
卤代烷	卤原子（－Cl、－Br、－I）	某烷
醇	－OH（醇羟基）	某醇
醛	－CHO	某醛
酮	－CO－	某酮
羧酸	－COOH	某酸
酚	－OH（酚羟基）	苯酚

注：① 母体名称中的"某"为母体中所含碳原子的数目，如果是链状化合物，则为主链碳原子数。

② 表中的酚是指酚羟基连在苯分子上形成的酚。

③ 表中除酚外，其余均指链状有机化合物。

6. 位次规则

位次规则即确定官能团和取代基在主链上的位次的规则，主要内容有：

（1）主链碳端的碳原子作为编号的起点，一般用阿拉伯数字，编号为第 1 位。

（2）选择能使官能团的位次最小的编号方向沿主链编号；如无官能团或官能团处在中间位次，则选择能使取代基的位次最小的编号方向沿主链编号。

（3）给单碳环编号时，与官能团（或取代基）连接的碳原子作为第 1 位，选择能使其他取代基的位次最小的编号方向沿碳环编号（如单碳环只连有 1 个官能团或取代基，则不用编号定位）。

例如：

正确：$\overset{5}{C}H_3\overset{4}{C}H(CH_3)\overset{3}{C}H_2\overset{2}{C}H(OH)\overset{1}{C}H_3$　　错误：$\overset{1}{C}H_3\overset{2}{C}H(CH_3)\overset{3}{C}H_2\overset{4}{C}H(OH)\overset{5}{C}H_3$

正确：$\overset{1}{C}H_3\overset{2}{C}H(CH_3)\overset{3}{C}HOH\overset{4}{C}H_2\overset{5}{C}H_3$　　错误：$\overset{5}{C}H_3\overset{4}{C}H(CH_3)\overset{3}{C}HOH\overset{2}{C}H_2\overset{1}{C}H_3$

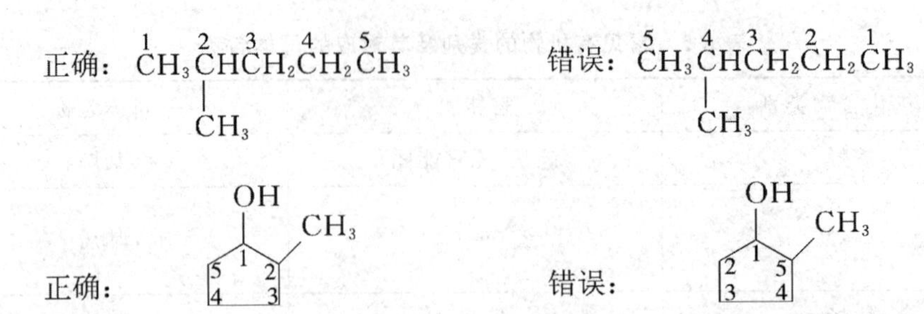

(4) 某些类型的有机化合物还可使用希腊字母给主链编号，即把与官能团直接相连的主链碳原子定为α位，然后沿主链依次按希腊字母顺序编号β,γ,δ,…。

这里仅介绍简单结构的编号方法，要了解复杂结构的位次规则，请查阅相关资料。

(二) 开链化合物的系统命名

系统命名的基本步骤：

(1) 从有机化合物的碳架结构中划分出主链和取代基，确定母体名称。

(2) 根据位次规则给官能团和取代基定位，常用阿拉伯数字编号。

(3) 按如下格式写出有机物名称：

取代基的位次-数目名称-官能团的位次-母体名称

说明：

① 大多数情况下，位次用阿拉伯数字表示；取代基的数目用中文数字表示，只有一个取代基时，"一"可以省略。

② 醛基和羧基在碳链的一端，位次总在1位，命名醛和羧酸时，官能团的位次可以省略。

③ 结构简单的有机化合物，如果官能团只有一种可能的位次，如乙烯、丙烯、甲醇、乙醇等，可以不注明官能团的位次。

实例：

$$CH_3CH_2CH_2CH_2\underset{\displaystyle CH_3}{\underset{|}{C}H}CH_2CH_3$$

3-甲基庚烷(不是5-甲基庚烷)

$$CH_3CH_2COCH_2CH_3$$

3-戊酮

$$CH_3CH{=}CHCH_2CH_3$$

2-戊烯(双键和叁键的两个碳原子联号，取小的号作位次)

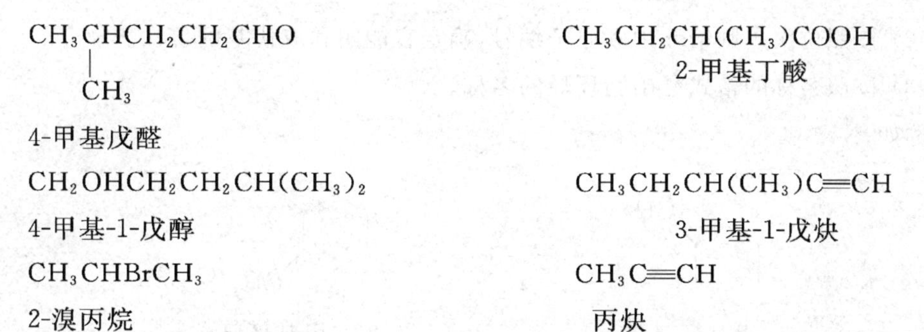

$CH_3CH(CH_3)CH_2CH_2CHO$　4-甲基戊醛

$CH_3CH_2CH(CH_3)COOH$　2-甲基丁酸

$CH_2OHCH_2CH_2CH(CH_3)_2$　4-甲基-1-戊醇

$CH_3CH_2CH(CH_3)C\equiv CH$　3-甲基-1-戊炔

$CH_3CHBrCH_3$　2-溴丙烷

$CH_3C\equiv CH$　丙炔

④ 主链上连有两个(或两个以上)取代基时,相同的取代基合并命名,它们的位次从小到大标出并用“,”隔开;不同的取代基按照先小后大的顺序列出。例如:

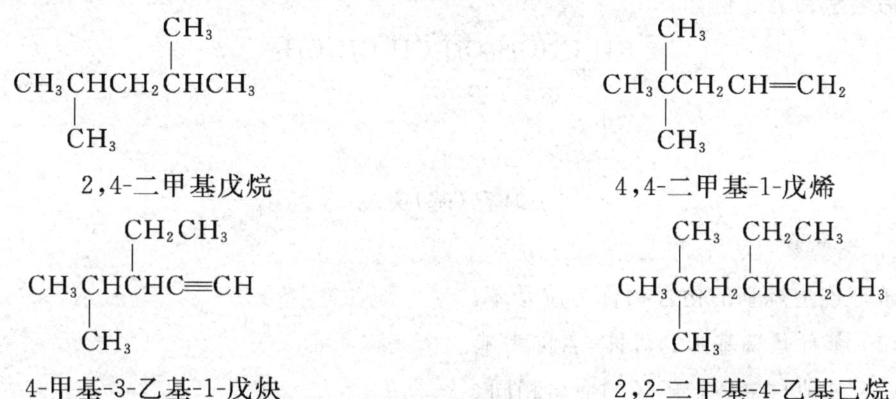

$CH_3CH(CH_3)CH_2CH(CH_3)CH_3$　2,4-二甲基戊烷

$CH_3C(CH_3)_2CH_2CH=CH_2$　4,4-二甲基-1-戊烯

$CH_3CH(CH_3)CH(CH_2CH_3)C\equiv CH$　4-甲基-3-乙基-1-戊炔

$CH_3C(CH_3)_2CH_2CH(CH_2CH_3)CH_2CH_3$　2,2-二甲基-4-乙基己烷

⑤ 有机化合物分子中存在多个官能团时,选取一个作为主官能团,以确定其母体,其他官能团作为取代基。常见官能团作为主官能团的优先顺序为:羧基→醛基→酮基→羟基→氨基→双键→叁键。例如:

$CH_3CH(OH)COOH$　2-羟基丙酸(α-羟基丙酸)

$CH_2=CHCH_2COOH$　3-丁烯酸

(三) 碳环化合物的系统命名

1. 单环脂环烃

单环脂环烃包括环烷烃、环烯烃、环炔烃三类。

(1) 环是单环脂环烃的母体,名称为对应链烃名称前面加“环”字。例如:

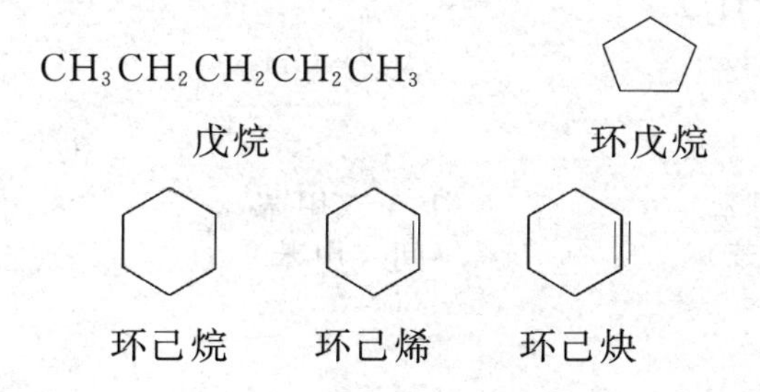

$CH_3CH_2CH_2CH_2CH_3$　戊烷　　环戊烷

环己烷　环己烯　环己炔

(2) 按照位次规则给环中碳原子编号，确定官能团和取代基的位次。

(3) 按照名称的格式写出脂环烃的名称。

例如：

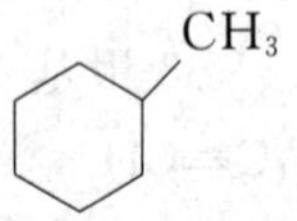

CH_3

甲基环己烷

CH_3 CH_3

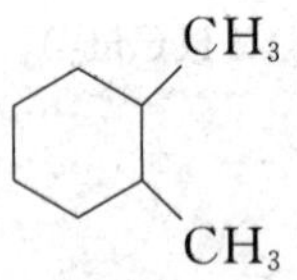

1,2-二甲基环己烷

如果碳环上连接复杂的烷基，则烷基作母体，碳环作取代基（名称为环某基），按烷烃命名法命名。例如：

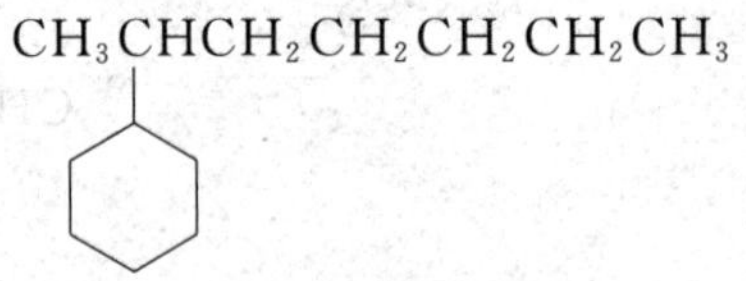

$CH_3CHCH_2CH_2CH_2CH_2CH_3$

2-环己(基)庚烷

2. 烷基苯

苯环连上烷基的化合物称为烷基苯。

(1) 苯环是烷基苯的母体，名称为苯。

(2) 其他与单环脂环烃的命名相同。

例如：

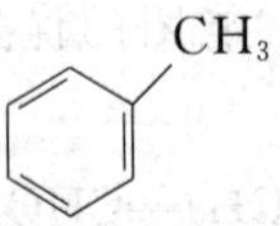

CH_3

甲(基)苯

CH_2CH_3

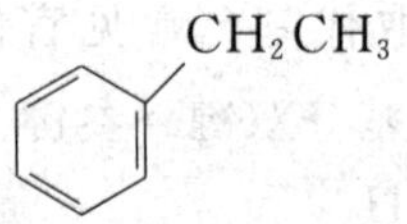

乙苯

(3) 当苯环上连有两个相同的简单烷基或不含碳原子的官能团时，常用邻、间、对表示两个基团在苯环上的相对位次。

例如：

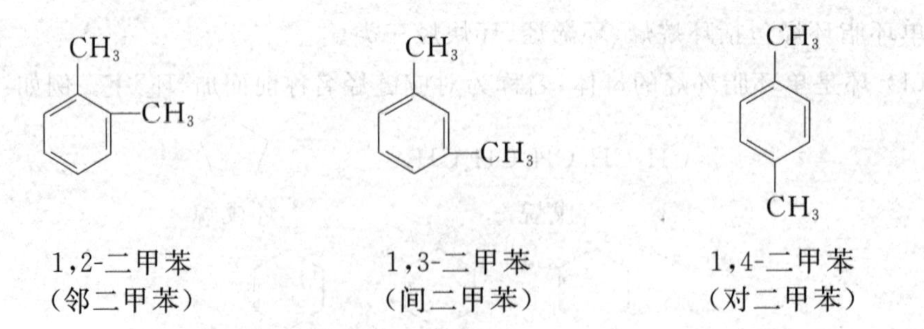

1,2-二甲苯（邻二甲苯）　1,3-二甲苯（间二甲苯）　1,4-二甲苯（对二甲苯）

3．酚

直接连在苯环或稠苯环上的羟基为酚羟基，苯环或稠苯环与酚羟基共同构成酚的母体，名称为：环的名称＋酚。例如：

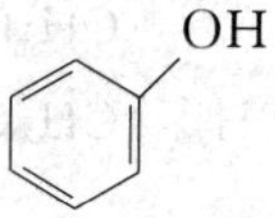

OH　　　　　　OH

苯酚 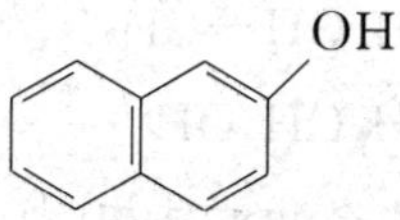　　　　　萘酚

含两个酚羟基时，称为二酚。环的编号及名称的格式同上。例如：

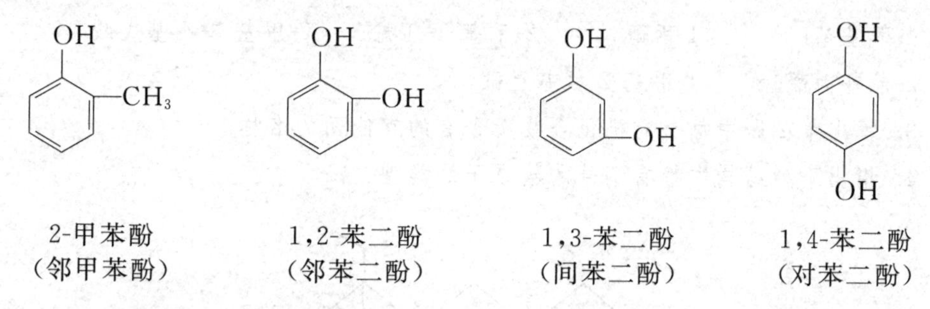

2-甲苯酚（邻甲苯酚）　　1,2-苯二酚（邻苯二酚）　　1,3-苯二酚（间苯二酚）　　1,4-苯二酚（对苯二酚）

（四）有机化合物结构的书写

系统命名法依据有机化合物的结构进行命名，因此，可根据系统命名法得到的名称准确地写出有机化合物的结构。方法如下：

（1）依据母体名称写出母体的碳架结构（主链或碳环）。

（2）依据官能团和取代基的位次，在母体的碳架结构上连上官能团和取代基。

（3）给母体的碳原子填上氢原子（满足碳的四价）。如果写的是碳架式，则不用填氢。

例如：

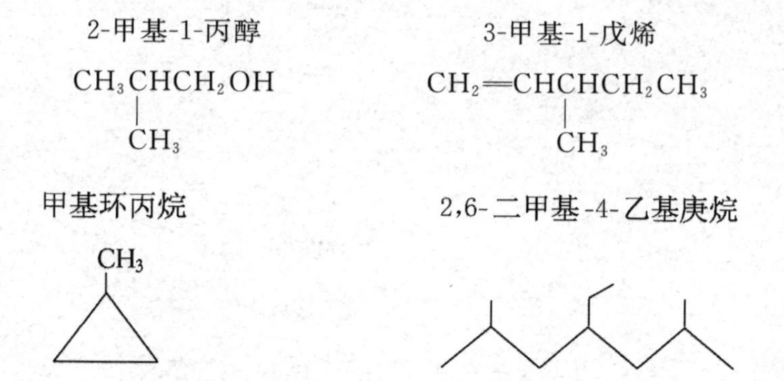

思考与练习

1. 指出下列有机化合物所属的类别：

CH_3COOH　　$CH_3CH{=}CH_2$　　CH_3CHO　　CH_3COCH_3　　CH_3NH_2

$CH_3C{\equiv}CH$　　CH_3CH_2OH　　CH_3COOCH_3　　CH_3CONH_2

2. 写出下列有机化合物的结构(打*的为选做)：

2-甲基戊烷　　1-丁烯　　甲基环戊烷　　己酸　　丁酮

苯酚　　1-溴丙烷　　2-丁炔　　丙醛　　2-甲基-3-戊酮

4-甲基苯酚　　1-丙醇　　2-甲基-1-丁烯*　　2-甲基-3-乙基戊酸*

2-羟基丙酸*　　4-甲基-2-氨基己酸*

3. 写出第2题中每个有机化合物所含有的官能团的名称。

4. 指出下列结构中带有编号的碳原子的类型：

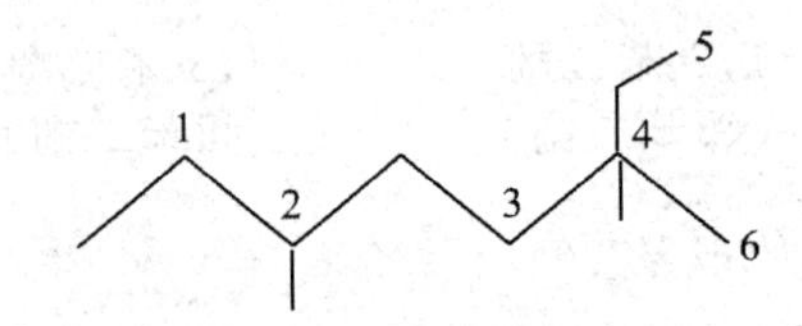

5. 写出组成符合 C_6H_{14} 的所有有机化合物的结构。

6. 指出下列有机化合物结构中存在的电子效应(选做)：

(1) $CH_2{=}CHCH{=}CHCH{=}CH_2$

(2) $CH_2{=}CHCl$

第六章

常见官能团的结构、性质和鉴定

官能团不仅仅是有机化合物结构的一部分，更重要的是官能团决定了有机化合物的主要性质。从常见官能团的结构、性质和鉴定方法开始有机化合物的学习，能够为后续有机化合物的性质和鉴别、鉴定方法等内容的学习奠定知识和方法的基础。大部分药物的生产、调制、保存、分析以及中草药的分离、提纯等与药物所含的官能团密切相关。

第一节　常见官能团的结构和性质

一、碳碳双键、碳碳叁键

碳碳双键、碳碳叁键合称为不饱和键。碳碳双键、碳碳叁键的结构及其中化学键的类型如图 6-1(a)和图 6-1(b)所示。

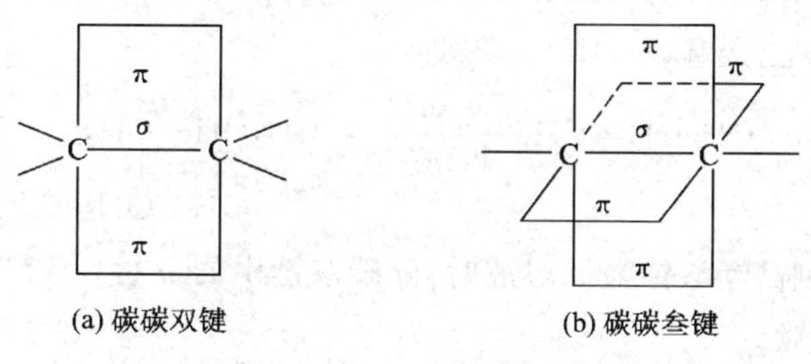

图 6-1　不饱和键的结构示意图

碳碳双键、碳碳叁键均由 σ 键和 π 键组成，只是 π 键的数目不同。π 键不稳定，容易断裂，因此碳碳双键和碳碳叁键的化学性质很活泼，容易发生与 π 键断裂有关的化学反应。

1. 加成反应

在一定条件下，碳碳双键、碳碳叁键中的 π 键断裂后，试剂的两部分分别加到 π 键相连的两个碳原子上，这类反应称为加成反应。

能使碳碳双键、碳碳叁键发生加成反应的化学试剂有 H_2、X_2、HX 等。

$$-\overset{|}{C}=\overset{|}{C}- \xrightarrow{+X_2} -\overset{|}{\underset{X}{C}}-\overset{|}{\underset{X}{C}}-$$

$$-C\equiv C- \xrightarrow{+X_2} -\underset{X}{C}=\underset{X}{C}- \xrightarrow{+X_2} -\overset{X}{\underset{X}{C}}-\overset{X}{\underset{X}{C}}-$$

某些化学试剂需要在一定条件下才能使 π 键断裂。例如：

$$CH_2=CH_2+H_2\xrightarrow[\triangle]{Ni}CH_3CH_3$$

碳碳双键、碳碳叁键与 Br_2、I_2的加成反应有明显的反应现象。例如：

$$CH_2=CH_2+Br_2\longrightarrow CH_2BrCH_2Br$$

（Br_2/CCl_4 红棕色）　（无色）

$$CH\equiv CH+Br_2\longrightarrow CHBr_2CHBr_2$$

（Br_2/CCl_4 红棕色）　（无色）

使溴的四氯化碳溶液褪色通常用作碳碳双键、碳碳叁键的鉴定。

2. 氧化反应

广义地讲，有机化合物分子中加入氧或脱去氢的反应都属于氧化反应。例如：

$$RCHO\xrightarrow{氧化}RCOOH\quad（加入氧）$$

碳碳双键遇到稀、冷的高锰酸钾碱性或中性溶液时，碳碳双键中的 π 键被打开，两个碳原子分别连上羟基(—OH)。例如：

$$CH_3CH=CH_2\xrightarrow[中性或碱性]{KMnO_4}CH_3\underset{OH}{CH}-\underset{OH}{CH_2}$$

碳碳双键遇到高锰酸钾酸性溶液时，碳碳双键中的 π 键、σ 键均被打开，形成羧基、酮基或二氧化碳。

$$-\overset{|}{C}=CH_2\xrightarrow[酸性]{KMnO_4}-\overset{|}{C}=O+CO_2$$

例如：

$$CH_3CH=CH_2\xrightarrow[酸性]{KMnO_4}CH_3COOH+CO_2$$

$$\text{环己烯}\xrightarrow[酸性]{KMnO_4}\text{HOOC(CH}_2)_4\text{COOH}$$

碳碳叁键遇到高锰酸钾溶液时，碳碳叁键中的 π 键和 σ 键均断裂，形成羧基和二

氧化碳。

$$—C{\equiv}CH \xrightarrow[\text{酸性}]{KMnO_4} —COOH + CO_2$$

碳碳双键、碳碳叁键与高锰酸钾酸性溶液发生氧化反应时，均可使高锰酸钾溶液褪色，因此高锰酸钾酸性溶液通常用作碳碳双键、碳碳叁键的鉴定试剂。

二、羟基

羟基的结构：—OH。根据羟基所连的碳原子是否是芳环碳原子，羟基分为两种：连在芳环碳原子上的—OH，称为酚羟基；不连在芳环碳原子上的—OH，称为醇羟基，醇羟基通常简称羟基。例如：

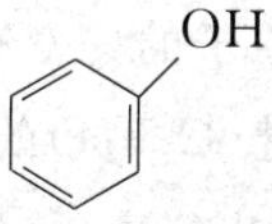

C_6H_5OH	CH_3CH_2OH	$C_6H_5CH_2OH$
苯酚（酚羟基）	乙醇（醇羟基）	苯甲醇（醇羟基）

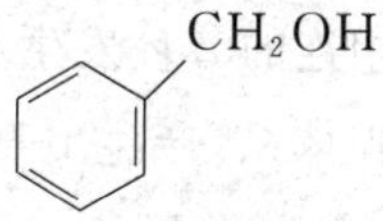

醇酸、酚酸等有机物分子中也含有醇羟基或酚羟基。例如：

$CH_3CHOHCOOH$	邻羟基苯甲酸（COOH、OH）
乳酸（α-羟基丙酸）	水杨酸

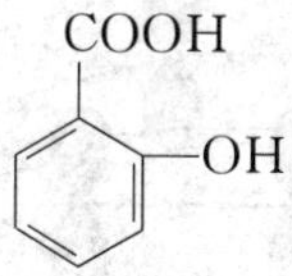

受羟基所连烃基的影响，醇羟基和酚羟基在化学性质上存在比较大的差异。

（一）醇羟基的化学性质

由于氧原子的电负性比碳、氢原子强，醇羟基中的氢氧键（O—H）及其连接脂烃基的碳氧键（C—O）都是极性键，在一定条件下，能够发生断开氢氧键和碳氧键的反应。

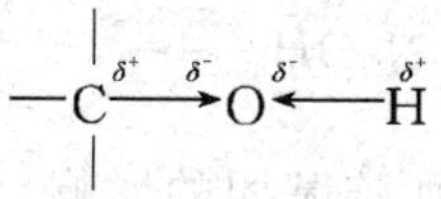

$$—\overset{|}{\underset{|}{C}}^{\delta^+} \xrightarrow{\delta^-} O^{\delta^-} \xleftarrow{} H^{\delta^+}$$

1. 与活泼金属反应

醇羟基有一定的电离出氢离子的能力，可与活泼金属发生反应而放出氢气。例如：

$$R—OH + Na \longrightarrow RONa + H_2\uparrow$$

$$CH_3CH_2OH + Na \longrightarrow CH_3CH_2ONa + H_2\uparrow$$

羟基和 Na 反应的速率与其所连烃基的大小有关，烃基的空间位阻越大，反应越慢。

2. 被取代的反应

在一定条件下，羟基可以被某些基团从有机物分子中取代出来。例如：

$$R—OH + HI \longrightarrow R—I + H_2O$$

$$(CH_3)_2CH—OH + HI \xrightarrow{\triangle} (CH_3)_2CH—I + H_2O$$

被取代出来的—OH 与氢原子结合生成水。这类有机化合物分子中的原子或原子团被其他原子或原子团取而代之的反应，称为取代反应。

(二) 酚羟基的化学性质

酚羟基与其相连的芳环发生相互作用(羟基上的氧原子的一对孤对电子与苯环上的 π 键形成共轭体系，产生 p-π 共轭效应)，使得氢氧键(O—H)的极性增大、碳氧键(C—O)的稳定性增强(图 6-2)，所以酚羟基能微弱电离出氢离子(H^+)：

$$ArOH \longrightarrow H^+ + ArO^-$$

但难发生羟基取代反应。

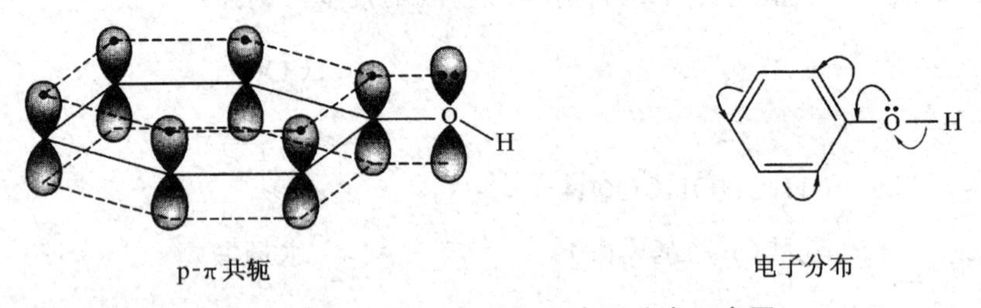

图 6-2 苯酚中的 p-π 共轭和电子分布示意图

1. 酚羟基的弱酸性

酚羟基是酸性基团，含有酚羟基的化合物具有弱酸性，能够与强碱发生中和反应。例如：

$$C_6H_5OH + NaOH \longrightarrow C_6H_5ONa + H_2O$$

酚羟基的酸性强弱受芳环上所连基团的影响。当芳环上连有吸电子基团时，吸电子诱导效应使酚羟基的酸性增强；连有供电子基团时，供电子诱导效应使酚羟基的酸性减弱。

2. 与三氯化铁的显色反应

大多数化合物中的酚羟基能够与 $FeCl_3$ 溶液反应而显出一定的颜色。例如，苯酚、水杨酸遇到 $FeCl_3$ 溶液分别显紫色、紫堇色。这一显色反应一般认为是 ArO^- 与

Fe^{3+}生成了配合物的结果：

$$ArOH + FeCl_3 \longrightarrow [Fe(OAr)_6]^{3+} + H^+ + Cl^-$$

酚羟基与$FeCl_3$溶液的显色反应常用于酚羟基的鉴定。

三、醚键

醚键的结构：(C)—O—(C)，醚是含有醚键常见的有机物，如甲醚(CH_3OCH_3)、乙醚($CH_3CH_2OCH_2CH_3$)。

由于醚键中的碳氧键(C—O)是极性键，在一定条件下可发生醚键断裂的反应。最容易使醚键断裂的试剂是氢卤酸，其活泼性顺序是：HI＞HBr＞HCl。例如：

$$CH_3OCH_3 + HI \longrightarrow CH_3OH + CH_3I$$

四、羰基

羰基的结构：$>C=O$。羰基与一个氢原子直接相连形成的基团 $-\overset{O}{\overset{\|}{C}}-H$ 称为醛基，结构简式为—CHO；羰基与两个烃基相连形成的基团 $(C)-\overset{O}{\overset{\|}{C}}-(C)$ 称为酮基，结构简式为—CO—。

醛、醛酸、醛糖等有机物分子中均含有醛基。例如：

CH_3CHO	COOH | CH_2 | CHO	CHO H—┼—OH HO—┼—H H—┼—OH H—┼—OH CH_2OH
乙醛	丙醛酸	葡萄糖

酮、酮酸、酮糖等有机物分子中均含有酮基。例如：

CH_3COCH_3	$CH_3COCOOH$	CH_2OH C=O HO—┼—H H—┼—OH H—┼—OH CH_2OH
丙酮	丙酮酸	果糖

羰基中的碳氧双键与碳碳双键相似，由一个 σ 键和一个 π 键组成。但由于氧原子的电负性比碳原子强，碳氧双键中的电子云偏向氧原子，使得碳原子带上部分正电荷，而氧原子带上部分负电荷，如图 6-3 所示，所以羰基是极性基团。

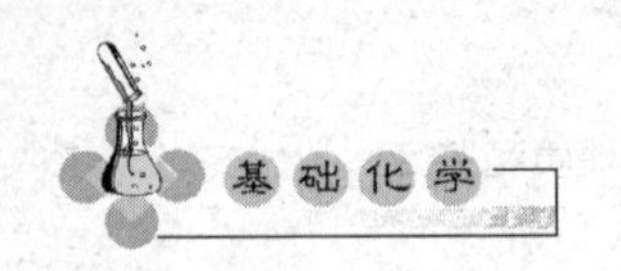

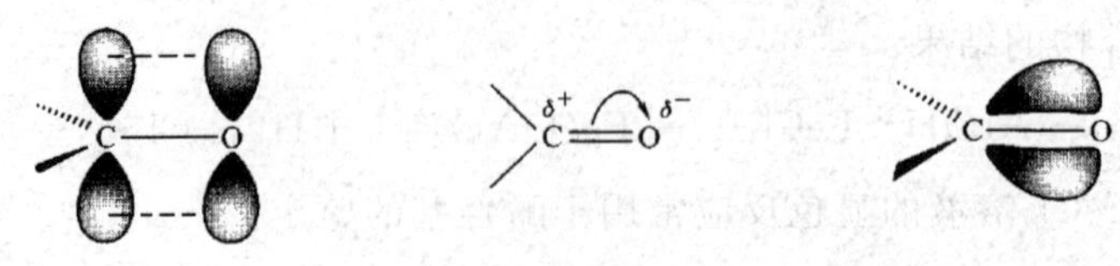

图 6-3 羰基的结构和电子分布示意图

在一定条件下，羰基能够断开 π 键发生加成反应。受羰基的影响，醛基中的 H 具有活性，容易发生氧化反应。

1. 羰基的加成反应

能与羰基发生加成反应的化学试剂有 HCN、氨的衍生物、格氏试剂等。例如：

$$\rangle C{=}O + HCN \longrightarrow \rangle C\langle^{OH}_{CN}$$

$$CH_3CHO + HCN \longrightarrow CH_3CH(CN){-}OH$$

氨的衍生物（如羟氨、肼、苯肼、2,4-二硝基苯肼、氨基脲等）与羰基发生加成-消除反应产生很好的结晶。其中，2,4-二硝基苯肼（ $H_2NNH-C_6H_3(NO_2)_2$ ）能与羰基迅速反应，生成黄色的 2,4-二硝基苯腙的结晶：

$$\rangle C{=}O \xrightarrow{2,4\text{-二硝基苯肼}} \rangle C{=}NNH-C_6H_3(NO_2)_2$$

该反应常用于羰基的鉴定，肼等氨的衍生物被称为羰基试剂。

2. 醛基的氧化反应

醛基具有较强的还原性，容易被氧化。除了高锰酸钾等强氧化剂能将醛基氧化外，较温和的氧化剂，如托伦试剂（硝酸银的氨溶液，又称银氨溶液）、斐林试剂（硫酸铜和酒石酸钾钠的碱溶液）也能将醛基氧化为羧基。

$$-CHO \xrightarrow{\text{氧化}} -COOH$$

托伦试剂将醛基氧化为羧基时被还原产生金属银。如果反应器皿内壁洁净，析出的银粒附在内壁形成银镜，该反应又称为银镜反应。此反应现象明显，可作为醛基的鉴定反应。

五、羧基

羧基的结构：$-\overset{\overset{\displaystyle O}{\|}}{C}-OH$（结构简式为—COOH）。羧酸、羟基酸、氨基酸、酮酸等有机物分子中均含有羧基。例如：

CH_3COOH	$CH_3CHOHCOOH$	CH_3CHNH_2COOH	$CH_3COCOOH$
乙酸	乳酸（α-羟基丙酸）	丙氨酸	丙酮酸

从形式上看，羧基由羰基和羟基直接相连组成，但由于羟基上的氧原子的一对孤对电子与羰基上的 π 键形成 p-π 共轭体系，共轭效应使羟基上氢氧键的极性增强、碳氧键的极性减弱，如图 6-4 所示。因此，羧基容易断开 O—H 而电离出 H^+，具有酸性；在一定条件下还能发生羟基的取代反应。

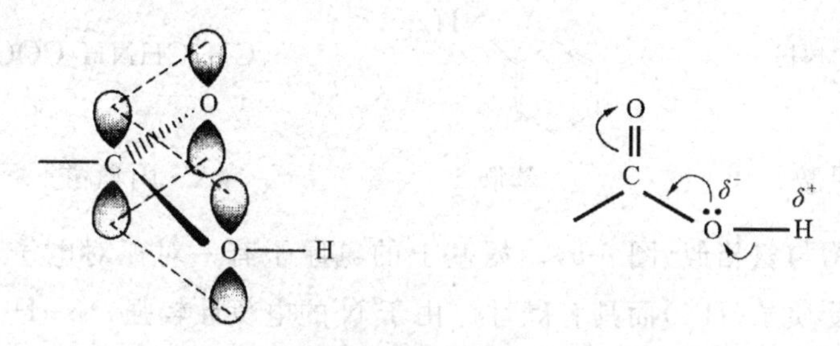

图 6-4　羧基的结构和电子分布示意图

1. 羧基的酸性

羧基是一种酸性基团，在水溶液中能够部分电离出氢离子而具有弱酸性：

$$RCOOH \rightleftharpoons RCOO^- + H^+$$

羧基在不同的有机物结构环境中电离 H^+ 的能力存在差异，因此，在判断含羧基有机物的酸性强弱时，必须考虑有机物结构对羧基电离能力的影响。一般情况下，羧基的酸性比一般无机强酸的酸性弱，但比碳酸强。当羧基周边连有吸电子基时，羧基电离 H^+ 的能力增大；当羧基周边连有供电子基时，羧基电离 H^+ 的能力减小。例如，甲基是供电子基，甲酸（HCOOH）的酸性比乙酸（CH_3COOH）强；羟基是吸电子基，乳酸（$CH_3CHOHCOOH$）的酸性比丙酸（CH_3CH_2COOH）强。

含有羧基的有机物因羧基是酸性基团而具有酸性，可与强碱、碳酸氢钠等弱碱性物质发生中和反应。例如：

$$CH_3COOH + NaOH \longrightarrow CH_3COONa + H_2O$$

$$CH_3COOH + NaHCO_3 \longrightarrow CH_3COONa + CO_2\uparrow + H_2O$$

羧基的酸性可用于羧基的鉴定以及含羧基有机物的分离、提纯和含量测定。

2. 羟基的取代反应

一定条件下，羧基中的羟基可以被卤素(—X)、酰氧基(RCOO—)、烃氧基(RO—)、氨基($—NH_2$)或取代氨基(—NHR，$—NR_2$)取代而形成一类新的有机物(称为羧酸衍生物)。

$$\text{—}\overset{\overset{\large O}{\|}}{C}\text{—OH} \xrightarrow{-X(RCOO—、RO—、—NH_2)} \text{—}\overset{\overset{\large O}{\|}}{C}\text{—X(OOCR、OR、NH}_2\text{)}$$

六、氨基

氨基有三种结构形式：$—NH_2$(氨基)、—NH—(亚氨基)、$—\overset{|}{N}—$(次氨基)，通常简称氨基，用$—NH_2$表示。胺、氨基酸、生物碱等有机物分子中均含有氨基。例如：

CH_3NH_2	(苯环—NH_2)	CH_3CHNH_2COOH
甲胺	苯胺	丙氨酸

氨基的结构与氨相似(图 6-5)。氨基上的氮原子有一对孤对电子，与氨相似，氨基能够部分接受质子(H^+)而具有碱性。由于 N 的电负性较强，N—H 键有较强的极性，容易断开而发生取代反应。

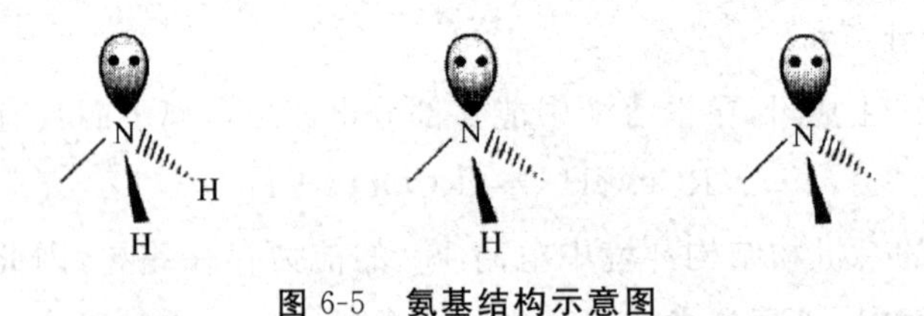

图 6-5　氨基结构示意图

1. 氨基的弱碱性

氨基可以部分接受质子形成铵离子，因而具有弱碱性。

$$—\overset{|}{\underset{|}{N}}: + H_2O \rightleftharpoons —\overset{|}{\underset{|}{N}}: H^+ + OH^-$$

含有氨基的有机物因氨基是碱性基团而具有碱性，可与强酸发生中和反应。例如：

$$\underset{\underset{NH_2}{|}}{CH_3CHCOOH} + HCl \longrightarrow \underset{\underset{N^+H_3Cl^-}{|}}{CH_3CHCOOH}$$

应用氨基的碱性可以进行含氨基有机物的鉴别、分离和提纯。

与羧基的酸性相似，氨基在不同的有机物结构环境中接受质子(H^+)的能力存在差异，因此碱性的强弱受有机物分子的结构影响。一般情况下，有机物结构从空间效应和电子效应两方面影响氨基接受质子的能力。例如，甲胺（CH_3NH_2）、二甲胺（CH_3NHCH_3）、三甲胺[$(CH_3)_3N$]在水中的碱性大小顺序是：二甲胺＞甲胺＞三甲胺。从电子效应考虑，三个甲基的供电子性最大，提升氨基接受质子的能力最强；而从立体效应考虑，三个甲基的空间位阻最大，阻碍氨基接受质子的力量也最强。由于在水中立体效应比电子效应的作用更显著，所以三甲胺的碱性比甲胺还要弱。

2. 酰化反应

含氢的氨基（氨基、亚氨基）可以与酰卤、酸酐、苯磺酰氯等试剂发生反应，氨基上的氢原子被酰基[（Ar）RCO—]、苯磺酰基（$ArSO_2$—）取代，该反应称为酰化反应：

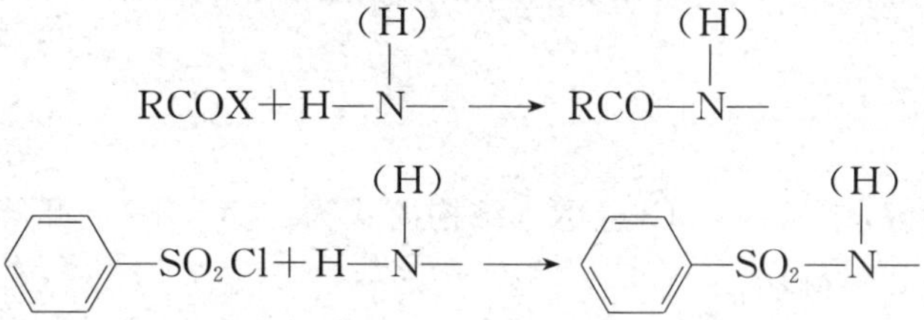

$$RCOX + H\text{—}\underset{}{\overset{(H)}{\overset{|}{N}}}\text{—} \longrightarrow RCO\text{—}\overset{(H)}{\overset{|}{N}}\text{—}$$

$$C_6H_5\text{—}SO_2Cl + H\text{—}\overset{(H)}{\overset{|}{N}}\text{—} \longrightarrow C_6H_5\text{—}SO_2\text{—}\overset{(H)}{\overset{|}{N}}\text{—}$$

该反应可用于有机物的鉴别、鉴定和合成。

此外，氨基还可与亚硝酸发生复杂的反应，在有机物的定性和定量分析及药物的鉴别中具有重要的意义。

七、酰胺基

酰胺基又称酰胺键，结构：$\text{—}\overset{O}{\overset{\|}{C}}\text{—}\overset{|}{N}\text{—}$（结构简式为 $\text{—CON}\langle$）。酰胺基有三种形式：$\text{—}\overset{O}{\overset{\|}{C}}\text{—}\overset{H}{\overset{|}{N}}\text{—H}$（结构简式为—$CONH_2$，称为酰胺基）、$\text{—}\overset{O}{\overset{\|}{C}}\text{—}\overset{H}{\overset{|}{N}}\text{—R}$（结构简式为—CONHR，称为亚酰胺基）、$\text{—}\overset{O}{\overset{\|}{C}}\text{—}\overset{R}{\overset{|}{N}}\text{—R}$（结构简式为—$CONR_2$，称为次酰胺基）。

酰胺、多肽、蛋白质等有机物及部分药物分子中均含有酰胺基。例如：

CH_3CONH_2	$CH_3CONHCH_3$	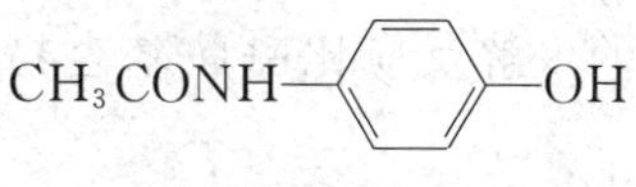 $CH_3CONH\text{—}C_6H_4\text{—}OH$
乙酰胺	N-甲基乙酰胺	对乙酰氨基酚

从形式上看，酰胺基是由羰基和氨基相连而成，但酰胺基的性质并不等同于羰基和氨基的性质的简单加合，羰基上的 π 键与氮原子上的孤对电子形成 p-π 共轭体系：

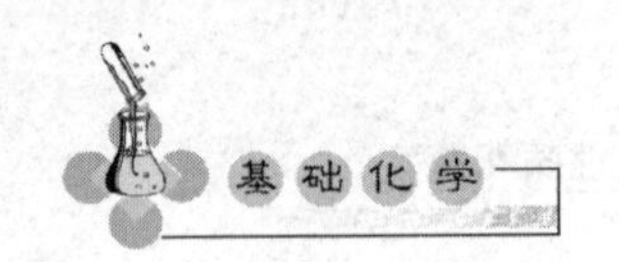

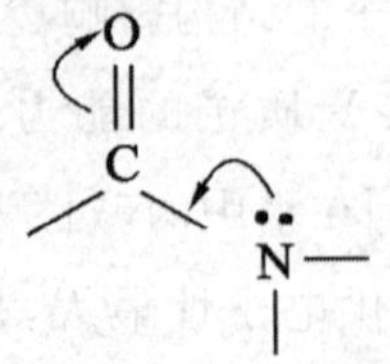

共轭效应使氮原子接受质子的能力减弱，酰胺基在水溶液中并不显碱性。酰胺基的主要化学性质是在一定条件下与水发生反应而分解（断开酰胺基），即进行水解反应：

$$RCO—NH_2 + H_2O \longrightarrow RCOOH + NH_3$$

酰胺基的水解比较困难，需在强酸或强碱催化下加热回流才能进行。

八、酯基

酯基又称酯键，结构：$—\overset{\overset{\displaystyle O}{\|}}{C}—OR$（结构简式为—COOR）。酯等有机物和部分药物分子中含有酯基。例如：

$CH_3COOCH_2CH_3$　　乙酸乙酯

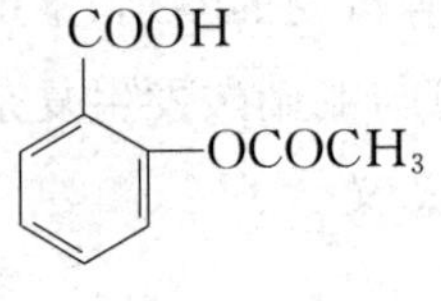

COOH / OCOCH₃（苯环）　　乙酰水杨酸

与酰胺基相似，酯基中存在由羰基上的 π 键与氧原子上的孤对电子形成的 p-π 共轭体系：

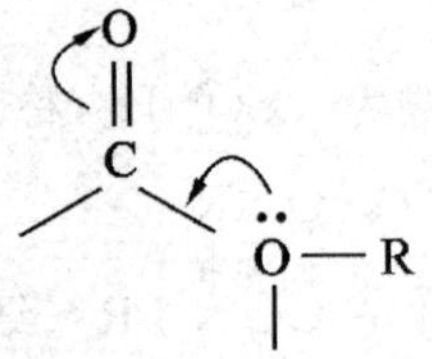

进行水解反应也是酯基的主要化学性质：

$$CH_3CO-OCH_2CH_3 + H_2O \longrightarrow CH_3COOH + CH_3CH_2OH$$

酯基的水解反应比酰胺基容易进行，但也需要在酸或碱催化下加热才能顺利完成。

由于酯基、酰胺基都能被水解，含有酯基、酰胺基的有机药物受空气湿度、酸碱度、酶和重金属离子等因素影响，容易发生水解，在保存和使用中应注意防止水解。例如，氨苄西林钠的结构中含有 β-内酰胺环，侧链连有酰胺基（图 6-6），极易水解而失

效，遇热和潮湿时水解加快。所以氨苄西林钠制剂时不能做成水针剂，只能做成粉针剂，并应严封、干燥、阴凉处贮放，以保证药效；临用时用灭菌注射用水溶解后供药用，室温下 3 h 内用完，冰箱存放 24 h 内用完。

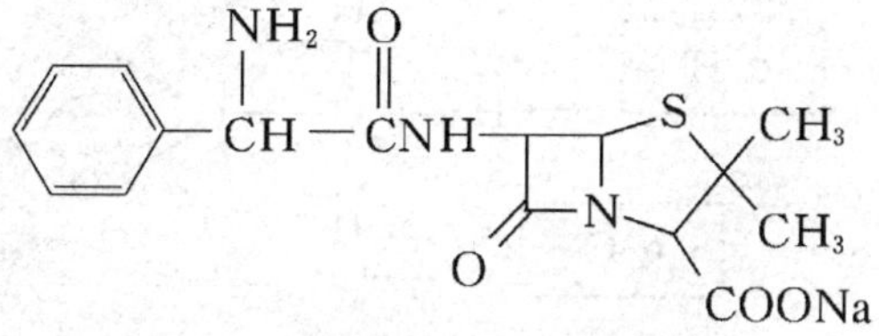

图 6-6　氨苄西林钠结构示意图

第二节　官能团的鉴定

一、官能团与有机化合物的性质

官能团能决定有机化合物的主要化学性质，我们经常通过判断有机化合物所含官能团推测其主要化学性质。但准确地说，有机化合物的性质取决于有机化合物的结构，官能团只是有机化合物结构的一部分，其他部分（原子或原子团）可能与官能团相互作用而影响官能团的性质或产生新的性质。所以在判断有机化合物尤其是结构比较复杂的有机化合物的化学性质时，不能只考虑官能团。下面通过一些例子诠释官能团与有机化合物的性质。

【例 6-1】 链状非甲基酮与氢氰酸（HCN）难于进行加成反应。

酮基能与氢氰酸进行加成反应。实验证明，并非所有含有酮基的有机物都能与氢氰酸加成，酮基上不连甲基的链状有机物（称为链状非甲基酮，如 3-戊酮 $CH_3CH_2COCH_2CH_3$）就很难与氢氰酸进行加成反应。

在 3-戊酮的结构中，酮基两边各连有乙基，乙基的体积比甲基大，从立体效应来看，乙基所产生的空间位阻大于甲基，过大的空间位阻阻碍了氰基（—CN）接近酮基，致使酮基无法与氢氰酸发生加成反应。

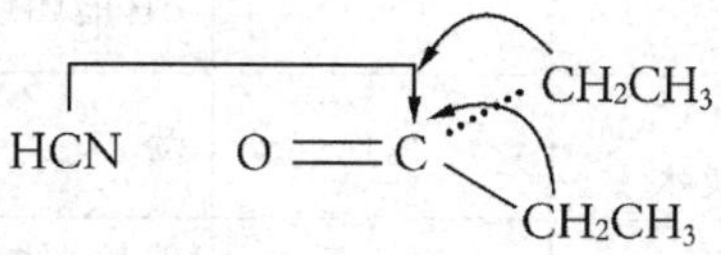

【例 6-2】 醛、酮能发生 α-H 取代反应。

与官能团直接相连的碳原子称为 α-碳原子（α-C），α-碳原子上的氢原子称为 α-氢原子（α-H）。

在含羰基的化合物中，α-C 上的 C—H σ 键与羰基上的 π 键形成 σ-π 共轭体系，由于氧原子的电负性比较强，共轭体系中的电子云向氧原子转移，使 C—H 键极性增强，α-H 变为质子的倾向增加，显得活泼，容易被其他的原子或原子团取代。

α-H → H—C(H)(H)—C=O

α-C

【例 6-3】 醇酸的酸性要比母体羧酸的酸性强。

羟基是吸电子基团。羟基取代在羧酸的烃基上时，由于羟基产生的吸电子诱导效应提升了羧基的电离能力，因此醇酸的酸性要比母体羧酸的酸性强。例如，乳酸的酸性要比丙酸的酸性强。

$$CH_3—\underset{\downarrow \atop OH}{CH}\leftarrow\overset{O \atop \|}{C}\leftarrow OH$$

二、官能团的鉴定

官能团决定了有机化合物的主要性质，包括化学性质和一些物理性质，利用这些性质往往可以对有机化合物的官能团进行鉴定。鉴定官能团有物理方法和化学方法，本书只介绍化学方法。

使用化学方法有时可以迅速达到鉴定官能团的目的。例如，分子中的碳碳双键可以和溴水反应，迅速使溴水褪色，如不褪色，则分子中不含有碳碳双键。又如，分子中的醛基和酮基可以和 2,4-二硝基苯肼反应，迅速生成黄色沉淀，如无黄色沉淀生成，则分子中不含有醛基和酮基。现将常见官能团的鉴定反应总结于表 6-1，通过查阅此表，可以很快地找出官能团的鉴定方法。

表 6-1 常见官能团的鉴定反应

官能团		化学试剂	反应现象	能产生相同现象的官能团或有机物	注明
名称	结构				
不饱和键	>C=C< —C≡C—	Br_2/CCl_4 或溴水	褪色	酚	
		$KMnO_4$ 酸性溶液	褪色	伯醇、仲醇、甲醇、酚、甲酸、草酸、醛、含 α-H 的烷基苯	

续表

官能团		化学试剂	反应现象	能产生相同现象的官能团或有机物	注明
名称	结构				
醇羟基	—OH	Na	无色气体(H_2)	—COOH、酚	
		卢卡斯试剂	浑浊		伯醇、仲醇、叔醇出现浑浊时间不同
酚羟基	—OH	$FeCl_3$溶液	显色	具有烯醇式结构的有机物	
醛基	—CHO	2,4-二硝基苯肼	黄色沉淀	酮	
		斐林试剂	砖红色沉淀(Cu_2O)	甲酸	① 甲醛的反应现象是铜镜 ② 芳香族醛无此反应 ③ 水浴加热
		托伦试剂	银镜	甲酸	水浴加热
		希夫试剂	溶液显紫红色		
酮基	—CO—	2,4-二硝基苯肼	黄色沉淀	醛(—CHO)	
		次碘酸钠溶液或碘(I_2)的碱溶液	黄色沉淀(碘仿)	乙醛、乙醇以及具有 $CH_3CH(OH)—$ 结构的醇	酮中，只有甲基酮才有此反应
羧基	—COOH	碳酸氢钠固体(或溶液)	无色气体(二氧化碳)		

思考与练习

1. 推测下列有机化合物具有的化学性质，并用反应式表示该化学性质(只要求写出一种反应式)：

(1) 丙烯　(2) 丁酸　(3) 苯酚　(4) 乙醇　(5) 丙酮　(6) 甲胺

(7) 乙炔　(8) 乙酸乙酯　(9) 乙酰胺　(10) $CH_2{=}CHCOOH$

(11) CH_2NH_2COOH　(12) $CH_2{=}CHCH_2OH$

2. 解释下列事实：

(1) α-氯丙酸($CH_3CHClCOOH$)的酸性比β-氯丙酸(CH_2ClCH_2COOH)强。

(2) 丙醛(CH_3CH_2CHO)和丙酮(CH_3COCH_3)均能与2,4-二硝基苯肼反应产生黄色沉淀，但丙醛可与托伦试剂发生银镜反应，丙酮不能。

(3) 在一定条件下，乙酸乙酯、乙酰胺能发生水解反应，乙醇、乙酸、乙胺则不能。

(4) 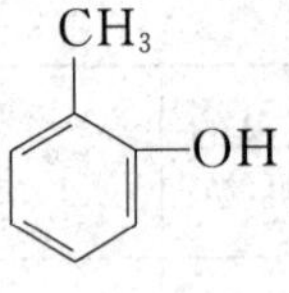 CH_3 OH (邻甲基苯酚)能够与三氯化铁发生显色反应，CH_2OH (苯甲醇)则不能。

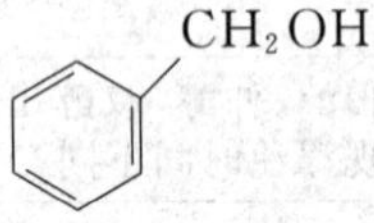

(5) 甘氨酸(CH_2NH_2COOH)可与盐酸和氢氧化钠反应生成盐。

(6) 丙烯酸($CH_2=CHCOOH$)能使溴的四氯化碳溶液褪色，而丙酸(CH_3CH_2COOH)却不能。

(7) 水杨酸($COOH$ OH)和乙酰水杨酸($COOH$ $OCOCH_3$)均可与氢氧化钠反应生成盐，但水杨酸可与三氯化铁发生显色反应，乙酰水杨酸却不能；乙酰水杨酸容易水解，水杨酸则不容易水解。

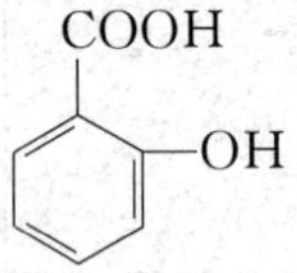

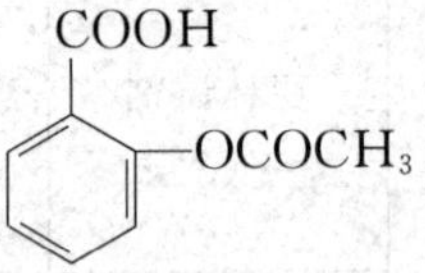

3. 用化学方法确定组成为 $C_2H_4O_2$ 的有机化合物是 CH_2OHCHO 还是CH_3COOH。

4. 用化学方法确定组成为 C_3H_6O 的有机化合物是 CH_3CH_2CHO 还是CH_3COCH_3。

5. 用化学方法确定组成为 C_7H_8O 的芳香族化合物是醇类化合物还是酚类化合物。

6. 组成为 C_7H_8O 的芳香族化合物能与三氯化铁发生显色反应，请推断该芳香族化合物的结构。

第七章

常见无官能团和单官能团有机化合物

物质的性质(尤其是化学性质)决定了物质的使用方法和用途,是其保存、鉴定、鉴别和含量测定的依据。对药物进行性质分析、鉴定、鉴别以及从中草药中分离化学成分是药品经营和生产工作者经常要做的工作。绝大多数药物是有机物,因此,在基础化学的学习中,掌握有机物的性质并应用于药物的性质分析、鉴定、鉴别和分离,对药学、药物制剂、中药专业的学生来说就显得非常重要。有机物的性质分两章介绍,本章介绍常见无官能团和单官能团有机化合物的性质,第八章介绍常见多官能团化合物和杂环化合物的性质以及应用有机物性质鉴别、分离和提纯有机物的方法。

第一节　常见无官能团有机化合物

一、烷烃和环烷烃

(一)烷烃和环烷烃的定义

分子中碳原子之间都以单键(C—C)相连,碳原子的其余价键完全被氢原子所饱和的链烃称为饱和烃,又称烷烃;如果是环烃,则称为环烷烃。

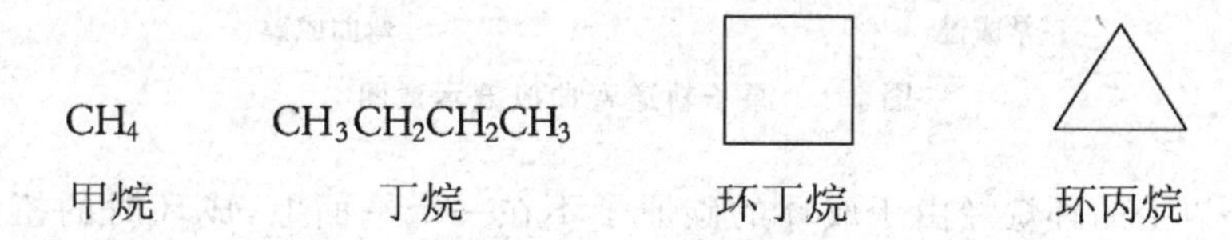

烷烃和环烷烃都是不含官能团的有机化合物。

(二)烷烃和环烷烃的性质

1. 物理性质

由于分子中的化学键为非极性或弱极性键,烷烃和环烷烃分子均属于非极性分子,难溶于水,易溶于有机溶剂。

2. 化学性质

烷烃分子的化学键均为 σ 键,σ 键的稳定性和键的非极性或弱极性,使得烷烃的

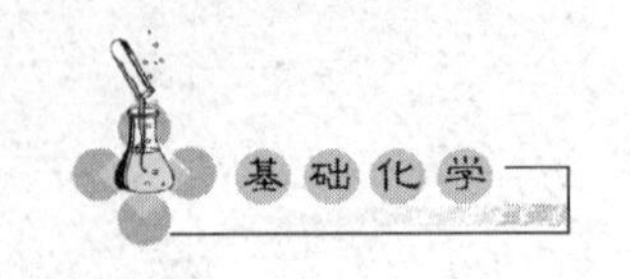

化学性质很不活泼，在常温下与一般的化学试剂，如强酸、强碱、强氧化剂、强还原剂都不反应或反应速率很慢。但是烷烃的化学稳定性是相对的、有条件的，在适当的条件（高温、催化剂）下，分子中的 σ 键也可以断裂而发生化学反应。例如，烷烃在空气中点燃能发生氧化反应：

$$CH_4 + O_2 \xrightarrow{点燃} CO_2 + H_2O$$

这正是主要成分为烷烃的天然气、液化石油气、汽油、柴油等作为燃料的依据。

环烷烃的主要化学性质与烷烃相似，但由于成环的扭曲作用（图 7-1），三元环和四元环不稳定，容易发生开环反应形成链状化合物。例如，环丙烷常温下可与溴发生开环反应：

$$\triangle + Br_2 \longrightarrow CH_2BrCH_2CH_2Br$$

三个或四个碳原子所组成的环状化合物，由于 sp^3 杂化的环碳原子成键时不是正常地沿着对称轴的方向形成成键轨道最大重叠的 σ 键，而是成键轨道发生扭偏以弯曲成键（图 7-1），原子轨道扭偏的结果使环存在角张力，轨道扭偏越大，角张力也越大，环越不稳定。三元环的内角为 60°，原子轨道扭偏最大，角张力也最大，因此三元环最不稳定。各种环的稳定性由大到小的顺序是：六元环＞五元环＞四元环＞三元环。

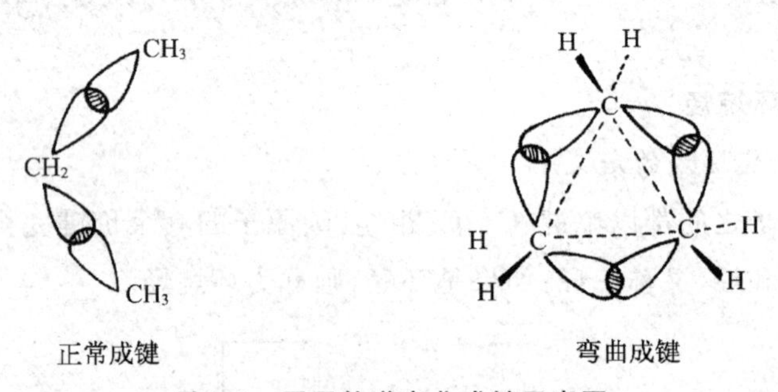

图 7-1　原子轨道弯曲成键示意图

五元环以上的环烷烃由于成环的碳原子不在一个平面上，成环时的扭曲作用很小，十分稳定，很难进行开环反应。

在医药临床上，液状石蜡、凡士林、石蜡等烷烃有着重要的用途。

(1) 液状石蜡是含 18～24 个碳原子的烷烃混合物，为无色透明的液体，不溶于水；医药上用于配制喷雾剂和滴鼻剂（作为溶剂或基质），也可作轻泻剂。

(2) 凡士林是含 18～34 个碳原子的烷烃混合物，为半固体软膏状物，无味，近乎无臭，不溶于水，无毒，性质稳定，不易和软膏中的药物反应，所以用作软膏基质。

(3) 石蜡为各种固态烷烃的混合物，无色或白色，无臭，不溶于水，无毒，性质稳

定，不易变质，医药上用于蜡疗和调节软膏的硬度。

二、芳香烃

（一）苯的结构特点与芳香烃的定义

苯为无色液体，有特殊气味，不溶于水，能溶于有机溶剂，是最简单、最基本的芳香烃。苯的化学式为 C_6H_6，苯分子的结构可以表示为：

或简写为

在苯的结构中，存在一个闭合的 π-π 共轭体系（图 7-2），其中的 π 电子高度离域，π 电子云密度完全平均化，分子中没有单、双键之分，环很稳定，不易发生加成反应和氧化反应，相对容易进行取代反应，这种特殊的化学性质称为芳香性。

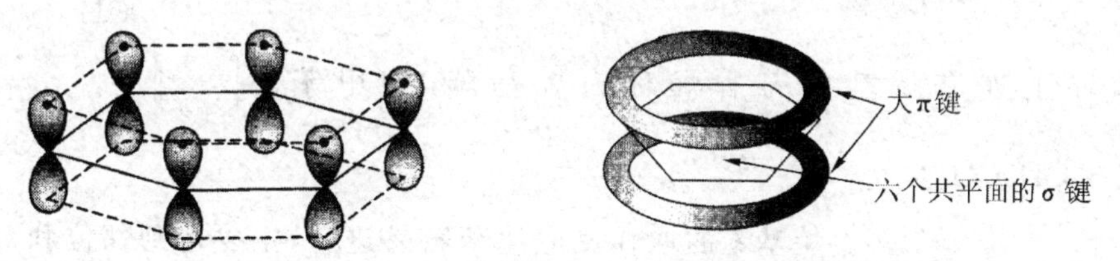

图 7-2　苯的闭合 π-π 共轭体系

芳香烃是具有芳香性的一类有机物，简称芳烃。含有苯环结构的芳烃称为苯系芳烃，常用 Ar—H 表示；不含有苯环结构的芳烃称为非苯系芳烃。大多数芳烃为苯系芳烃，如甲苯、萘、蒽、菲等。其中，单环芳烃在实验室、化工和制药工业中均有广泛的应用，苯常作为有机溶剂和合成氯苯、苯酚、苯胺等的原料。

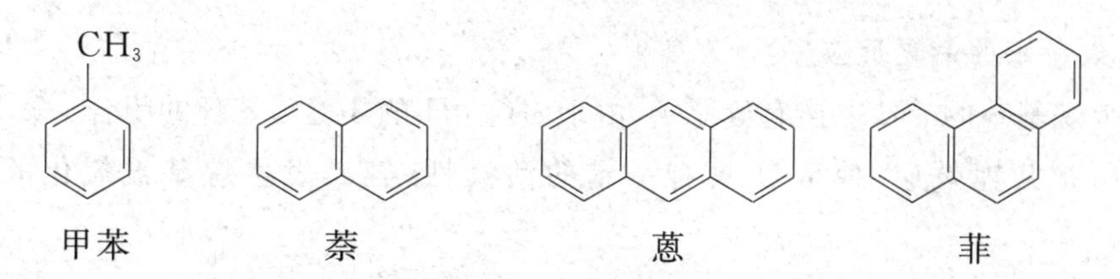

（二）单环芳香烃的化学性质

容易发生取代反应是芳香烃的典型化学性质；此外，受苯环闭合共轭体系的影响，芳香烃侧链还能发生一些特殊的反应。

1. 取代反应

在一定条件下,苯环上的氢可以被某些试剂中的原子(如—X)或原子团(如—NO_2、—SO_3H 等)取代。

芳香烃的取代反应主要有卤代反应、硝化反应、磺化反应等:

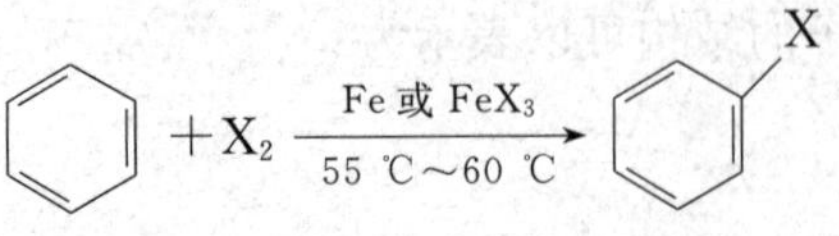

$$C_6H_6 + X_2 \xrightarrow[55\ ℃\sim60\ ℃]{Fe 或 FeX_3} C_6H_5X \quad 卤代反应$$

卤苯

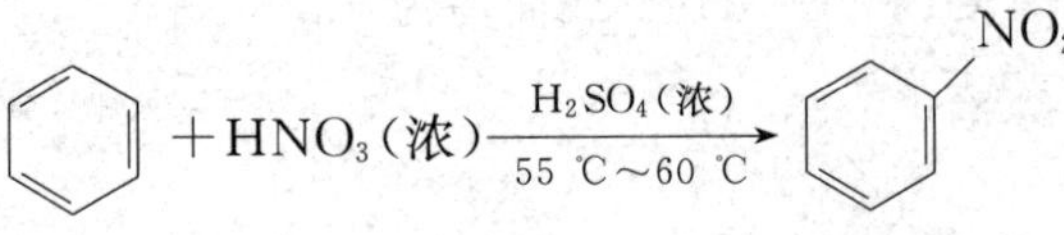

$$C_6H_6 + HNO_3(浓) \xrightarrow[55\ ℃\sim60\ ℃]{H_2SO_4(浓)} C_6H_5NO_2 \quad 硝化反应$$

硝基苯

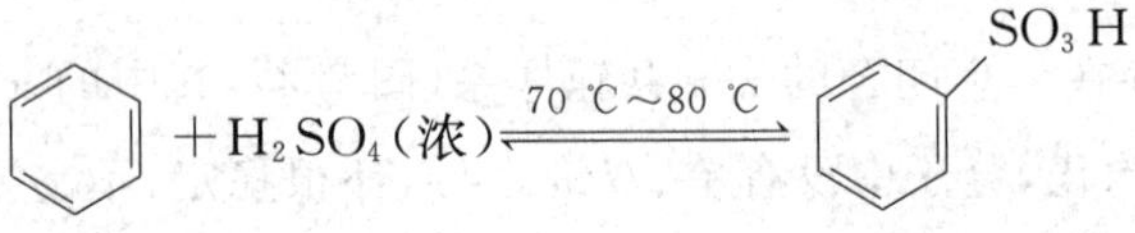

$$C_6H_6 + H_2SO_4(浓) \xrightleftharpoons{70\ ℃\sim80\ ℃} C_6H_5SO_3H \quad 磺化反应$$

苯磺酸

苯环上连有烷基的芳香烃称为烷基苯,如甲苯($C_6H_5CH_3$)、乙苯($C_6H_5CH_2CH_3$)等。烷基苯的取代反应比苯容易进行,主要得到邻位和对位的取代产物。例如:

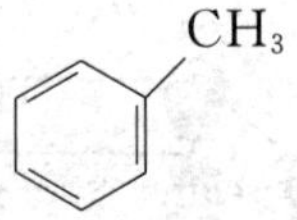

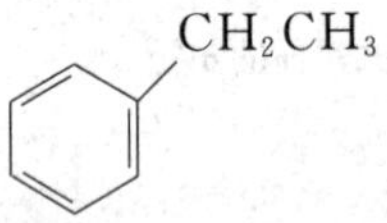

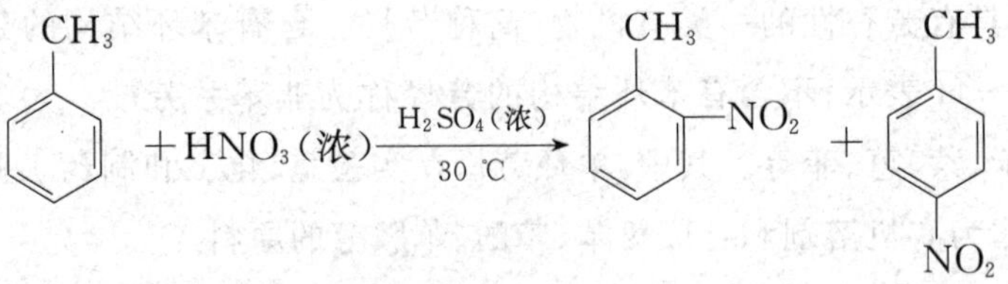

$$C_6H_5CH_3 + HNO_3(浓) \xrightarrow[30\ ℃]{H_2SO_4(浓)} 邻\text{-}CH_3C_6H_4NO_2 + 对\text{-}CH_3C_6H_4NO_2$$

2. 烷基苯的氧化反应

如果烷基苯的 α-C 上连有氢原子,由于 α-C—H 的 σ 键与苯环的闭合 π-π 共轭体系发生 σ-π 共轭效应,使 α-H 具有一定的活泼性,容易发生烷基被氧化的反应。例如:

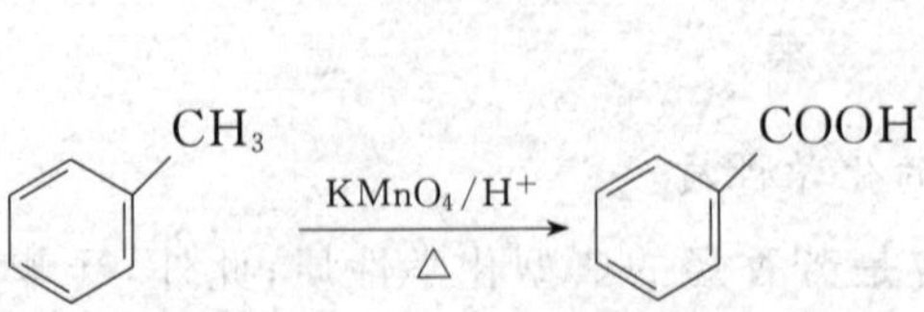

$$C_6H_5CH_3 \xrightarrow[\triangle]{KMnO_4/H^+} C_6H_5COOH$$

含有 α-H 的烷基苯能够发生氧化反应,不论烷基链的长短,都是直接与苯环连接的碳原子(α-C)被氧化为羧基。例如：

$$C_6H_5CH_2CH_3 \xrightarrow[\triangle]{KMnO_4/H^+} C_6H_5COOH$$

如果烷基苯的α-C上无氢原子，如$-C(CH_3)_3$(叔丁基)，则烷基不能被氧化为羧基。

第二节　常见单官能团有机化合物

一、烯烃

(一) 烯烃的定义

分子中含有碳碳双键的烃称为烯烃。其中，含有一个碳碳双键的烃称为单烯烃，如$CH_2=CH_2$、$CH_3CH=CHCH_3$；含有两个碳碳双键的烯烃称为二烯烃，如$CH_2=CHCH=CH_2$。碳碳双键是烯烃的官能团。

(二) 烯烃的性质

烯烃难溶于水，易溶于有机溶剂。烯烃的官能团——碳碳双键决定了烯烃主要发生加成反应和氧化反应。例如：

$$CH_3CH=CHCH_3+Br_2 \longrightarrow CH_3CHBrCHBrCH_3$$

$$CH_3CH=CHCH_3 \xrightarrow[\text{酸性}]{KMnO_4} 2CH_3COOH$$

构成双键的两个碳原子上连有的原子或基团不完全相同的烯烃称为不对称烯烃，如$CH_3CH=CH_2$、$CH_3CH=C(CH_3)_2$。不对称烯烃与卤化氢加成时，卤化氢的氢主要加到含氢较多的双键碳原子上，卤原子则加到另一个碳原子上。这是俄国化学家马尔可夫尼可夫根据大量实验事实总结出来的经验规律，称为马尔可夫尼可夫规则，简称马氏规则。例如：

$$CH_3CH=CH_2+HBr \longrightarrow CH_3CHBr-CH_2H$$

(即 $CH_3CH(Br)-CH_2(H)$，Br 连在中间碳原子上，H 连在末端碳原子上)

$$CH_3CH=C(CH_3)_2+HBr \longrightarrow CH_3CH(H)-C(Br)(CH_3)_2$$

另外，碳碳双键会影响烯烃分子结构中与之相近的其他原子，如氢原子，使氢原子具有特殊的活泼性，在一定条件下可以被其他基团所取代。例如：

$$CH_3CH=CH_2+Cl_2 \xrightarrow{\text{高温}} CH_2(Cl)CH=CH_2$$

（三）共轭二烯烃

共轭二烯烃是指两个碳碳双键之间通过一个单键隔开，即含有 $\gt C=C-C=C\lt$（中间两个碳原子各带一个单键）结构的二烯烃，如 1,3-丁二烯（$CH_2=CH-CH=CH_2$）。在此种结构中，两个 π 键靠得很近，致使两者的 π 电子云有一定程度的重叠而形成 π-π 共轭体系。1,3-丁二烯的共轭体系如图 7-3 所示。π-π 共轭效应使 π 电子离域，电子云和键长趋于平均化，体系能量降低而稳定性增加。

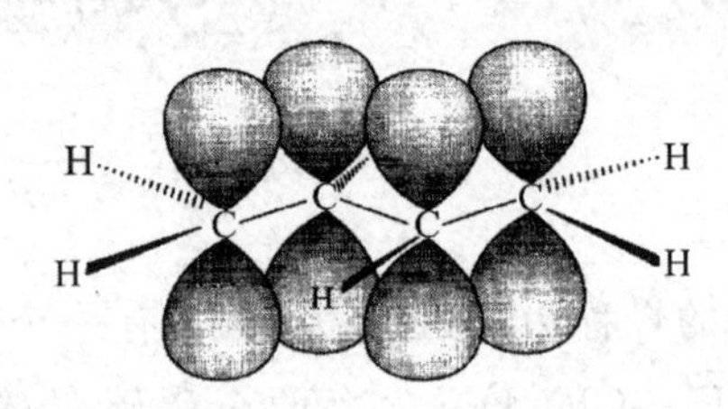

图 7-3　共轭二烯烃的 π-π 共轭示意图

共轭效应是一类重要的电子效应，对有机化合物的化学性质有重要影响。例如，1,3-丁二烯分子中 π-π 共轭效应的存在，使得 1,3-丁二烯不仅能发生 1,2-加成反应，还能发生 1,4-加成反应。例如：

$$CH_2=CH-CH=CH_2 + Br_2 \xrightarrow{1,2-加成} \underset{Br}{CH_2}-\underset{Br}{CH}-CH=CH_2$$

$$CH_2=CH-CH=CH_2 + Br_2 \xrightarrow{1,4-加成} \underset{Br}{CH_2}-CH=CH-\underset{Br}{CH_2}$$

二、炔烃

（一）炔烃的定义

分子中具有碳碳叁键的烃称为炔烃，如 $CH\equiv CH$、$CH_3C\equiv CH$。碳碳叁键是炔烃的官能团。

（二）炔烃的性质

炔烃难溶于水，易溶于有机溶剂。碳碳叁键的存在使炔烃主要发生与烯烃相似的加成反应和氧化反应。例如：

$$CH\equiv CH \xrightarrow{+Br_2} CHBr=CHBr \xrightarrow{+Br_2} CHBr_2-CHBr_2$$

$$CH_3C\equiv CH \xrightarrow[酸性]{KMnO_4} CH_3COOH + CO_2$$

炔烃分子中，与碳碳叁键碳原子直接相连的氢叫作炔氢，含有炔氢的炔烃称为末端炔烃，如 $CH_3C\equiv CH$。炔氢受碳碳叁键的影响（$—C\equiv\overset{\delta^-}{C}—\overset{\delta^+}{H}$）而易于离解，可被金属取代生成金属炔化物，该反应称为炔氢反应。

与末端炔烃发生炔氢反应的试剂主要是硝酸银的氨溶液、氯化亚铜的氨溶液：

$$RC\equiv CH \xrightarrow{AgNO_3(NH_3\cdot H_2O)} RC\equiv CAg\downarrow(\text{白色})$$

$$RC\equiv CH \xrightarrow{Cu_2Cl_2(NH_3\cdot H_2O)} RC\equiv CCu\downarrow(\text{棕色})$$

非末端炔烃无上述反应。该反应迅速、灵敏，现象明显，应用于区分末端炔烃和非末端炔烃，或鉴定末端炔烃。干燥的炔银、炔亚铜受热和振动容易发生爆炸，反应后应及时用稀硝酸处理使其分解。

三、醇

脂肪烃、脂环烃中或芳香烃侧链上的氢被羟基取代的化合物称为醇。例如：

CH_3OH	CH_3CH_2OH	（环戊基—OH）	（苯基—CH_2OH）
甲醇	乙醇	环戊醇	苯甲醇

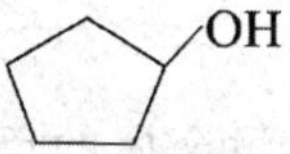

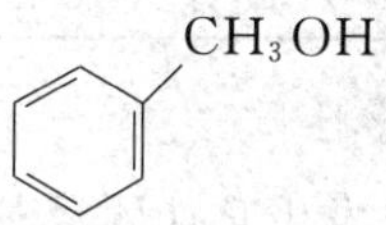

醇的通式为 R—OH，醇羟基是醇类有机物的官能团。

（一）醇的分类

（1）按分子中所含羟基的数目，醇分为一元醇、二元醇、多元醇。例如：

CH_3OH	$CH_2(OH)—CH_2(OH)$	$CH_2(OH)—CH(OH)—CH_2(OH)$
一元醇	二元醇	多元醇

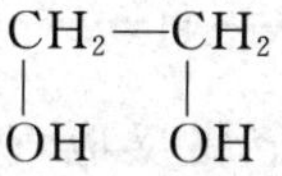

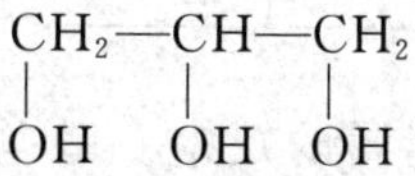

（2）按羟基所连碳原子（α-C）的类型，醇分为伯醇（α-C 是伯碳原子）、仲醇（α-C 是仲碳原子）、叔醇（α-C 是叔碳原子）。例如：

	$CH_3CH_2CH_2CH_2OH$	$CH_3CH_2CH(OH)CH_3$	$(CH_3)_3C—OH$
	伯醇	仲醇	叔醇
名称：	正丁醇	仲丁醇	叔丁醇

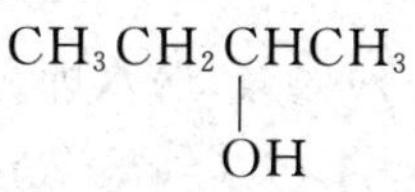

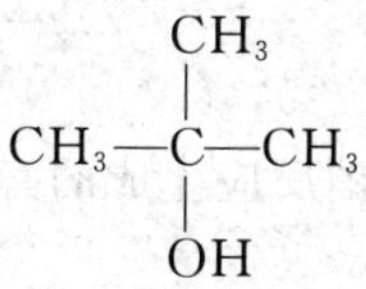

(二) 醇的性质

1. 物理性质

羟基可与水分子形成氢键,但随着醇分子中碳原子数的增加,烃基的体积逐渐增大,烃基对羟基与水分子形成氢键的阻碍增大,形成氢键的能力减弱。因此,低级醇能与水无限混溶,随着相对分子质量的增大,其在水中溶解度明显降低。一些常见醇的溶解度见表7-1。

表7-1　某些醇的溶解度

名　称	结　构	溶解度/(g/100 g 水)	名　称	结　构	溶解度/(g/100 g 水)
甲　醇	CH_3OH	∞	正戊醇	$CH_3(CH_2)_3CH_2OH$	2.3
乙　醇	CH_3CH_2OH	∞	正己醇	$CH_3(CH_2)_4CH_2OH$	0.6
丙　醇	$CH_3CH_2CH_2OH$	∞	正庚醇	$CH_3(CH_2)_5CH_2OH$	0.2
异丙醇	$CH_3CHOHCH_3$	∞	正辛醇	$CH_3(CH_2)_6CH_2OH$	0.05
正丁醇	$CH_3(CH_2)_2CH_2OH$	7.9	正壬醇	$CH_3(CH_2)_7CH_2OH$	—

2. 化学性质

醇主要发生官能团羟基与活泼金属的反应及羟基的取代反应。同时,受羟基吸电子诱导效应的影响,醇分子中的α-H和β-H有一定的活性,醇还能发生氧化反应和消除反应。另外,醇分子中的烃基通过电子效应和空间效应也对反应活性产生影响。

β-H　—C—C—H　α-H
　　　　H　O—H

(1) 与活泼金属的反应。醇与活泼金属反应,生成醇的金属化合物,并放出氢气。

$$R—OH + Na \longrightarrow RONa + H_2\uparrow$$

醇钠

$$CH_3OH + Na \longrightarrow CH_3ONa + H_2\uparrow$$

甲醇钠

醇与钠反应生成的醇钠是一种强碱,遇水即分解为氢氧化钠和醇。

$$RONa + H_2O \longrightarrow R—OH + NaOH$$

因为烷基的供电子诱导效应(R→O→H)减弱了羟基氢原子的离解能力,醇与钠的反应比水与钠的反应速率慢,并且烷基越大,空间位阻也越大,醇与钠的反应速率也越慢。

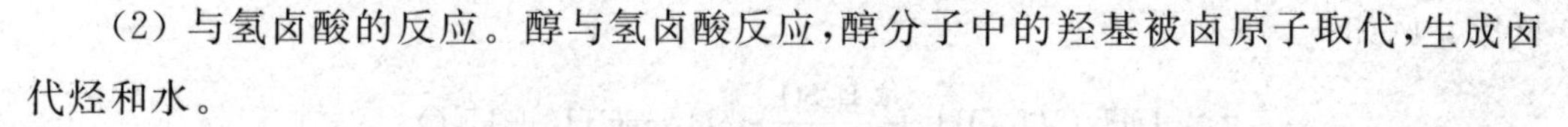

(2) 与氢卤酸的反应。醇与氢卤酸反应，醇分子中的羟基被卤原子取代，生成卤代烃和水。

$$ROH + HX \longrightarrow R—X + H_2O$$

相同条件下，不同类型醇的反应活性顺序为：叔醇＞仲醇＞伯醇。

含6个碳以下的低级醇溶于卢卡斯试剂(浓盐酸和无水氯化锌配成的溶液)，反应后生成的氯代烃不溶于该试剂而产生浑浊、分层现象。伯、仲、叔醇与卢卡斯试剂反应的速率不同，在不同时间产生浑浊现象，所以使用卢卡斯试剂可以进行含6个碳以下的伯、仲、叔醇的鉴别。

$$(CH_3)_3C—OH + HCl \xrightarrow[\text{常温}]{ZnCl_2} (CH_3)_3C—Cl + H_2O$$

1 min内浑浊、分层

$$\underset{\displaystyle\ \ |\atop\displaystyle OH}{CH_3CH_2CHCH_3} + HCl \xrightarrow[\text{常温}]{ZnCl_2} \underset{\displaystyle\ \ |\atop\displaystyle Cl}{CH_3CH_2CHCH_3} + H_2O$$

10 min后浑浊、分层

$$CH_3CH_2CH_2CH_2OH + HCl \xrightarrow[\text{常温}]{ZnCl_2} CH_3CH_2CH_2CH_2—Cl + H_2O$$

数小时后浑浊、分层

(3) 氧化反应。醇分子中的α-H受羟基吸电子诱导效应的影响而容易被氧化。常用的氧化剂有：$K_2Cr_2O_7/H_2SO_4$、$KMnO_4/H_2SO_4$。其中，伯醇被氧化为醛，醛进一步被氧化为酸；仲醇被氧化为酮；叔醇无α-H，不容易被氧化。例如：

$$CH_3CH_2OH \xrightarrow{\text{氧化}} CH_3CHO \xrightarrow{\text{氧化}} CH_3COOH$$

$$(CH_3)_2CHOH \xrightarrow{\text{氧化}} CH_3COCH_3$$

$K_2Cr_2O_7/H_2SO_4$氧化醇时，溶液由橙红色变成暗绿色，反应现象明显，实验室中常用于伯醇、仲醇与叔醇的鉴别。

(4) 消除反应。从有机物分子中相邻两个碳上消去一个简单分子(如H_2O、HX等)，形成不饱和键的反应称为消除反应。

$$—\underset{\displaystyle H}{\overset{|}{\underset{|}{C}}}—\underset{\displaystyle Br}{\overset{|}{\underset{|}{C}}}— \longrightarrow —\overset{|}{C}=\overset{|}{C}— + HBr$$

$$—\underset{\displaystyle H}{\overset{|}{\underset{|}{C}}}—\underset{\displaystyle OH}{\overset{|}{\underset{|}{C}}}— \longrightarrow —\overset{|}{C}=\overset{|}{C}— + H_2O$$

醇通过脱去羟基和β-C上的氢原子生成烯烃和水，这类消除反应又称为β-消除反应。例如：

$$CH_3CH_2OH \xrightarrow[160\ ℃]{浓\ H_2SO_4} CH_2{=}CH_2 + H_2O$$

不同类别的有机物进行消除反应，反应条件各不相同。同一类别、不同结构的有机物，在相同条件下消除反应的速率也不相同。伯、仲、叔醇消去水分子的相对活性顺序为：叔醇＞仲醇＞伯醇。

当醇分子中存在多种β-H时，官能团（羟基）总是优先与含氢较少的β-C上的氢一起消除，主要生成双键碳上连较多取代基的烯烃。这一经验规律称为查依采夫规则。例如：

$$\underset{\displaystyle\ \ \ \ \ \ \ \ \ \ \ \ \ \ \ \ \ \ \ OH}{CH_3CH_2\overset{}{C}HCH_3} \xrightarrow[100\ ℃]{66\%H_2SO} CH_3CH{=}CHCH_3 + H_2O$$

$$CH_3CH_2\overset{\displaystyle CH_3}{\underset{\displaystyle OH}{C}}CH_3 \xrightarrow[87\ ℃]{46\%H_2SO} CH_3CH{=}\overset{\displaystyle CH_3}{C}CH_3 + H_2O$$

（三）重要的醇

1．甲醇（CH_3OH）

甲醇最初从木材干馏分离出来，俗称木精。甲醇为无色透明液体，沸点 64.5 ℃，能与水和大多数有机溶剂混溶。甲醇有毒，误服少量可使眼睛失明，大量饮用可致死。甲醇是一种重要工业原料，可用于制造甲醛、一氯甲烷等，也是一种常用的有机溶剂。

2．乙醇（CH_3CH_2OH）

乙醇俗称酒精，是可燃的无色液体，能与水和大多数有机溶剂混溶。普通工业用酒精和药用酒精含乙醇 95.6%（V/V）。乙醇在医药上用作消毒剂，含量为 70%（V/V）的乙醇杀菌能力最强，用于皮肤和器械的消毒。

3．丙三醇（$CH_2OHCHOHCH_2OH$）

丙三醇俗称甘油，为无色的黏稠液体，能与水以任意比例混溶，不溶于乙醚和氯仿。无水甘油有吸湿性，能吸收空气中的水分，所以甘油在轻工业上和化妆品中常用作吸湿剂。50%的甘油用作轻泻剂。甘油在药剂学中用作溶剂、赋形剂和润滑剂。此外，甘油也是有机合成的重要原料。

4．苯甲醇

苯甲醇又称苄醇，为无色液体，具有芳香气味，难溶于水，溶于甲醇、乙醇等有机溶剂。苯甲醇具有微弱的麻醉和防腐作用，在制备某些针剂时加入少量苯甲醇可以

减轻疼痛。目前使用的青霉素稀释液就是2%的苯甲醇灭菌溶液。苯甲醇还可用于配制药膏或洗剂，作为局部止痒药。

四、酚

芳香烃分子中芳环上的氢被羟基(—OH)取代后生成的有机物称为酚。例如：

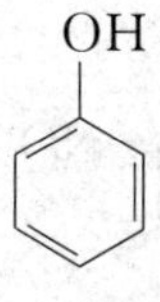

苯酚 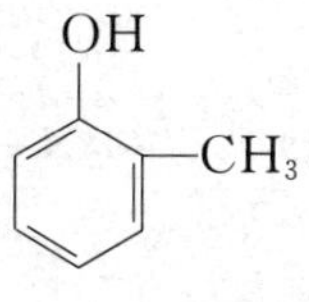　　邻甲酚 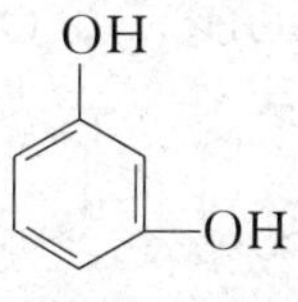　　间苯二酚 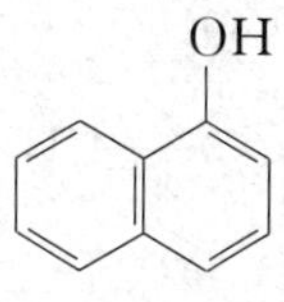　　α-萘酚

酚类有机物用通式 Ar—OH 表示，酚羟基是其官能团。

一些药物和中草药的有效成分中含有酚的结构。例如：

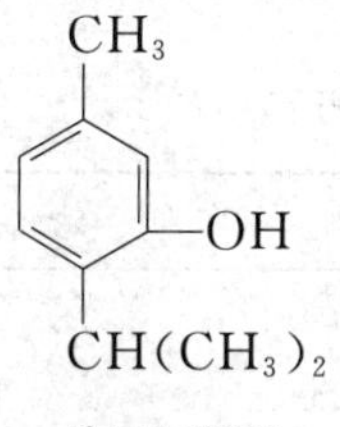

麝香草酚 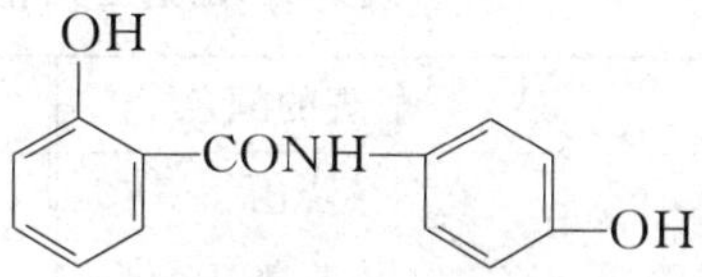　　柳胺酚(利胆花)

(一) 酚的性质

1. 物理性质

大多数酚为结晶固体，少数烷基酚为高沸点液体。酚微溶或不溶于水，能溶于乙醇、乙醚、苯等有机溶剂。

2. 化学性质

酚是一类既含有酚羟基又含有芳环的有机物，因此，酚类有机物同时具有酚羟基和芳环特有的化学性质。

(1) 弱酸性。酚羟基使酚具有弱酸性，其酸性比水强、比碳酸弱，所以酚可以在氢氧化钠溶液中生成溶于水的酚盐，再向酚盐水溶液中通入二氧化碳可以重新游离出酚。例如：

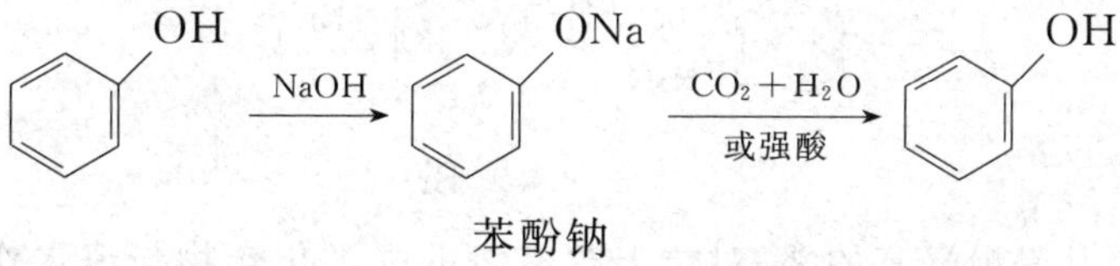

$$\text{C}_6\text{H}_5\text{OH} \xrightarrow{\text{NaOH}} \text{C}_6\text{H}_5\text{ONa} \xrightarrow[\text{或强酸}]{CO_2+H_2O} \text{C}_6\text{H}_5\text{OH}$$

苯酚钠

利用酚的弱酸性、酚和酚盐溶解性的差异，可以进行酚类化合物与非酚类化合物

的分离、提纯。

当芳环上连有取代基时，取代基将对酚的酸性产生影响。其中，吸电子基(如硝基、卤素等)使酚的酸性增强，吸电子基越多，酸性越强；供电子基(如烷基)使酚的酸性减弱。例如，下列含酚羟基化合物的酸性强弱顺序为：

$$\text{邻甲苯酚}(OH,\ CH_3) < \text{苯酚}(OH) < \text{邻硝基苯酚}(OH,\ NO_2) < \text{2,4,6-三硝基苯酚}(OH,\ O_2N,\ NO_2,\ NO_2)$$

其中，2，4，6-三硝基苯酚(俗称苦味酸)的酸性接近强酸。

(2) 显色反应。大多数酚都能与三氯化铁溶液发生显色反应，生成有色的配合物。表 7-2 列出了不同结构酚遇三氯化铁显现的颜色。

表 7-2　酚遇三氯化铁的显色情况

化合物	显现的颜色	化合物	显现的颜色
苯酚	紫色	间苯二酚	紫色
邻(间、对)甲酚	蓝色	对苯二酚	暗绿色结晶
邻苯二酚	绿色	α-萘酚	紫色沉淀

酚与三氯化铁的显色反应迅速、灵敏，现象明显，可作为酚的简单鉴别方法。但除含酚羟基的有机物外，具有烯醇结构($-\overset{|}{C}=\overset{|}{C}-OH$)或通过互变后能产生烯醇结构的化合物(如 $CH_3\overset{O}{\overset{\|}{C}}-CH_2-\overset{O}{\overset{\|}{C}}CH_3$)遇三氯化铁均能显色，在鉴别、鉴定时需要注意。

(3) 取代反应。酚能够发生芳环上的取代反应。由于酚羟基与芳环发生 p-π 共轭效应，使芳环上的氢原子更容易被取代。例如，苯酚与溴水作用，迅速生成 2，4，6-三溴苯酚白色沉淀。

$$C_6H_5OH \xrightarrow[H_2O]{Br_2} \text{2,4,6-三溴苯酚}(OH,\ Br,\ Br,\ Br)\downarrow$$

除苯酚外，凡是酚羟基的邻、对位上含有氢的酚类化合物与溴水作用，均能产生溴代物沉淀，反应非常灵敏，常用于该类酚的鉴别。

（4）氧化反应。酚类化合物很容易被氧化。例如，苯酚暴露在空气中久置后即被氧化为苯醌。

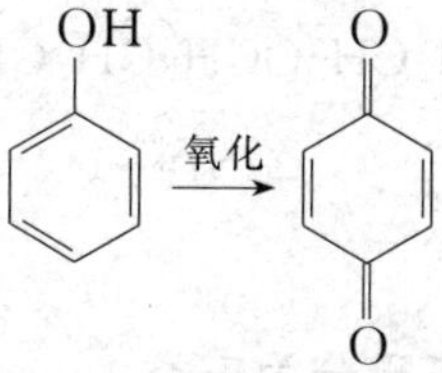

$$\text{苯酚（}C_6H_5OH\text{）}\xrightarrow{\text{氧化}}\text{对苯醌（}O{=}C_6H_4{=}O\text{）}$$

酚类化合物因为此特性常用作抗氧化剂，添加到化学试剂中，使空气中的氧首先与酚类作用，起到防止化学试剂因氧化而变质的作用。

（二）重要的酚

1. 苯酚

苯酚俗称石炭酸，存在于煤焦油中。苯酚是无色针状结晶，有特殊气味，遇光和空气即被氧化呈粉红色，宜避光密闭保存。苯酚在室温下仅微溶于水，在 68 ℃以上才可以与水混溶，易溶于乙醇、乙醚、苯等有机溶剂。苯酚能凝固蛋白质，具有杀菌能力，但有毒并对皮肤有腐蚀性，在医药上用作消毒剂，用于消毒外科器械而不用于人体消毒。苯酚是重要的化工原料，用于制药、塑料和染料工业。

2. 甲苯酚

甲苯酚简称甲酚，有邻甲酚、间甲酚、对甲酚三种异构体，俗称煤酚。甲苯酚有苯酚气味，难溶于水，具有比苯酚更强的消毒能力，也有毒性。消毒剂煤酚皂溶液（俗称来苏儿）就是含这三种甲酚异构体混合物（约 47%～53%）的肥皂溶液，临用时加水稀释可供消毒。

五、醚

醚可以看成是醇羟基或酚羟基上的氢被烃基取代的产物，用通式（Ar）R—O—R′（Ar′）表示。醚键（—O—）是醚的官能团。例如：

$CH_3—O—CH_3$　甲醚

$CH_3—O—CH_2CH_3$　甲乙醚

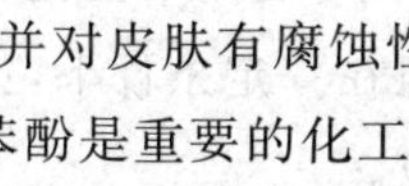

$C_6H_5—O—CH_3$　苯甲醚

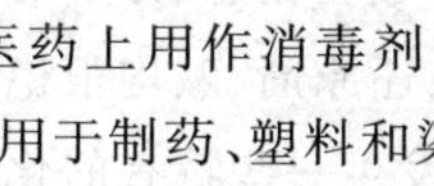

$C_6H_5—O—C_6H_5$　（二）苯醚

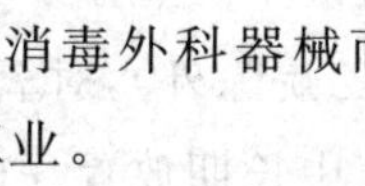

$H_2C—CH_2$（两碳经 O 成环）　环氧乙烷

（一）醚的命名、分类

1. 醚的命名

结构简单的醚采用普通命名法命名。方法为：将与醚键相连的烃基的名称按先芳烃基后脂烃基、先简单后复杂的顺序写在醚字前面，“基”可省略不写；如两个烃基

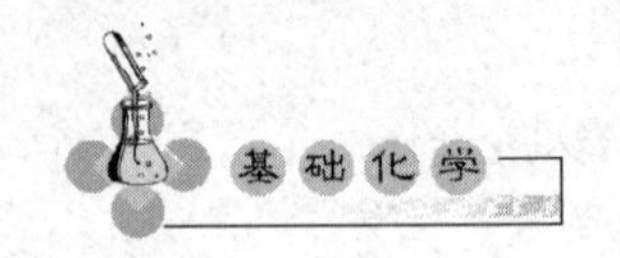

相同则合并为(二)烃基醚。例如：

$CH_2CH_3OCH_2CH_3$　　　$CH_2CH_3OCH_2CH_2CH_3$　　　$C_6H_5-OCH_2CH_3$

乙醚　　　乙丙醚　　　苯乙醚

2. 醚的分类

根据醚键所连烃基的结构，将醚分为三类：

(1) 简单醚：醚键两端连有两个相同烃基的醚，简称单醚，如甲醚、苯醚。

(2) 混合醚：醚键两端连有两个不同烃基的醚，简称混醚，如甲乙醚、苯甲醚。

(3) 环醚：醚键与烃基形成环状结构的醚，如环氧乙烷。

(二) 醚的性质

醚键中的氧原子能够与水分子中的氢原子形成氢键，因此，醚在水中有一定的溶解度。

由于醚键中的氧原子和两个烃基相连，分子的极性很小，醚是一类比较稳定的化合物(环氧乙烷除外)，对氧化剂、还原剂、碱均很稳定。但在一定条件下，如与强酸作用或在空气中长期放置，醚也能发生一些特有的化学反应。

1. 醚键的断裂

醚键中的氧原子有孤对电子，可以接受质子(H^+)，因此，醚与强酸作用时，以配位键的形式接受酸中的 H^+ 形成盐。盐的生成使醚分子中的醚(碳氧键)松弛，在较高的温度下发生断裂，生成卤代烃和醇(或酚)：

$$R-\ddot{O}-R(Ar)\xrightarrow{HX}[R-\overset{H}{\ddot{O}}-R(Ar)]^+X^-\longrightarrow R(Ar)OH+RX$$

盐

最容易使醚键断裂的试剂是氢卤酸，其活泼性顺序是：HI＞HBr＞HCl。氢碘酸在常温下就能使醚键断裂。例如：

$$C_6H_5-O-CH_3\xrightarrow{HI}C_6H_5-OH+CH_3I$$

2. 过氧化物的形成

醚对氧化剂一般比较稳定，但与空气长期接触或光照时，可被空气中的 O_2 缓慢氧化生成过氧化物。醚的过氧化物不稳定，受热极易发生爆炸，因此，醚类化合物应该保存在棕色瓶中并加入阻氧剂。在使用或蒸馏贮存过久的醚前，需要检查是否存在过氧化物，一般使用淀粉-碘化钾试纸检查，若试纸显蓝色，表明生成了过氧化物。醚中的过氧化物可以通过使用适当的还原剂(如硫酸亚铁的稀硫酸溶液)洗涤的方法

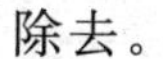

除去。

（三）重要的醚

1. 乙醚

乙醚是最重要、最常见的醚，常温下为无色液体，沸点 34.6 ℃，易挥发，很容易着火爆炸。因此，乙醚在制备和使用时要特别注意，必须远离火源，并把乙醚蒸气引入水沟或引出室外。

乙醚微溶于水，却能溶解多种有机化合物，它本身的化学性质又比较稳定，所以是一种常用的有机溶剂。乙醚有麻醉作用，是一种全身麻醉剂。

2. 环氧乙烷

环氧乙烷是无色气体，有毒，能与水混溶，也溶于乙醇、乙醚等有机溶剂。环氧乙烷的性质非常活泼，在酸或碱催化下与 H_2O、HCl、ROH、NH_3 等作用，发生开环反应。例如：

$$\underset{\diagdown\,O\,\diagup}{H_2C\text{——}CH_2} \xrightarrow{HCl} \underset{OH\quad Cl}{H_2C\text{—}CH_2}$$

六、醛

醛是醛基（—CHO）与一个烃基（或 H）相连的化合物。例如：

CH_3CHO	HCHO	（苯环）—CHO	（环戊基）—CHO
乙醛	甲醛	苯甲醛	环戊甲醛

醛类化合物用通式（Ar）R—CHO 表示，醛基是该类化合物的官能团。

（一）醛的分类

（1）根据与醛基相连的烃基的不同，醛分为脂肪醛（如乙醛、甲醛）、芳香醛（如苯甲醛）、脂环醛（如环戊甲醛）。

（2）根据分子中所含醛基的类目，醛分为一元醛（如乙醛）、二元醛（如丙二醛 $OHCCH_2CHO$）和多元醛。

（3）根据脂肪烃基的饱和程度，醛分为饱和醛（如乙醛）和不饱和醛（如丙烯醛 $CH_2{=\!=}CHCHO$）。

（二）醛的性质

醛易溶于各种有机溶剂。由于醛基中的 O 能够与水分子形成分子间氢键，含碳原子数较少的醛易溶于水；但随着相对分子质量的增加，烃基体积增大，空间位阻增强，醛与水分子形成氢键的能力随之下降，水溶性迅速降低，含 6 个碳以上的醛几乎不溶于水。醛的比重均小于1。

醛基使醛能够发生羰基的加成反应和醛基的氧化反应。此外，烃基受醛基吸电子诱导效应（$\overset{\text{H}}{\underset{|}{\text{—C}}}\rightarrow\overset{\text{O}}{\underset{\|}{\text{C}}}\text{—H}$）的影响，α-H表现出一定的化学活性，醛还能发生α-H反应。

1. 羰基的加成反应

(1) 与2,4-二硝基苯肼的加成-消除反应。醛能与2,4-二硝基苯肼迅速反应，生成黄色的2,4-二硝基苯腙结晶，具有固定的熔点。例如：

$$CH_3CHO \xrightarrow{2,4\text{-二硝基苯肼}} CH_3CH{=}NNH\text{—}C_6H_3(NO_2)_2 \downarrow$$

该反应可用于醛的鉴别、鉴定。同时，由于在稀酸作用下，2,4-二硝基苯腙能够水解生成原来的醛，该反应还用于醛的分离、提纯。

(2) 与亚硫酸氢钠加成。大多数醛可与亚硫酸氢钠（$NaHSO_3$）饱和溶液（40%）发生加成反应，生成α-羟基磺酸钠。α-羟基磺酸钠不溶于亚硫酸氢钠饱和溶液而析出白色结晶。

$$\text{R(H)C=O} + NaHSO_3 \rightleftharpoons \text{R(H)C(OH)}SO_3Na \downarrow$$

α-羟基磺酸钠

α-羟基磺酸钠能溶于水，在稀酸或稀碱中易分解成原来的醛：

$$\text{R(H)C(OH)}SO_3Na \xrightarrow{HCl} RCHO + NaCl + SO_2\uparrow + H_2O$$

$$\text{R(H)C(OH)}SO_3Na \xrightarrow{Na_2CO_3} RCHO + Na_2SO_3 + NaHCO_3$$

该反应可用于醛的鉴别、分离和提纯。

2. 醛基的氧化反应

醛容易被氧化生成同碳原子数的羧酸：

$$(Ar)R\text{—}CHO \xrightarrow{\text{氧化}} (Ar)R\text{—}COOH$$

(1) 被托伦试剂氧化。托伦试剂是由硝酸银溶液与氨水溶液制得的化学试剂，主要成分为$[Ag(NH_3)_2]^+$，能够将醛氧化为相应的羧酸，本身被还原为金属银。当反应器皿洁净时，金属银在器皿内壁形成银镜，该反应又称银镜反应。

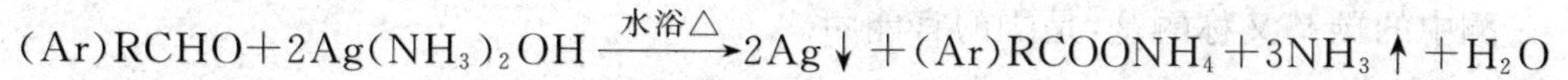

$$(Ar)RCHO+2Ag(NH_3)_2OH \xrightarrow{水浴\triangle} 2Ag\downarrow+(Ar)RCOONH_4+3NH_3\uparrow+H_2O$$

(2) 被斐林试剂氧化。斐林试剂由硫酸铜溶液、酒石酸钾钠溶液和氢氧化钠溶液混合而成，主要成分为酒石酸钾钠与 Cu^{2+} 形成的配离子。斐林试剂能够将脂肪醛氧化为酸，本身则被还原为氧化亚铜而析出砖红色沉淀。

$$RCHO+Cu^{2+}+NaOH+H_2O \xrightarrow{水浴\triangle} Cu_2O\downarrow+RCOONa+H^+$$

斐林试剂不能氧化芳香醛，可用于脂肪醛和芳香醛的鉴别。

3. 显色反应

往桃红色的品红水溶液中通入二氧化硫至颜色刚好褪去，所得的无色溶液称为品红醛试剂，又称希夫试剂。希夫试剂与醛作用时，混合液将显现紫红色。该显色反应灵敏、现象明显，可用于醛的鉴别和含量测定。

4. α-H 的卤代反应

醛分子中烃基上的 α-H 容易被卤原子取代而发生卤代反应。

$$-\overset{|}{\underset{H}{\underset{|}{C}}}-CHO \xrightarrow[NaOH]{Br_2} -\overset{|}{\underset{Br}{\underset{|}{C}}}-CHO$$

利用该反应可以制备各类卤代醛。

（三）重要的醛

1. 甲醛

甲醛俗称蚁醛，是具有强烈刺激性气味的无色气体，易溶于水。40%的甲醛水溶液叫作福尔马林，是一种消毒剂和防腐剂。

2. 乙醛

乙醛具有刺激性气味，能溶于水、乙醇和乙醚。通氯气于乙醛中生成三氯乙醛，三氯乙醛与水作用生成水合三氯乙醛。水合三氯乙醛可用作催眠药或作灌肠给药治疗小儿惊厥。

3. 苯甲醛

苯甲醛俗称苦杏仁油，无色液体，久存变微黄色，微溶于水，易溶于乙醇和乙醚。苯甲醛可用作香料和药物合成原料。

七、酮

酮是羰基与两个烃基相连的化合物。例如：

CH_3COCH_3　　$C_6H_5COCH_3$　　环戊酮（结构式）

丙酮　　苯乙酮　　环戊酮

酮中的羰基又称酮基，是酮的官能团。

（一）酮的分类

(1) 根据酮基所连烃基的不同，酮分为脂肪酮（如丙酮）、芳香酮（如苯乙酮）和环酮（如环戊酮）。在脂肪酮和芳香酮中，酮基上直接连接甲基的酮为甲基酮[用$(Ar)RCOCH_3$表示]，如丙酮、苯乙酮；酮基上不直接连接甲基的酮为非甲基酮，如$CH_3CH_2COCH_2CH_3$（3-戊酮）。

(2) 根据分子中所含酮基的数目，酮可分为一元酮（如丙酮、苯乙酮、环戊酮等）和多元酮（如$CH_3COCH_2COCH_3$，二元酮）。

（二）酮的性质

含碳原子数较少的酮因酮基能与水分子形成分子间氢键而易溶于水；随着相对分子质量的增加，烃基体积增大，空间位阻明显，酮基形成氢键的能力下降，水溶性迅速降低，含6个碳以上的酮几乎不溶于水。酮易溶于各种有机溶剂，比重小于1。

酮除了能发生羰基的加成反应外，与醛一样，酮基的吸电子诱导效应（$-\overset{\overset{H}{\downarrow}}{\underset{|}{C}}\rightarrow\overset{\overset{O}{\|}}{C}-$）使烃基上的α-H表现出一定的化学活性，酮也能发生α-H反应。

1. 羰基的加成反应

酮能发生与醛相似的羰基的加成反应。

(1) 与2,4-二硝基苯肼的加成-消除反应。酮能与2,4-二硝基苯肼迅速反应，生成黄色的2,4-二硝基苯腙结晶。例如：

$$CH_3COCH_3 \xrightarrow{2,4\text{-二硝基苯肼}} (CH_3)_2C{=}NNH\text{—}C_6H_3(NO_2)_2\ (2,4)\downarrow$$

该反应也可以用于酮的鉴别、分离和提纯。

(2) 与亚硫酸氢钠加成。大多数甲基酮都可以和亚硫酸氢钠（$NaHSO_3$）饱和溶液（40%）发生加成反应，生成不溶于亚硫酸氢钠饱和溶液的α-羟基磺酸钠。

$$\underset{H_3C}{\overset{R}{\ }}\!\!>C{=}O + NaHSO_3 \rightleftharpoons \underset{H_3C\quad SO_3Na}{\overset{R\quad OH}{C}}\downarrow(\text{白色})$$

生成的α-羟基磺酸钠能溶于水，在稀酸或稀碱中易分解成原来的甲基酮。利用这一化学性质，可以进行酮的鉴别、分离和提纯。

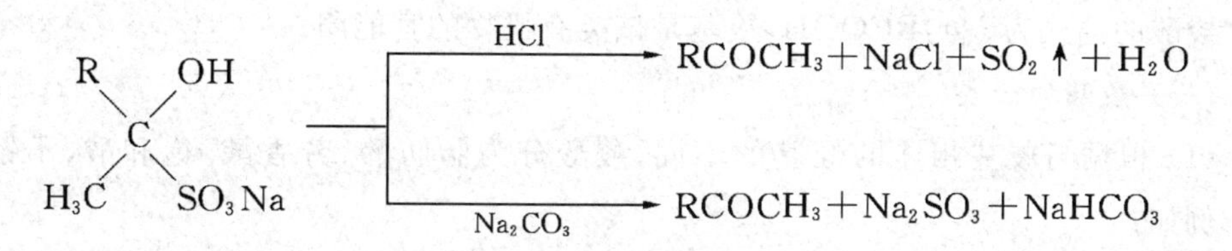

2. 卤代和卤仿反应

与醛一样，酮分子中烃基上的 α-H 容易被卤原子取代而发生卤代反应，如果控制卤素的用量，可以使取代停止在一元或二元阶段，因此，利用此反应可制备各种卤代酮。例如：

$$\mathrm{RCO{-}\overset{|}{\underset{|}{C}}{-}H \xrightarrow[NaOH]{Br_2} RCO{-}\overset{|}{\underset{|}{C}}{-}Br}$$

甲基酮在碱性条件下与卤素作用，甲基上的三个 α-H 全部被卤素取代，生成三卤代产物，该产物在碱性溶液中不稳定而分解，最终产物为羧酸盐和三卤甲烷（俗称卤仿），故称卤仿反应。卤仿反应的常用试剂是次卤酸或卤素单质的碱溶液。例如：

$$\mathrm{RCO{-}CH_3 \xrightarrow[NaOH]{I_2} RCO{-}CI_3 \xrightarrow{NaOH} RCOONa + CHI_3\downarrow}$$

如果使用 NaOI 或 I_2 + NaOH 作试剂，生成的碘仿是不溶于水的黄色晶体，具有特殊的气味。该反应专称碘仿反应，可用于鉴别、鉴定甲基酮。此外，乙醛和具有 $\mathrm{CH_3\overset{OH}{\overset{|}{C}}H{-}}$ 结构的醇也能发生碘仿反应：

$$\mathrm{CH_3{-}CHO + NaOI \longrightarrow HCOONa + CHI_3\downarrow}$$

$$\mathrm{(H)R\overset{OH}{\overset{|}{C}}H{-}CH_3 \xrightarrow[NaOH]{I_2} (H)R\overset{O}{\overset{\|}{C}}{-}CI_3 \xrightarrow{NaOH} (H)R\overset{O}{\overset{\|}{C}}{-}ONa + CHI_3\downarrow}$$

（三）重要的酮

丙酮：无色、具有特殊香味的液体，极易溶于水，能与几乎一切有机溶剂混溶，并能溶解油脂、蜡、树脂、塑料等，故广泛用作溶剂。

八、羧酸

羧酸是烃分子中的氢原子被羧基取代而形成的一类有机物。例如：

HCOOH	CH_3COOH	C_6H_5COOH	邻-$C_6H_4(COOH)_2$
甲酸	乙酸	苯甲酸	邻苯二甲酸

羧酸的通式为(Ar)RCOOH,羧基是该类有机物的官能团。

(一) 羧酸的分类

(1) 根据与羧基相连的烃基的不同,羧酸分为脂肪酸、芳香酸,饱和酸、不饱和酸。例如:

	饱和酸		不饱和酸
脂肪酸	HCOOH	CH_3COOH	CH_2═CHCOOH
芳香酸	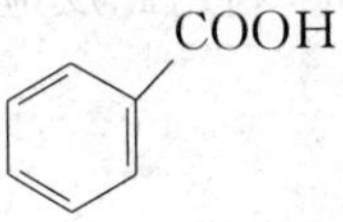 COOH	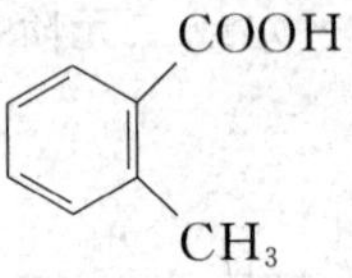 COOH CH_3	

(2) 根据羧酸分子所含羧基的数目,羧酸分为一元酸、二元酸和多元酸。例如:

一元酸	CH_3COOH	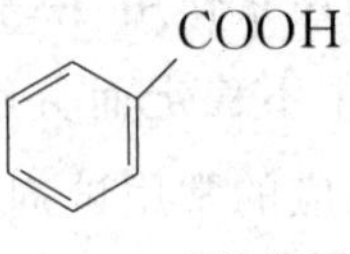 COOH
二元酸	HOOCCOOH	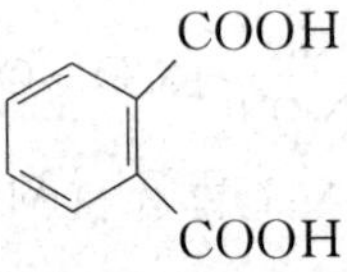 COOH COOH

(二) 羧酸的性质

在饱和一元羧酸中,低级羧酸(含 1～5 个碳原子)易溶于水,随着碳原子数增加,羧酸的溶解度降低,癸酸以上不溶于水。常见羧酸的常用物理常数见表 7-3。

表 7-3　常见羧酸的常用物理常数

名　称	结构式	沸点/℃	熔点/℃	溶解度/(g/100 g 水)
甲酸(蚁酸)	HCOOH	100.5	8.4	∞
乙酸(醋酸)	CH_3COOH	118	16.16	∞
丙酸	CH_3CH_2COOH	141	−22	∞
丁酸(酪酸)	$CH_3(CH_2)_2COOH$	162.5	−4.7	5.62
苯甲酸(安息香酸)	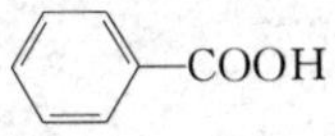 —COOH	249	121.1	2.7
苯乙酸	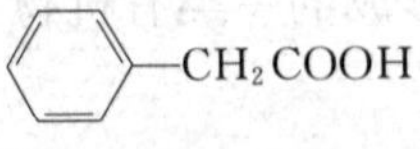 —CH_2COOH	265	78	1.66
乙二酸(草酸)	HOOCCOOH		189.5	8.6

官能团羧基使羧酸的主要化学性质为具有酸性,能发生羧基上羟基的取代反应。

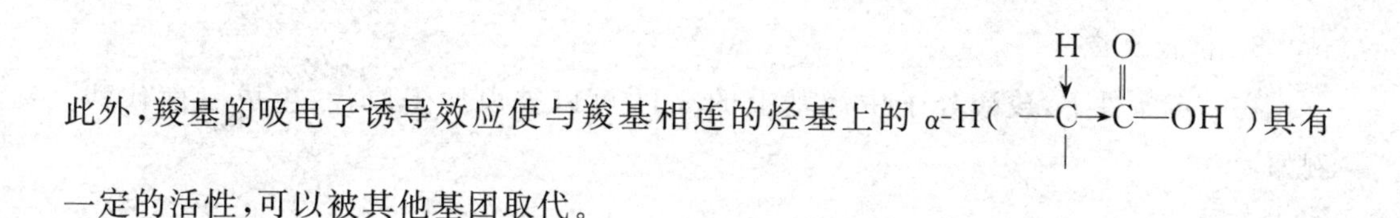

此外，羧基的吸电子诱导效应使与羧基相连的烃基上的 α-H（ —C→C—OH ）具有一定的活性，可以被其他基团取代。

1. 酸性

羧基使羧酸具有弱酸性，其酸性大小与连接羧基的烃基结构有关，一般羧酸的酸性比苯酚和碳酸强，但比强的无机酸弱。羧酸与强碱氢氧化钠的反应通式如下：

$$RCOOH + NaOH \longrightarrow \underset{\text{羧酸钠}}{RCOONa} + H_2O$$

例如：

$$CH_3COOH + NaOH \longrightarrow \underset{\text{醋酸钠}}{CH_3COONa} + H_2O$$

羧酸的钠盐和钾盐易溶于水，这是制药工业将难溶于水、含有羧基的药物转变成羧酸钾盐或钠盐以方便临床使用的依据，如青霉素 G 常制成易溶于水的钾盐或钠盐的针剂。

羧酸盐遇酸性比羧酸强的酸可游离出羧酸：

$$CH_3COONa + HCl \longrightarrow CH_3COOH + NaCl$$

利用上述性质，可进行羧酸的分离、提纯。例如：

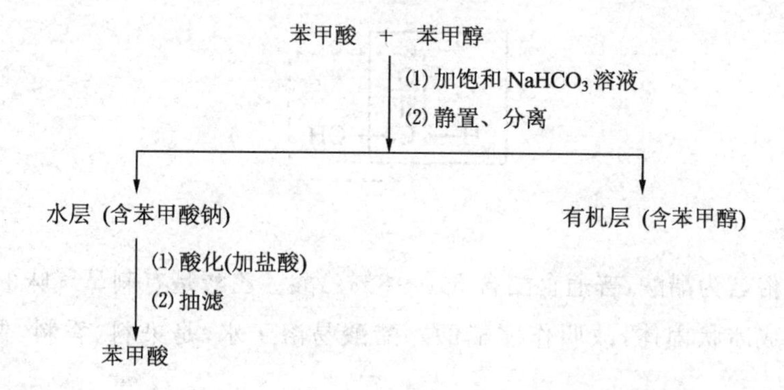

2. 酯化反应

羧酸与醇作用生成酯和水的反应称为酯化反应，一般是由醇中的烃氧基(—OR)取代羧基上的羟基而发生的反应：

$$RCOOH + ROH \longrightarrow \underset{\text{酯}}{RCOOR} + H_2O$$

酯化反应是可逆反应，且反应进行得很慢，常用强酸(如硫酸)作催化剂以加快反应速率。例如：

$$CH_3COOH + CH_3CH_2OH \underset{\triangle}{\overset{H_2SO_4}{\rightleftharpoons}} \underset{\text{乙酸乙酯}}{CH_3COOCH_2CH_3} + H_2O$$

3. 卤代反应

在一定条件下,羧酸分子中烃基上的 α-H 可以被卤原子取代,生成 α-卤代酸。例如:

$$RCH_2COOH + X_2 \xrightarrow{P} \underset{\alpha\text{-卤代酸}}{RCHXCOOH} + HX$$

α-卤代酸是制备 α-羟基酸、α-氨基酸的重要中间体:

$$RCHXCOOH \xrightarrow[(2)\ H^+]{(1)\ OH^-/H_2O} \underset{\alpha\text{-羟基酸}}{RCHOHCOOH}$$

$$RCHXCOOH \xrightarrow[(2)\ H^+]{(1)\ NH_3} \underset{\alpha\text{-氨基酸}}{RCHNH_2COOH}$$

(三) 重要的羧酸

1. 甲酸

甲酸的俗名为蚁酸,是无色、有刺激性气味的液体,易溶于水,有很强的腐蚀性。蜂蜇或荨麻刺伤皮肤引起的肿痛就是甲酸造成的。

甲酸的结构比较特殊,它的羧基与氢原子直接相连,分子中既有羧基结构,又有醛基结构。因此,甲酸既具有醛基的还原性,可被托伦试剂氧化而产生银镜,又具有羧基的酸性,可与碳酸氢钠反应产生二氧化碳气体。

$$\begin{array}{c} \quad O \\ \quad \| \\ H-C-OH \end{array}$$

2. 乙酸

乙酸的俗名为醋酸,普通食醋含 6%～8%乙酸。乙酸是有刺鼻气味的无色液体,在低温下结成冰状固体,故叫作冰醋酸。醋酸易溶于水,是染料、香料、制药工业的原料。

3. 苯甲酸

苯甲酸的俗名为安息香酸。苯甲酸是无色晶体,难溶于冷水,易溶于热水、乙醇、氯仿和乙醚。苯甲酸用于制药、染料和香料等工业。苯甲酸及其钠盐用作食品和药剂的防腐剂,一般用量为 0.1%,pH 较低时防腐效果较好。

4. 草酸

草酸的学名为乙二酸,常以盐的形式存在于许多植物的细胞壁中。草酸是无色晶体,易溶于水,不溶于乙醚等有机溶剂。草酸具有还原性,能与高锰酸钾作用,在分析化学中常用草酸钠来标定高锰酸钾溶液的浓度。由于草酸的钙盐溶解度很小,所

以草酸可用于钙离子的定性、定量测定。工业上常用草酸作漂白剂,用于漂白麦草、硬脂酸等。

九、胺

胺是含有氨基的一类有机物,可看作是氨分子中的氢原子被一个、两个或三个烃基取代所形成的化合物。氨基是胺类的官能团。例如:

NH_3　　CH_3NH_2　　$(CH_3)_2NH$　　$(CH_3)_3N$

氨　　　　　　胺

(一) 胺的分类和命名

1. 胺的分类

(1) 按连接在氨基上的烃基类型的不同,胺可分为脂肪胺和芳香胺。

(2) 按连接在氨基上的烃基数目的不同,胺可分为伯胺、仲胺和叔胺。例如:

	伯胺	仲胺	叔胺
脂肪胺	CH_3NH_2	$(CH_3)_2NH$	$(CH_3)_3N$
芳香胺	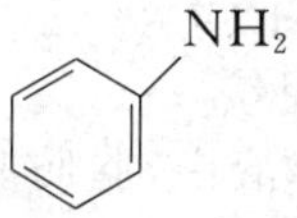 $C_6H_5NH_2$	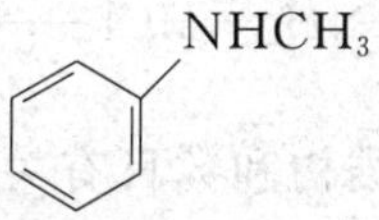 $C_6H_5NHCH_3$	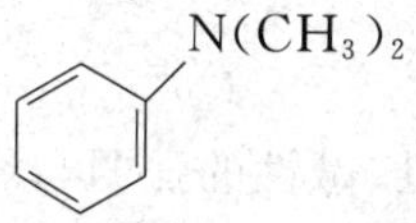 $C_6H_5N(CH_3)_2$

2. 胺的命名

结构简单的胺一般采用普通命名法命名,即根据氮原子上所连烃基的名称命名为:烃基数目和名称+胺。当氮原子上连有不同烃基时,按先简单后复杂的顺序命名。例如:

CH_3NH_2	$CH_3CH_2NH_2$	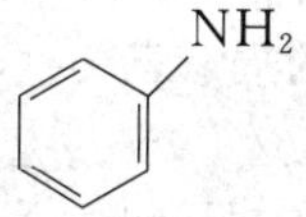 $C_6H_5NH_2$
甲胺	乙胺	苯胺
$(CH_3)_2NH$	$CH_3NHCH_2CH_3$	$(CH_3)_3N$
二甲胺	甲乙胺	三甲胺

当氮原子上同时连接脂烃基和芳烃基时,芳香胺为母体,脂烃基的位次用字母"N"表示,即表示其直接连在氮原子上。例如:

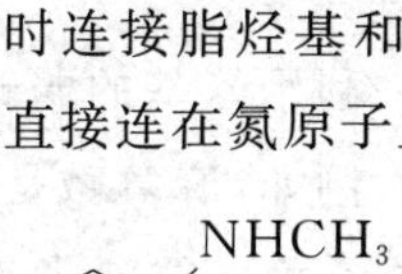

$C_6H_5NHCH_3$　　$C_6H_5N(CH_3)_2$

N-甲基苯胺 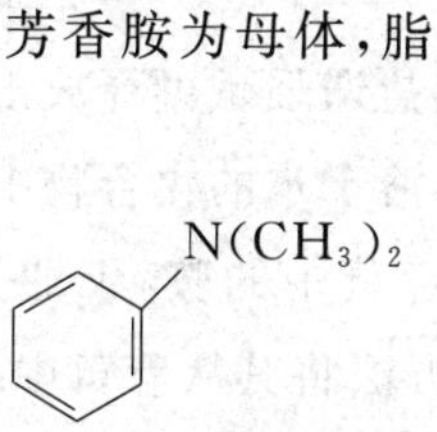　　N,N-二甲基苯胺

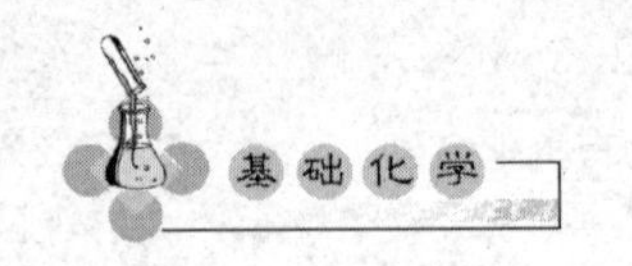

结构比较复杂的胺，以烃为母体，氨基作为取代基，采用系统命名法命名。例如：

$$\begin{array}{c} CH_3 \quad\quad NH_2 \\ | \quad\quad\quad\quad | \\ CH_3CHCH_2CHCH_3 \end{array}$$

4-甲基-2-氨基戊烷

（二）胺的性质

一般来讲，胺具有令人不愉快的气味，低级脂肪胺是具有氨味的气体或易挥发的液体，二甲胺、三甲胺具有鱼腥味。脂肪胺能与水形成氢键，因此能溶于水，但随着相对分子质量的增加，其溶解度迅速降低。

胺的化学性质主要体现在氨基上。

1. 碱性

氨基是一种碱性基团，因此胺具有碱性，可与强酸中和生成铵盐：

$$R—NH_2 + HCl \longrightarrow RN^+H_3Cl^-$$

例如：

$$CH_3NH_2 + HCl \longrightarrow \underset{\text{氯化甲铵}}{CH_3N^+H_3Cl^-}$$

胺碱性的强弱与烃基的结构和数目有关。在水溶液中，脂肪胺碱性的强弱顺序为：仲胺＞伯胺＞叔胺＞氨。芳香胺的碱性比氨弱。

铵盐易溶于水，胺与酸的反应能使许多不溶于水的含氨基的药物生成盐，容易进入亲水性的体液内，发挥更好的治疗效果。例如，局部麻醉药普鲁卡因分子中含有芳伯胺和脂叔胺两部分结构，水中的溶解度小且不是很稳定，而通过与盐酸作用生成易溶于水的盐酸普鲁卡因，再配制成注射剂使用，则能迅速地发挥麻醉作用，在临床上广泛用作小手术的局麻药。

$$H_2N—C_6H_4—COOCH_2CH_2N(C_2H_5)_2 \xrightarrow{HCl}$$

普鲁卡因

$$[H_2N—C_6H_4—COOCH_2CH_2\overset{+}{N}H(C_2H_5)_2]Cl^-$$

盐酸普鲁卡因

胺类是弱碱，其盐遇强碱可释放出游离的胺。利用氨基的弱碱性和胺、铵盐的溶解性，可以将胺从不溶于水的化合物中分离出来。例如，麻黄碱是一种以盐酸盐的形式存在于天然药物麻黄中的胺，工业上通过用水浸煮→往浸煮液中加入 NaOH 碱化→用甲苯萃取的方法将其从麻黄中提取出来。

2. 重氮化反应

在低温和强酸性水溶液中，芳香伯胺和亚硝酸作用，生成重氮化合物，此反应称为重氮化反应。例如：

$$C_6H_5-NH_2 \xrightarrow[0\ ℃\sim5\ ℃]{NaNO_2+HCl} C_6H_5-\overset{+}{N}\equiv NCl^-$$

苯胺 氯化重氮苯

重氮盐在低温下与酚或芳胺作用，生成偶氮化合物，该反应称为偶联反应。例如：

$$\beta\text{-}C_{10}H_7OH + Ar\overset{+}{N}\equiv NCl^- \longrightarrow \text{1-(}N=NAr\text{)-2-}C_{10}H_6OH$$

β-萘酚 偶氮化合物

偶氮化合物是一类有颜色的化合物，有些可直接作染料或指示剂。在有机药物分析中，常利用偶联反应产生的颜色来鉴别具有苯酚或芳伯胺结构的药物。

脂肪族伯胺与亚硝酸作用，首先生成极不稳定的脂肪族重氮盐，即使在 0 ℃的低温下也会自动分解生成醇、烯烃和卤代烃等混合物，并定量放出氮气，利用定量放出的氮气，可对脂肪族伯胺进行定量分析。

3. 酰化反应

因为氨基上连有氢原子，伯胺和仲胺能够发生酰化反应，叔胺则不能发生酰化反应。例如，伯胺、仲胺与苯磺酰氯发生如下反应（又称磺酰化反应）：

$$C_6H_5-SO_2Cl + H-NHR \longrightarrow C_6H_5-SO_2-NHR\downarrow$$

苯磺酰伯胺

$$C_6H_5-SO_2Cl + H-NR_2 \longrightarrow C_6H_5-SO_2-NR_2\downarrow$$

苯磺酰仲胺

苯磺酰伯胺能够与氢氧化钠溶液生成盐而溶解，苯磺酰仲胺不溶于氢氧化钠溶液。运用这些性质，可以鉴别或分离伯、仲、叔胺。这个反应称为兴斯堡反应。

（三）重要的胺

1. 苯胺

苯胺（$C_6H_5-NH_2$）是最简单、最重要的芳香胺，广泛地应用于制药工业，是合成磺胺类药物的原料。苯胺为无色油状液体，有特殊气味，有毒，当空气中的浓度达到百万分之一时，12 h后就会出现中毒症状。

苯胺的性质不稳定，易被空气中的氧气氧化而变色。苯胺的碱性很弱，只能与强酸（如盐酸、硫酸等）作用生成盐。苯胺与溴水反应生成2，4，6-三溴苯胺白色沉淀：

$$C_6H_5NH_2 \xrightarrow{Br_2} 2,4,6\text{-}Br_3C_6H_2NH_2 \downarrow$$

该反应很灵敏，可作为苯胺的鉴别方法，用于检查苯胺的存在。

2. 乙二胺

乙二胺的结构简式为 $H_2N—CH_2CH_2—NH_2$。乙二胺是一种黏稠状的液体，溶于水和乙醇，可用作制备药物的原料。

由乙二胺合成的乙二胺四乙酸（简称EDTA，用 H_4Y 表示）是药物分析中配位滴定法最常用的滴定剂和螯合剂，结构如下：

$$(HOOCCH_2)_2N—CH_2—CH_2—N(CH_2COOH)_2$$

3. 季铵

氮原子（N）上连有四个烃基（—R或—Ar）的离子型化合物称为季铵类化合物。该类化合物可看成铵离子（NH_4^+）中的四个氢原子都被烃基取代而形成，分为季铵盐和季铵碱两类，分别表示为：

$R_4N^+X^-$	$R_4N^+OH^-$
季铵盐	季铵碱

例如：　$(CH_3)_4N^+Cl^-$　　$(CH_3)_4N^+OH^-$

季铵盐和季铵碱的命名类似于铵盐和碱，其中阳离子的命名与胺的命名相同。例如：

$(CH_3)_4N^+Cl^-$　氯化四甲铵　　$(CH_3)_4N^+OH^-$　氢氧化四甲铵

季铵类化合物均为结晶性固体，易溶于水，不溶于非极性溶剂。其中，季铵碱具有强碱性，其碱性与氢氧化钠相近。

季铵碱和季铵盐是一类重要的化合物。胆碱是广泛分布于生物体内的一种季铵碱，其结构简式为$[HO—CH_2CH_2—N(CH_3)_3]^+OH^-$，是卵磷脂的组成部分，在人体内与脂肪代谢有关，能促使油脂很快生成磷脂，防止脂肪在肝内大量存积，临床上用来治疗肝炎、肝中毒。胆碱与乙酰基结合，生成具有显著生理作用的神经传导物

质——乙酰胆碱$[CH_3COOCH_2CH_2—N(CH_3)_3]^+OH^-$。医药上用于皮肤和外科器械消毒的常用消毒剂——苯扎溴铵(新洁尔灭)是一种杀菌和去垢能力较强而毒性低的季铵盐,其结构简式如下:

$$\left[C_6H_5—CH_2—\overset{CH_3}{\underset{CH_3}{N}}—C_{12}H_{25} \right]^+ Br^-$$

十、酯

由酸和醇脱水形成的化合物叫作酯,包括无机酸酯和有机酸酯两大类。羧酸酯属于有机酸酯,其通式为(Ar)RCOOR(Ar′),一般所讲的酯均指羧酸酯。例如:

$CH_3COOCH_2CH_3$　　　$HCOOCH_3$　　　$C_6H_5COOCH_3$

酯结构中的酯基[—COOR′(Ar′)]是酯的官能团。

(一) 酯的命名

一元羧酸和一元醇作用形成的酯,根据生成酯的羧酸和醇的名称命名,称为"某酸某酯"。例如,由乙酸和乙醇作用形成的 $CH_3COOCH_2CH_3$,名称为乙酸乙酯。又如:

$HCOOCH_3$	CH_3COOCH_3	$C_6H_5COOCH_3$
甲酸甲酯	乙酸甲酯	苯甲酸甲酯

(二) 酯的性质

低级酯易挥发并有香味,许多水果的香味就是由酯引起的。例如,乙酸戊酯有梨的香味,丁酸乙酯有菠萝的香味,所以许多酯可用作食品或化妆品中的香料。高级酯为蜡状固体。低级酯在水中有一定的溶解度,相对分子质量大的酯难溶或不溶于水。

酯的化学性质主要体现在酯基上。酯可以发生水解反应生成羧酸和醇,该反应为可逆反应:

$$RCOOR' + H_2O \rightleftharpoons RCOOH + R'OH$$

酯在碱催化下水解时,产生的酸可与碱作用生成盐,使水解反应变成不可逆反应:

$$RCOOR' + H_2O \xrightarrow[\triangle]{NaOH} RCOONa + R'OH$$

肥皂是高级脂肪酸甘油酯的碱性水解产物,所以酯在碱溶液中的水解反应又叫皂化反应。

（三）重要的酯

1. 乙酸异戊酯

乙酸异戊酯具有香蕉香味，俗称香蕉水，它是重要的溶剂，广泛用作喷漆的溶剂。

2. 蜡

蜡是具有通式 RCOOR′的酯类，其中 R—和 R′—是长链的烷基，其主要成分是含偶数碳原子的高级一元脂肪酸和高级一元醇所形成的酯。蜡不溶于水，能溶于乙醚、苯等有机溶剂，无论在体内、体外都不易被水解。蜡广泛存在于动植物界，主要用作动植物表面的保护涂层，常见的有蜂蜡、虫蜡、羊毛脂、棕榈蜡等，可用于制蜡纸、润滑油、防水剂、光泽剂及药用基质。

3. 油脂

油脂是油和脂肪的总称，存在于动植物体内。动物的脂肪和油料作物的籽、核是油脂的主要来源。习惯上把常温下是液体的油脂称为油，如花生油、芝麻油等；把常温下是固体或半固体的油脂称为脂，如牛脂、羊脂等。

油脂是甘油（丙三醇）与多种高级脂肪酸生成的甘油酯。其结构通式如下：

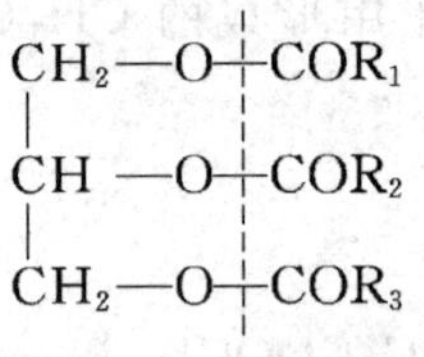

$$\begin{array}{l|l} CH_2—O & COR_1 \\ CH\ —O & COR_2 \\ CH_2—O & COR_3 \end{array}$$

甘油部分　　脂肪酸部分

R_1、R_2、R_3相同的叫作单甘油酯，不同的叫作混甘油酯。组成油脂的高级脂肪酸大多数是含偶数碳原子的直链羧酸。一般来说，油中含不饱和酸的甘油酯较多，脂肪中含饱和酸的甘油酯较多。

油脂的密度为 0.9～0.95 $g \cdot cm^{-3}$，不溶于水，溶于烃类、氯仿等有机溶剂。纯净的油脂无色、无臭、无味，一般油脂因溶有维生素和色素而具有颜色和气味。由于天然油脂是混合物，所以没有固定的熔沸点。

油脂与氢氧化钠溶液共热，就会水解生成甘油和对应的高级脂肪酸钠。

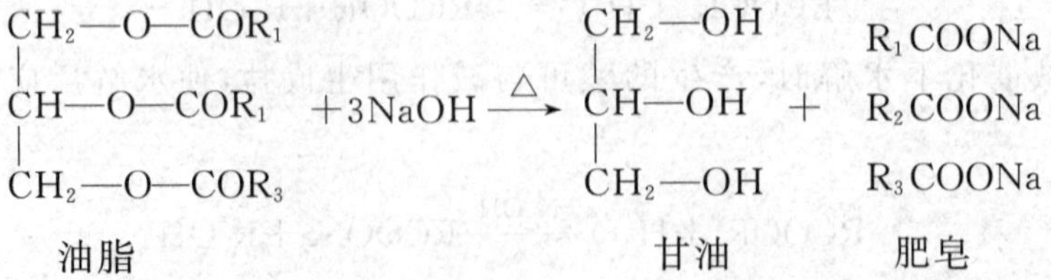

$$\begin{array}{l} CH_2—O—COR_1 \\ CH—O—COR_1 \\ CH_2—O—COR_3 \end{array} + 3NaOH \xrightarrow{\triangle} \begin{array}{l} CH_2—OH \\ CH—OH \\ CH_2—OH \end{array} + \begin{array}{l} R_1COONa \\ R_2COONa \\ R_3COONa \end{array}$$

油脂　　　　　　　　甘油　　　肥皂

生成的高级脂肪酸钠加工成型后就是肥皂。因此，把油脂在碱性溶液中的水解称为皂化，后来推广到把酯的碱性水解都称为皂化。

食用油脂是人类必不可少的营养物质，油脂还广泛应用于工业、医药行业。将油脂用氢氧化钾水溶液水解得到脂肪酸的钾盐，高级脂肪酸的钾盐不能凝结成硬块，叫作软皂。软皂在医药上用作乳化剂，如用于消毒剂煤酚皂溶液的配制。

十一、酰胺

酰胺可以看成羧酸分子中羧基上的羟基被氨基（$-NH_2$）或取代氨基（$-NHR$，$-NR_2$）取代生成的化合物，通式为（Ar）$RCONH_2$、（Ar）$RCONHR$、（Ar）$RCONR_2$。例如：

CH_3CONH_2　　$CH_3CONHCH_3$　　$CH_3CON(CH_3)_2$

酰胺结构中的酰胺基（$-CON\langle$）是酰胺的官能团。

（一）酰胺的命名

羧酸失去羧基上的羟基后形成的基团叫作酰基，常用“RCO—”表示。其中，某酸形成的酰基称为某酰基。例如：

$$HCOOH(\text{甲酸}) \longrightarrow HCO-(\text{甲酰基})$$

$$C_6H_5-COOH(\text{苯甲酸}) \longrightarrow C_6H_5-CO-(\text{苯甲酰基})$$

根据分子中所含酰基的名称，酰胺称为某酰胺。如果酰胺的氮原子连有取代基，用N表示取代基的位次（取代基连在N上）。例如：

CH_3CONH_2	$HCOONHCH_3$	$C_6H_5-CON(CH_3)_2$
乙酰胺	N-甲基甲酰胺	N,N-二甲基苯甲酰胺

（二）酰胺的性质

酰胺可与水形成分子间氢键，因此低级的酰胺可溶于水，随着相对分子质量的增大，溶解度逐渐减小。

酰胺的化学性质主要体现在酰胺基上。

1. 水解反应

酰胺在酸性条件下水解，产物是羧酸和铵盐；在碱性条件下水解，产物是羧酸盐和氨（或胺）。

$$RCONH_2 + H_2O \xrightarrow[\triangle]{HCl} RCOOH + NH_4Cl$$

$$RCONH_2 + H_2O \xrightarrow[\triangle]{NaOH} RCOONa + NH_3\uparrow$$

酰胺的水解比酯困难。

2. 弱酸性和弱碱性

酰胺分子中氨基氮原子上的孤对电子与羰基的 π 键形成 p-π 共轭体系(图 7-4)。p-π 共轭效应一方面使氮原子的电子云向羰基方向偏移,电子云密度降低,减弱了接受质子的能力,因而使酰胺的碱性很弱;另一方面,氮氢键的极性随氮原子电子云密度降低而增加,氢原子有电离的可能性,因此酰胺又表现出微弱的酸性。

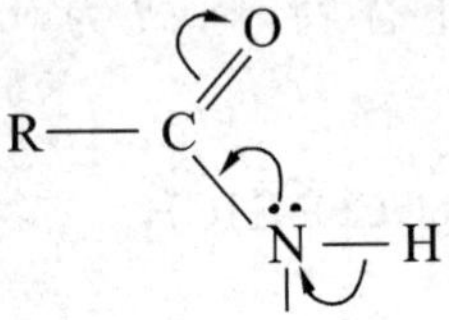

$$R—C(=O)—\ddot{N}—H$$

图 7-4　酰胺电子云偏移示意图

当亚氨基(—NH—)连有两个酰基(RCO—NH—COR,二酰亚胺)时,受两个酰基的吸电子诱导效应以及 p-π 共轭效应的影响,在水溶液中由酮式结构互变异构形成烯醇型结构而显酸性,能与强碱作用生成稳定的盐。例如:

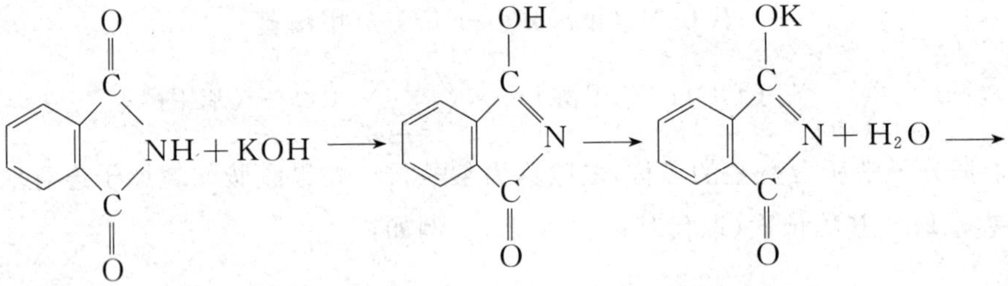

$$C_6H_4(CO)_2NH + KOH \longrightarrow C_6H_4[C(OH)=N—C(=O)] \longrightarrow C_6H_4[C(OK)=N—C(=O)] + H_2O \longrightarrow C_6H_4(CO)_2NK + H_2O$$

邻苯二甲酰亚胺

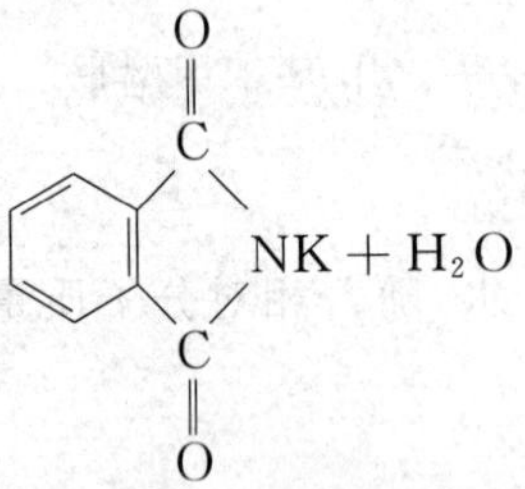

(三) 重要的酰胺

1. 酰胺类解热镇痛药

对乙酰氨基酚(扑热息痛)常作为复方感冒药(维 C 银翘片、康泰克、白加黑)的成分之一,具有解热、镇痛作用,用于发热、头痛等治疗,在潮湿条件下易水解为醋酸和对氨基苯酚。其结构简式如下:

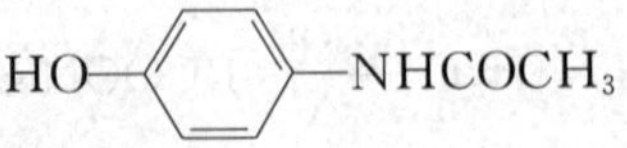

$$HO—C_6H_4—NHCOCH_3$$

2. 脲

脲俗称尿素，又称碳酰二胺，其结构简式如下：

$$H_2N-\overset{\overset{\displaystyle O}{\|}}{C}-NH_2\ [CO(NH_2)_2]$$

脲是人类及哺乳动物体内蛋白质代谢的最终产物，存在于尿中。成人每天可以排泄大约 30 g 脲。

把脲加热到 150 ℃～160 ℃左右，两分子脲之间失去一分子氨，生成缩二脲：

$$\underset{\text{脲}}{H_2N-\overset{\overset{\displaystyle O}{\|}}{C}-NH_2} + \underset{\text{脲}}{H-NH-\overset{\overset{\displaystyle O}{\|}}{C}-NH_2} \xrightarrow{\triangle} \underset{\text{缩二脲}}{H_2N-\overset{\overset{\displaystyle O}{\|}}{C}-NH-\overset{\overset{\displaystyle O}{\|}}{C}-NH_2} + NH_3\uparrow$$

缩二脲在碱性条件下与稀硫酸铜($CuSO_4$)溶液作用，呈现紫红色。该反应称为缩二脲反应，是分子中含有两个或两个以上酰胺键的有机物(如缩二脲、多肽、蛋白质等)的鉴别方法之一。

思考与练习

1. 完成下列反应式(打 * 的为选做)：

(1) $CH_3CH=CH_2+HI \longrightarrow$

(2) $CH_3COOH+NaOH \longrightarrow$

(3) $CH_3CHO \xrightarrow{[O]}$

(4) $CH_3NH_2+HCl \longrightarrow$

(5) $CH_3CH_2CH=CH_2 \xrightarrow{KMnO_4/H^+}$

(6) $CH_3COOCH_2CH_3 \xrightarrow[\triangle]{H_2O/NaOH}$

(7) $CH_3CHOHCH_3 \xrightarrow{KMnO_4/H^+}$

(8)* $CH_3CHOHCH_3 \xrightarrow[\triangle]{H_2SO_4}$　　　　$\xrightarrow{KMnO_4/H}$

(9)* CH_3CHNH_2COOH —— $\xrightarrow{HCl}$ ； $\xrightarrow{NaOH}$

(10)* $CH_2=CHCHO \xrightarrow{KMnO_4/H^+}$

2. 指出下列各组各种有机化合物之间化学性质的差异(指出1种差异即可,打*的为选做):

(1) $CH_3C\equiv CCH_3$　　　　$CH_3CH_2C\equiv CH$

(2) CH_3CHO　　　　CH_3COCH_3

(3) CH_3CH_2COOH　　　　CH_3CH_2CHO

(4) CH_3CH_2OH　　　　$(CH_3)_3C-OH$

(5) $CH_3CH_2CH_3$　　　　CH_3CH_2OH

(6) $CH_3CH_2COCH_2CH_3$　　　　$CH_3CH_2CH_2COCH_3$

(7) 苯酚　　　　苯甲酸

(8)* $CH_2=CHCOOH$　　　　CH_3CH_2COOH

(9)* CH_3CHNH_2COOH　　　　$CH_3CHOHCOOH$

(10)* CH_3CH_2CHO　　　　CH_3CH_2COOH　　　　CH_3COCH_3

3. 根据下表中的实验现象,选择适当的有机化合物填空:

待选化合物:$CH_2=CH_2$　CH_3CH_2OH　CH_3CHO　HCOOH　CH_3COCH_3

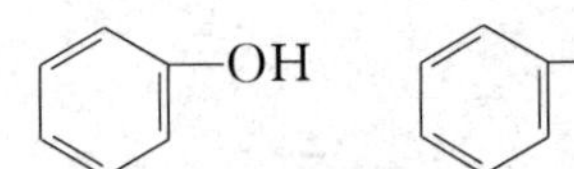

化学试剂	反应物					
溴水	—	—	白色↓	褪色	—	—
斐林试剂	砖红色↓	砖红色↓	—	—	—	—
三氯化铁溶液	—	—	显紫色	—	—	—
碳酸氢钠溶液	—	无色↑	—	—	—	—
2,4-二硝基苯肼	黄色↓	—	—	—	黄色↓	—
I_2-NaOH溶液	黄色↓	—	—	—	黄色↓	黄色↓

4. 比较下列各组有机化合物酸性或碱性的强弱:

(1) CH_3COOH　HCl　H_2O　H_2CO_3　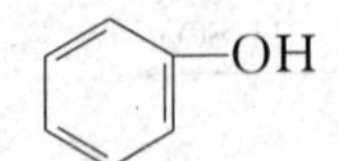

(2) CH_3NH_2　$(CH_3)_2NH$　$(CH_3)_3N$　NH_3　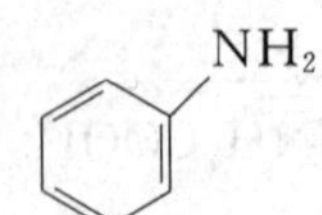

5. 用化学方法区别下列各组化合物:

(1) 乙烷、乙烯和乙炔　　　　(2) 正丁醇、仲丁醇、叔丁醇

(3) 苯、甲苯、环己烯　　　　(4) 丙醛、丙酮

(5) 甲酸、乙酸　　　　(6) 甲醇、乙醇

(7) 乙醇、乙醛、乙酸　　　　(8) 苯酚、苯甲醛、苯甲醇

6. 樟脑的学名为2-莰酮，结构为（结构式）。樟脑在医药上用途甚广，清凉油、十滴水、消炎镇痛油膏均含有樟脑。樟脑压成厚片可用于衣箱防虫蛀。

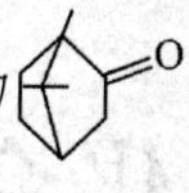

龙脑又名冰片，学名为2-莰醇，结构为（结构式，OH）。龙脑在医药上用途也很广泛，它是清凉解暑药人丹和治疗口、耳、咽喉炎症药冰硼散的主要成分之一。

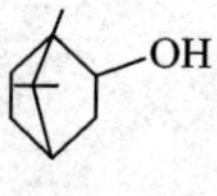

(1) 写出樟脑、龙脑所含官能团的名称。

(2) 写出鉴别樟脑、龙脑的方法。

第八章

常见多官能团化合物和杂环化合物

含有两个或两个以上不同官能团的有机物就是多官能团化合物。常见的多官能团化合物有取代羧酸和糖类，此外，蛋白质、核酸、生物碱以及大多数的萜类、甾体化合物也都属于多官能团化合物。

第一节　常见多官能团化合物的结构和性质

一、取代羧酸

羧酸分子中烃基上的氢原子被其他官能团取代的化合物称为取代羧酸。根据取代官能团的不同，取代羧酸可分为卤代酸、羟基酸、羰基酸和氨基酸。

$$\text{H—RCOOH} \xrightarrow{\text{A}} \text{A—RCOOH}$$

A：	$-X$	$-OH$	$RCO-$	$-NH_2$
类别：	卤代酸	羟基酸	羰基酸	氨基酸

取代羧酸分子中既含有羧基又含有其他官能团，具有羧基和其他官能团的一些典型性质，并且由于官能团之间的相互影响，还具有一些特殊的性质。

本章主要讨论羟基酸、羰基酸和氨基酸。

(一) 羟基酸

1. 羟基酸的分类和命名

根据羟基的不同，羟基酸分为醇酸和酚酸。例如：

$CH_3CHCOOH$（$-OH$ 在 2 位碳上）

醇酸

COOH / OH（邻羟基苯甲酸）

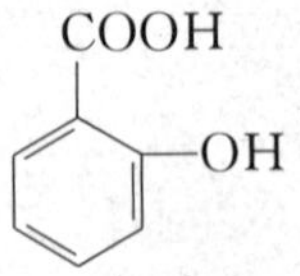

酚酸

羟基酸的命名是以羧酸为母体，羟基作为取代基，用阿拉伯数字或希腊字母表示羟基的位置。由于许多羟基酸来自自然界，故常根据其来源而采用俗名。例如：

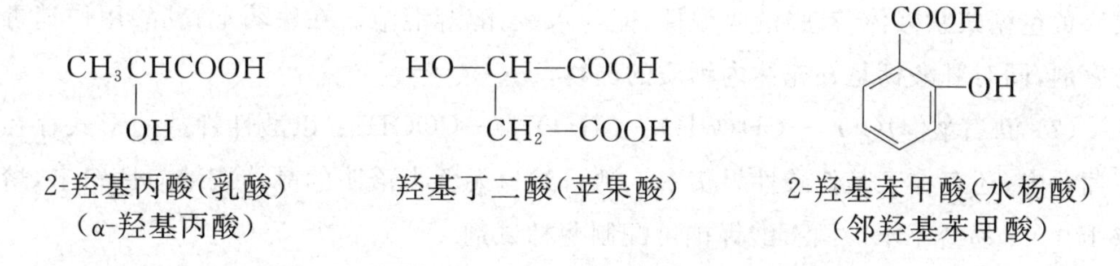

2-羟基丙酸(乳酸)
(α-羟基丙酸)
羟基丁二酸(苹果酸)
2-羟基苯甲酸(水杨酸)
(邻羟基苯甲酸)

2. 羟基酸的性质

醇酸是黏稠液体或结晶性固体,醇酸分子中含有羟基和羧基两个极性基团,这两个极性基团均能与水分子作用形成氢键,故醇酸在水中的溶解度比相应的脂肪酸大,熔点也比相应的脂肪酸高。同时,醇酸具有醇和羧酸的典型反应,如酸性、成酯反应等。

酚酸都是固体,具有羧基和酚羟基的典型反应,如与碱生成盐、与醇生成酯、与三氯化铁发生显色反应。通常可用酚酸与三氯化铁溶液的显色反应来鉴别酚酸。

(1) 酸性。由于羟基是吸电子基,吸电子诱导效应使醇酸的酸性比对应羧酸的酸性强;羟基离羧基越近,酸性越强。例如:

	CH_3CH_2COOH	$CH_2(OH)CH_2COOH$	$CH_3CH(OH)COOH$
pK_a	4.88	4.52	3.87

对醇酸来说,羟基越多,酸性越强。

(2) 氧化反应。醇酸中的羟基比醇中的羟基容易氧化,托伦试剂、稀硝酸不能氧化醇,但能把醇酸氧化为酮(醛)酸。例如:

$$\underset{\beta\text{-羟基丁酸}}{CH_3CH(OH)CH_2COOH} \xrightarrow{[O]} \underset{\beta\text{-丁酮酸}}{CH_3C(=O)CH_2COOH}$$

生物体在代谢过程中也产生羟基酸,它们在酶作用下发生脱氢氧化。例如,苹果酸是糖代谢的中间产物,在酶的催化下也可脱氢生成草酰乙酸。

$$\underset{\text{苹果酸}}{HOOCCH(OH)CH_2COOH} \xrightarrow[\text{酶}]{-2H} \underset{\text{草酰乙酸}}{HOOCC(=O)CH_2COOH}$$

3. 重要的羟基酸

(1) 乳酸[$CH_3CH(OH)COOH$]:最初由牛奶中的乳糖受微生物作用分解而成。人在运动时,糖原分解生成乳酸,同时放出热量。乳酸的熔点为 18 ℃,常温下为无色或淡黄色糖浆状液体，有强的吸湿性，能与水、乙醇等混溶。在医药上，乳酸用作消毒防腐剂，同时乳酸钙是补充体内钙质的药物。

(2) 酒石酸[HOOC—CH(OH)—CH(OH)—COOH]：以酸性钾盐的形式存在于葡萄内，还存在于其他酸性果实中。酒石酸为无色半透明的晶体或结晶性粉末，熔点 170 ℃，易溶于水。酒石酸钾钠可配制斐林试剂。

(3) 水杨酸：邻羟基苯甲酸，为无色针状晶体，熔点 159 ℃，在 79 ℃时升华，微溶于冷水，易溶于乙醇、乙醚、氯仿和沸水。水杨酸属于酚酸，分子中有酚羟基，遇三氯化铁显紫色。水杨酸有解热镇痛作用，因对胃肠有刺激作用，故多用其衍生物——乙酰水杨酸(阿司匹林)。乙酰水杨酸是常用的解热镇痛药，对胃肠的刺激性比水杨酸小得多，还可防止心肌梗死和动脉血栓。

(二) 羰基酸

羰基酸是指羧酸分子中烃基上含有羰基的化合物。羰基在碳链一端的是醛酸，在碳链当中的是酮酸。命名时，取含有羰基和羧基的最长碳链作主链，叫作某醛酸或某酮酸。命名酮酸时还要指出羰基的位置。

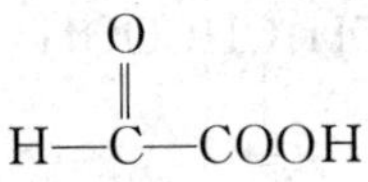

$$\underset{\text{乙醛酸}}{H-\overset{\overset{\displaystyle O}{\|}}{C}-COOH} \qquad \underset{\text{丙酮酸}}{CH_3-\overset{\overset{\displaystyle O}{\|}}{C}-COOH} \qquad \underset{\beta\text{-丁酮酸(3-丁酮酸)}}{CH_3-\overset{\overset{\displaystyle O}{\|}}{C}-CH_2-COOH}$$

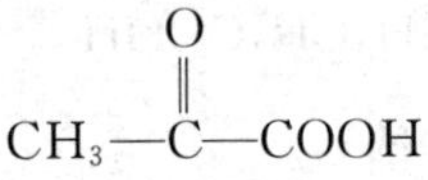

羰基酸多为无色液体，低级羰基酸易溶于水。在羰基酸中以酮酸较为重要，其中α-酮酸和β-酮酸具有重要的生理意义，是动物体内糖、脂肪和蛋白质代谢的中间产物。

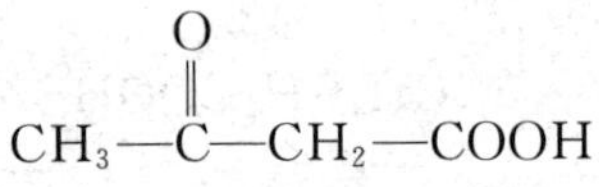

1. 酸性

由于羰基的吸电子性，羰基酸的酸性比对应的羧酸强。

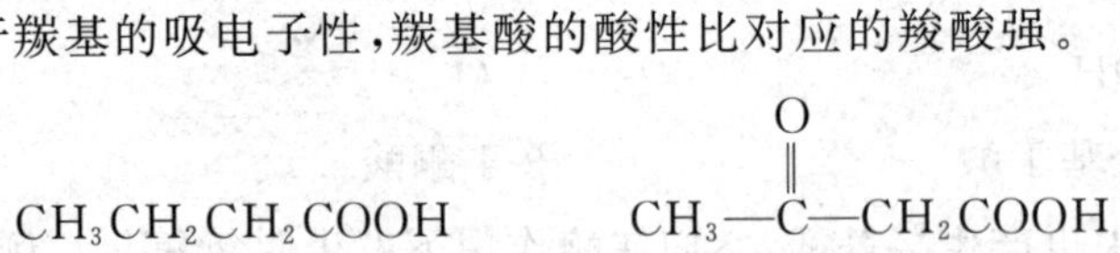

$$\begin{array}{lll} & CH_3CH_2CH_2COOH & CH_3-\overset{\overset{\displaystyle O}{\|}}{C}-CH_2COOH \\ pK_a & 4.82 & 3.58 \end{array}$$

2. 还原反应

羰基酸在一定条件下可还原生成对应的羟基酸，而羟基酸氧化又得到羰基酸。例如：

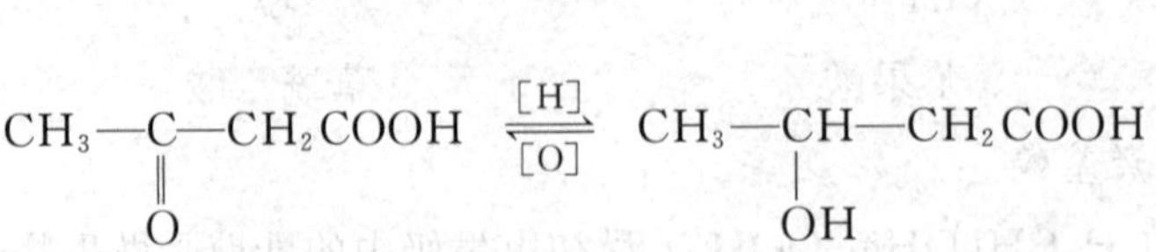

$$CH_3-\underset{\underset{\displaystyle O}{\|}}{C}-CH_2COOH \underset{[O]}{\overset{[H]}{\rightleftharpoons}} CH_3-\underset{\underset{\displaystyle OH}{|}}{CH}-CH_2COOH$$

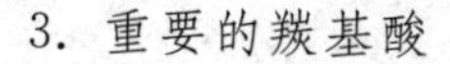

3. 重要的羰基酸

(1) 丙酮酸($CH_3COCOOH$)。丙酮酸是最简单的羰基酸,为无色有刺激性臭味的液体,能与水混溶,酸性强于丙酸及乳酸。丙酮酸是动植物体内糖、脂肪和蛋白质代谢的中间产物,在酶的催化作用下能转变成氨基酸或柠檬酸等,是一种重要的生物活性中间体。

(2) β-丁酮酸(CH_3COCH_2COOH)。β-丁酮酸也称为乙酰乙酸,是无色黏稠液体,不稳定,容易脱羧为丙酮,也能还原为β-羟基丁酸。β-丁酮酸、β-羟基丁酸及丙酮三者合称为酮体,是脂肪酸在人体内不完全氧化的中间产物,正常情况下能进一步氧化分解,因此血液中只存在少量酮体。当代谢发生障碍时,血中酮体含量就会增加,从尿中排出。因此可通过检查患者尿液中的葡萄糖和丙酮含量来判断患者是否患有糖尿病。如果血液中酮体含量增加,血液的酸性增大,易出现酸中毒和昏迷等症状。

(三) 氨基酸和蛋白质

氨基酸是生命之本,它是生命现象的物质基础——蛋白质的基本组成单位。

1. 氨基酸的结构、分类和命名

(1) 氨基酸的结构。氨基酸可以看作羧酸分子中与羧基相连的烃基上的一个或几个氢原子被氨基取代后生成的化合物。目前发现的天然氨基酸约有 300 种,构成蛋白质的常见的氨基酸有 20 余种,这些氨基酸除脯氨酸外,都是 α-氨基酸,其结构通式如下:

$$\begin{array}{c} \alpha \\ R—\underset{|}{C}H—COOH \\ NH_2 \end{array}$$

除甘氨酸外,其他 α-氨基酸都含有手性碳原子,具有旋光性,一般都是 L 型。

$$\begin{array}{c} COOH \\ H_2N—\!\!\!+\!\!\!—H \\ R \end{array}$$

L 型

(2) 氨基酸的分类。氨基酸的分类方法有多种。根据氨基酸分子中烃基结构的不同,将氨基酸分为脂肪族氨基酸、芳香族氨基酸和杂环氨基酸;根据氨基酸分子中氨基(—NH_2)和羧基(—COOH)的相对数目不同,将氨基酸分为中性氨基酸(羧基和氨基数目相等)、酸性氨基酸(羧基数目多于氨基数目)和碱性氨基酸(氨基数目多于羧基数目);根据 R—基团的极性不同,将氨基酸分为非极性氨基酸和极性氨基酸。表 8-1 列出了蛋白质水解得到的 20 种 α-氨基酸的结构、名称、字母的缩写符号等内容。

表 8-1　组成蛋白质的 20 种 α-氨基酸

中英文名称	结　构　式	等电点
中性氨基酸		
甘氨酸　glycine （氨基乙酸）	$H-CH(NH_2)-COOH$	5.97
丙氨酸　alanine （α-氨基丙酸）	$CH_3-CH(NH_2)-COOH$	6.02
缬氨酸*　valine （α-氨基-β-甲基丁酸）	$CH_3-CH(CH_3)-CH(NH_2)-COOH$	5.96
异亮氨酸*　isoleucine （α-氨基-β-甲基戊酸）	$CH_3-CH_2-CH(CH_3)-CH(NH_2)-COOH$	6.02
亮氨酸*　leucine （α-氨基-γ-甲基戊酸）	$CH_3-CH(CH_3)-CH_2-CH(NH_2)-COOH$	5.98
丝氨酸　serine （α-氨基-β-羟基丙酸）	$HO-CH_2-CH(NH_2)-COOH$	5.68
半胱氨酸　cysteine （α-氨基-β-巯基丙酸）	$HS-CH_2-CH(NH_2)-COOH$	5.05
苯丙氨酸*　phenylalanine （α-氨基-β-苯基丙酸）	$C_6H_5-CH_2-CH(NH_2)-COOH$	5.46
蛋氨酸*　methionine （α-氨基-γ-甲硫基丁酸）	$CH_3-S-CH_2-CH_2-CH(NH_2)-COOH$	5.74
苏氨酸*　threonine （α-氨基-β-羟基丁酸）	$CH_3-CH(OH)-CH(NH_2)-COOH$	5.6
脯氨酸　proline （α-羧基四氢吡咯）	四氢吡咯环（N-H）2-位连 $-COOH$	6.3
酪氨酸　tyrosine （α-氨基-β-对羟苯基丙酸）	$HO-C_6H_4-CH_2-CH(NH_2)-COOH$	5.68
天冬酰胺　asparagine （α-氨基丁酰氨酸）	$H_2N-C(=O)-CH_2-CH(NH_2)-COOH$	5.41

续表

中英文名称	结构式	等电点
谷氨酰胺　glutamine（α-氨基戊酰氨酸）	$H_2N-C(=O)-CH_2-CH_2-CH(NH_2)-COOH$	5.63
色氨酸* tryptophan［α-氨基-β-(3-吲哚基)丙酸］	(3-吲哚基)$-CH_2-CH(NH_2)-COOH$	5.89
	酸性氨基酸	
天门冬氨酸　asparticacid（α-氨基丁二酸）	$H_2N-CH(COOH)-CH_2-COOH$	2.77
谷氨酸　glutamicacid（α-氨基戊二酸）	$HOOC-CH_2-CH_2-CH(NH_2)-COOH$	3.22
	碱性氨基酸	
精氨酸　arginine（α-氨基-δ-胍基戊酸）	$H_2N-C(=NH)-NH-CH_2-CH_2-CH_2-CH(NH_2)-COOH$	10.76
组氨酸　histidine［α-氨基-β-(5-咪唑基)丙酸］	(5-咪唑基)$-CH_2-CH(NH_2)-COOH$	7.59
赖氨酸* lysine（α,ε-二氨基己酸）	$CH_2(NH_2)-CH_2-CH_2-CH_2-CH(NH_2)-COOH$	9.74

组成人体蛋白质的氨基酸绝大多数能在人体内合成，或者由其他氨基酸转变而成，但是有8种氨基酸（表8-1中注*号的）在成人体内不能合成，或合成速度不能满足机体的需要，必须从每日膳食中补充，否则就难以维持机体的氮平衡。人们把这些氨基酸称为必需氨基酸。对于婴儿，组氨酸也是必需氨基酸。

(3) 氨基酸的命名。为了方便，氨基酸的名称一般都用俗名，每个氨基酸均有一个缩写符号，作为这个氨基酸的代号。

2. 氨基酸的性质

(1) 物理性质。氨基酸一般为无色晶体，能溶于强酸、强碱溶液，熔点一般为230 ℃～300 ℃，比相应的羧酸或胺类高。许多氨基酸在接近熔点时分解，放出二氧化碳。大多数氨基酸易溶于水，而难溶于有机溶剂。

(2) 化学性质。氨基酸分子中既含有氨基又含有羧基，因此它具有羧酸和胺类化合物的性质。同时，由于氨基与羧基之间的相互影响及分子中R—基团的某些特殊结构的作用，又显示出一些特殊的性质。

① 氨基酸的两性性质和等电点。氨基酸分子中同时含有羧基（—COOH）和氨基（$—NH_2$），既能与较强的酸作用生成盐，又能与较强的碱作用生成稳定的盐，表现出两性化合物的特征。同时，氨基酸还可在分子内形成内盐：

$$\underset{\displaystyle|\atop\displaystyle NH_2}{R—CH}—COOH \rightleftharpoons \underset{\displaystyle|\atop\displaystyle NH_3^+}{R—CH}—COO^-$$

内盐（两性离子）

氨基酸内盐分子是既带正电荷又带负电荷的离子，称为两性离子。

氨基酸分子在水溶液中形成如下平衡体系：

$$\underset{\displaystyle|\atop\displaystyle NH_3^+}{R—CH}—COOH \underset{H^+}{\overset{OH^-}{\rightleftharpoons}} \underset{\displaystyle|\atop\displaystyle NH_3^+}{R—CH}—COO^- \underset{H^+}{\overset{OH^-}{\rightleftharpoons}} \underset{\displaystyle|\atop\displaystyle NH_2}{R—CH}—COO^-$$

阳离子	两性离子	阴离子
$pH<pI$	$pH=pI$	$pH>pI$

不同的氨基酸在其溶液中以哪种形式为主，取决于氨基酸的结构和溶液的 pH。

对于酸性氨基酸而言，由于铵根正离子（$—NH_3^+$）给出质子的能力强于羧基负离子（$—COO^-$）接受质子的能力，即酸式电离程度强于碱式电离程度，氨基酸主要以阴离子形式存在，其水溶液显酸性。如果向该溶液中加酸，会抑制酸式电离，促进碱式电离，上述平衡向左移动。当溶液的 pH 下降到一定程度时，氨基酸的酸式电离和碱式电离程度相等，此时氨基酸以两性离子形式存在，其所带正电荷与负电荷数量相同，净电荷为零，呈电中性，在电场中不向任何一极移动。这种氨基酸主要以两性离子形式存在时溶液的 pH 称该氨基酸的等电点，用 pI 表示。在等电点时，氨基酸的溶解度最小，最容易从溶液中析出。因此，可以通过调节溶液 pH 的方法，将等电点不同的氨基酸从其混合液中分离出来。各种氨基酸的等电点如表 8-1 所示。

② 与水合茚三酮的显色反应。氨基酸可与水合茚三酮的醇或丙酮溶液共热，生成蓝紫色物质。这个反应非常灵敏，可用于氨基酸的定性及定量测定。

$$2\ (\text{水合茚三酮}) + H_2N—\underset{\displaystyle|\atop\displaystyle R}{C}—COOH \longrightarrow (\text{蓝紫色物质}) + RCHO + CO_2 + 3H_2O$$

水合茚三酮　　α-氨基酸　　蓝紫色物质

凡是有游离氨基的氨基酸都能和水合茚三酮试剂发生显色反应。脯氨酸和羟脯氨酸与水合茚三酮反应时生成黄色化合物。

3. 蛋白质

蛋白质是生命的物质基础，可以说，没有蛋白质就没有生命。蛋白质是由氨基酸脱水缩合形成的天然有机高分子化合物，在酸、碱或酶的作用下水解的最终产物是氨基酸。由于氨基酸的种类很多，组成蛋白质的氨基酸的数量和排列又各不相同，所以蛋白质的结构很复杂。

与氨基酸相似，蛋白质在水溶液中存在两性电离和对应的等电点(pI)。在等电点时，蛋白质的黏度、渗透压、溶解度最小，容易从溶液中析出。利用蛋白质的两性电离，可以采用电泳法使混合蛋白质分离。在蛋白质溶液中加入某些浓的无机盐(如硫酸铵、硫酸钠等)溶液后，蛋白质会凝聚而析出，这种作用叫作盐析。盐析是一个可逆过程，利用这一性质可以采用多次盐析的方法分离、提纯蛋白质。蛋白质在某些物理或化学因素(加热、高压、紫外线、X 射线、强酸、强碱、重金属盐等)影响下，理化性质和生理活性发生改变的作用称为蛋白质的变性。煮鸡蛋和卤水点豆腐都是蛋白质变性的实例。有机体不能耐高温，重金属盐会使机体中毒，都是蛋白质变性的缘故。

蛋白质不仅是重要的营养物质，在工业上也有广泛的用途。动物的毛和蚕丝的成分都是蛋白质，它们是重要的纺织原料。动物的皮经过化学试剂鞣制后，其中所含的蛋白质变成不溶于水、不易腐烂的物质，可以加工成柔软坚韧的皮革。动物胶是用动物的骨、皮和蹄等经过熬煮提取的蛋白质，可用作胶合剂。药材阿胶就是用驴皮熬制的胶。

二、糖类

糖类又称碳水化合物，是自然界存在最多、分布最广的一类有机化合物。从结构上看，糖类化合物是多羟基醛或多羟基酮及它们的脱水缩聚物。糖类化合物的分类见表 8-2、表 8-3。

表 8-2　糖类化合物按水解情况进行的分类

分类	特点
单糖	不能再被水解成为更小分子的糖，如葡萄糖、果糖、核糖等。单糖是组成其他各类糖的基本单元
低聚糖	能够水解生成 2～10 个单糖分子的糖。水解后生成两分子单糖的低聚糖称为二糖，如蔗糖、麦芽糖、乳糖
多糖	完全水解后能生成许多分子(10 个以上)单糖的糖，如淀粉、纤维素、糖原等

表 8-3　糖类化合物按有无还原性进行的分类

分类	特点
还原性糖	能与托伦试剂、斐林试剂反应的糖，包括所有的单糖以及一部分低聚糖，如麦芽糖
非还原性糖	不能与托伦试剂、斐林试剂反应的糖，包括所有的多糖以及一部分低聚糖，如蔗糖

（一）单糖

从结构上看，单糖可分为多羟基醛和多羟基酮。其中，多羟基醛称为醛糖，多羟基酮称为酮糖。最简单的醛糖是甘油醛，最简单的酮糖是1，3-二羟基丙酮。自然界发现的单糖大多数是戊醛糖、己醛糖和己酮糖，其中比较重要的单糖是葡萄糖、果糖、核糖和脱氧核糖。

1. 单糖的开链结构和环状结构

大多数单糖都具有旋光性，都有对映异构体。这些对映异构体的构型常用D、L法标记。将单糖分子中编号最大的手性碳原子构型与D-甘油醛做比较，羟基在右侧的为D型，反之为L型。自然界中存在的醛糖多数为D型。

单糖具有两种结构：链状结构和环状结构。单糖的环状结构是由单糖分子内的醛基或酮基与羟基发生反应生成半缩醛或半缩酮而形成的。表8-4列出了一些常见单糖的链状结构和环状结构。

表 8-4　常见单糖的链状结构和环状结构

名称	链状结构	环状结构（哈沃斯式）	注明
葡萄糖	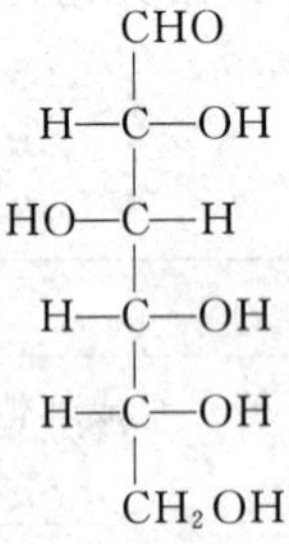 CHO H—C—OH HO—C—H H—C—OH H—C—OH CH_2OH D-葡萄糖	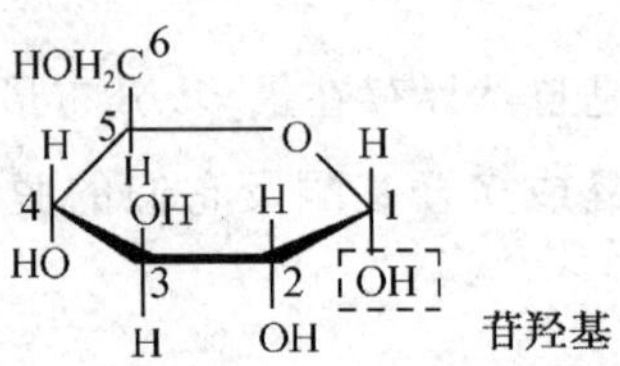 HOH_2C 6, 5, O, H, 4, H, OH, H, 1, HO, 3, 2, OH, H, OH　苷羟基 α-D-(+)-吡喃葡萄糖 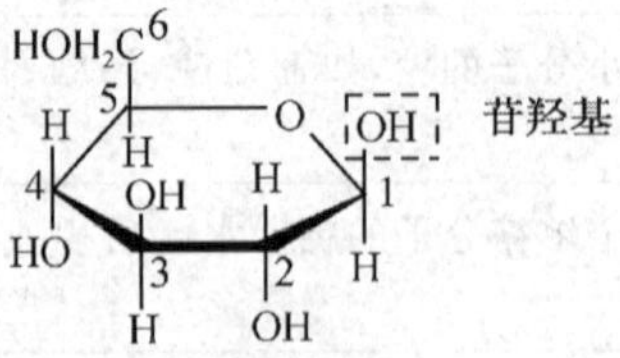 HOH_2C 6, 5, O, OH　苷羟基, H, 4, H, OH, H, 1, HO, 3, 2, H, H, OH β-D-(+)-吡喃葡萄糖	① 环状结构是单糖的主要存在形式 ② 环状结构和链状结构在水中可以相互转化 ③ 环状结构中的苷羟基是由醛基或酮基与羟基（通常是C_4或C_5上的）发生加成反应形成的

续表

名称	链状结构	环状结构(哈沃斯式)	注明
果糖	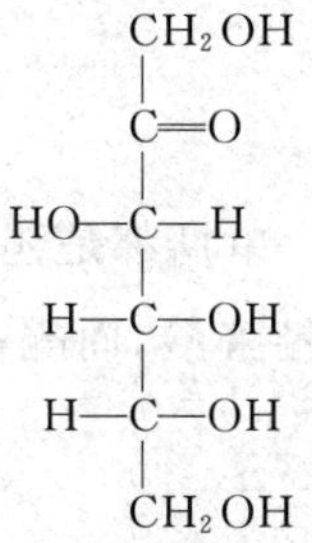 CH_2OH C=O HO—C—H H—C—OH H—C—OH CH_2OH D-果糖	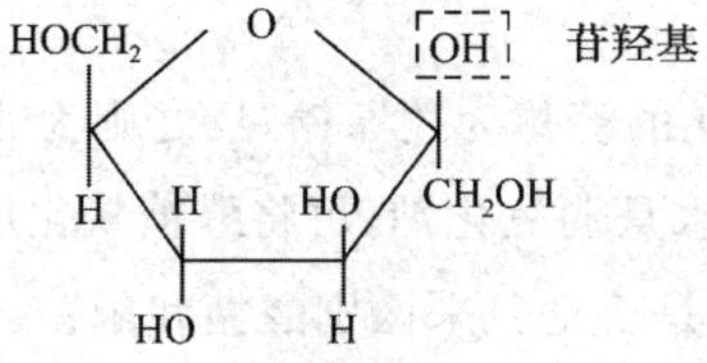 $HOCH_2$　O　OH　苷羟基 H　H　HO　CH_2OH HO　H	
半乳糖	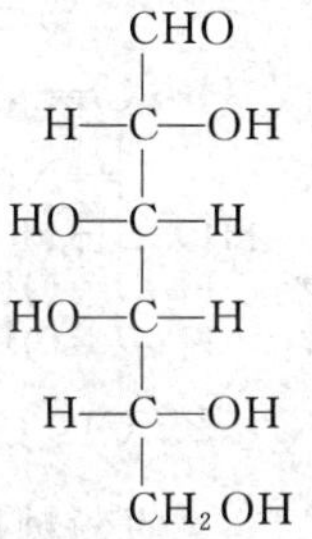 CHO H—C—OH HO—C—H HO—C—H H—C—OH CH_2OH D-半乳糖	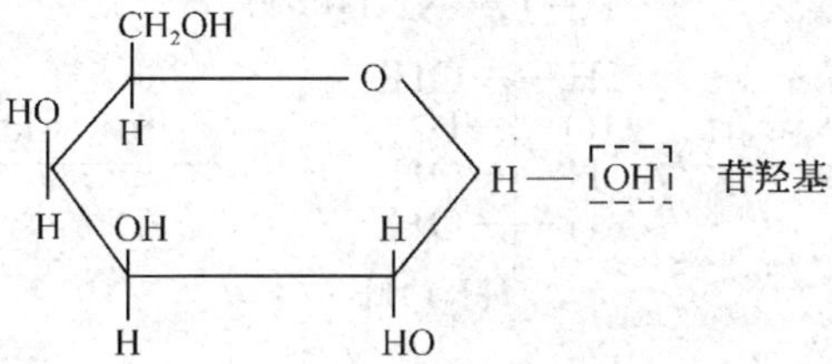 CH_2OH HO　O H　H—OH　苷羟基 H　OH　H H　HO	

2. 单糖的性质

单糖都是具有甜味的无色结晶性物质，由于多个羟基的存在，使其易溶于水，但难溶于乙醇。单糖分子中含有羟基和羰基，具有一般醛、酮、醇的性质，由于羟基和羰基的相互影响，单糖又有一些特殊性质。

(1) 氧化反应。

① 与弱氧化剂的反应：醛糖的开链结构具有醛基，能与托伦试剂发生银镜反应，与班氏试剂、斐林试剂反应生成砖红色沉淀，表现出较强的还原性。酮糖如D-果糖在碱性条件下，可以通过烯醇式中间体转化成醛糖，也具有较强还原性。

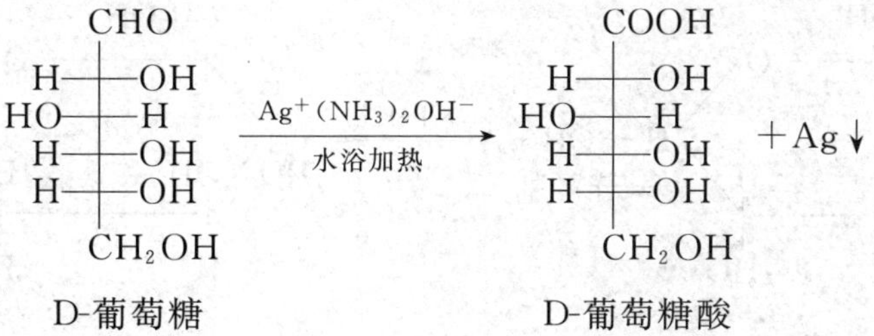

$$\begin{array}{c} CHO \\ H-\!\!\!-\!\!\!-OH \\ HO-\!\!\!-\!\!\!-H \\ H-\!\!\!-\!\!\!-OH \\ H-\!\!\!-\!\!\!-OH \\ CH_2OH \\ \text{D-葡萄糖} \end{array} \xrightarrow[\text{水浴加热}]{Ag^+(NH_3)_2OH^-} \begin{array}{c} COOH \\ H-\!\!\!-\!\!\!-OH \\ HO-\!\!\!-\!\!\!-H \\ H-\!\!\!-\!\!\!-OH \\ H-\!\!\!-\!\!\!-OH \\ CH_2OH \\ \text{D-葡萄糖酸} \end{array} + Ag\downarrow$$

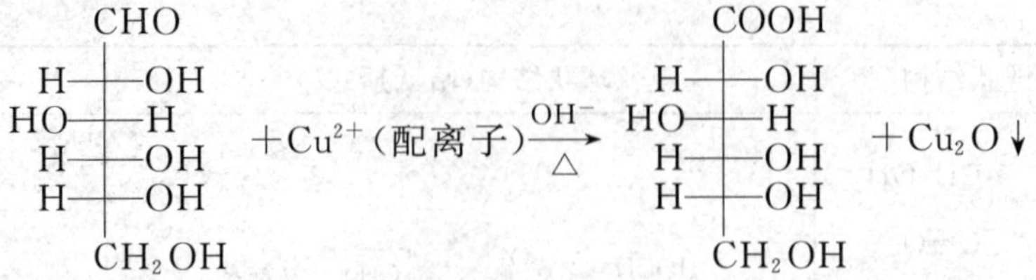

$$
\begin{array}{c}
\mathrm{CHO} \\
\mathrm{H{-}C{-}OH} \\
\mathrm{HO{-}C{-}H} \\
\mathrm{H{-}C{-}OH} \\
\mathrm{H{-}C{-}OH} \\
\mathrm{CH_2OH}
\end{array}
+Cu^{2+}(\text{配离子})\xrightarrow[\triangle]{OH^-}
\begin{array}{c}
\mathrm{COOH} \\
\mathrm{H{-}C{-}OH} \\
\mathrm{HO{-}C{-}H} \\
\mathrm{H{-}C{-}OH} \\
\mathrm{H{-}C{-}OH} \\
\mathrm{CH_2OH}
\end{array}
+Cu_2O\downarrow
$$

凡能被弱氧化剂氧化的糖称为还原糖，反之则为非还原糖。单糖都是还原糖。

② 与溴水反应：溴水是弱氧化剂，可将醛糖氧化成相应的糖醛酸，而酮糖不易被其氧化，因此可利用溴水是否褪色来区别醛糖和酮糖。

(2) 成脎反应。

单糖与苯肼作用可以生成苯腙，如用过量苯肼与单糖反应，则会进一步生成糖脎：

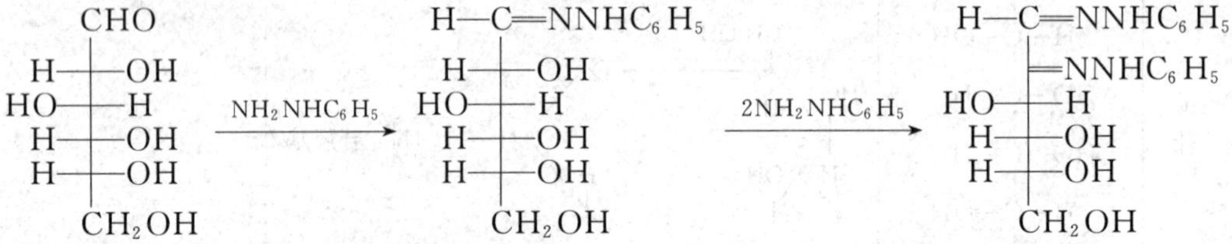

$$
\begin{array}{c}
\mathrm{CHO} \\
\mathrm{H{-}C{-}OH} \\
\mathrm{HO{-}C{-}H} \\
\mathrm{H{-}C{-}OH} \\
\mathrm{H{-}C{-}OH} \\
\mathrm{CH_2OH}
\end{array}
\xrightarrow{NH_2NHC_6H_5}
\begin{array}{c}
\mathrm{H{-}C{=}NNHC_6H_5} \\
\mathrm{H{-}C{-}OH} \\
\mathrm{HO{-}C{-}H} \\
\mathrm{H{-}C{-}OH} \\
\mathrm{H{-}C{-}OH} \\
\mathrm{CH_2OH}
\end{array}
\xrightarrow{2NH_2NHC_6H_5}
\begin{array}{c}
\mathrm{H{-}C{=}NNHC_6H_5} \\
\mathrm{C{=}NNHC_6H_5} \\
\mathrm{HO{-}C{-}H} \\
\mathrm{H{-}C{-}OH} \\
\mathrm{H{-}C{-}OH} \\
\mathrm{CH_2OH}
\end{array}
$$

葡萄糖脎

无论醛糖还是酮糖，脎的生成只发生在 C_1 和 C_2 上，其他碳原子一般不发生反应。含碳原子数相同的 D 型单糖，只是 C_1 和 C_2 的羰基不同或构型不同，而其他原子的构型完全相同时，与苯肼反应都生成相同的糖脎，如葡萄糖脎、果糖脎及甘露糖脎相同。

糖脎不溶于水，是黄色结晶。不同的糖，其糖脎的晶形和熔点不同，即使生成相同的脎，其反应速率也不同。因此，可利用脎的晶形及成脎时间来帮助测定糖的构型和鉴别糖。

(3) 成苷反应。

糖的环状结构中的苷羟基上的氢原子被一基团取代后生成的化合物称为苷，此反应称为成苷反应。反应通式为：

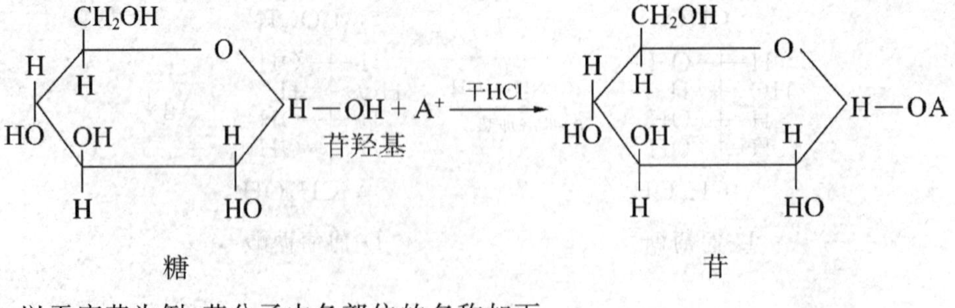

$$
\text{糖(H—OH, 苷羟基)} + A^{+} \xrightarrow{\text{干HCl}} \text{苷(H—OA)}
$$

CH₂OH、O、H、HO、OH、H、H、HO —H—OH + A⁺ 苷羟基 → H—OA

糖　　　　　　　　　　苷

以天麻苷为例，苷分子中各部位的名称如下：

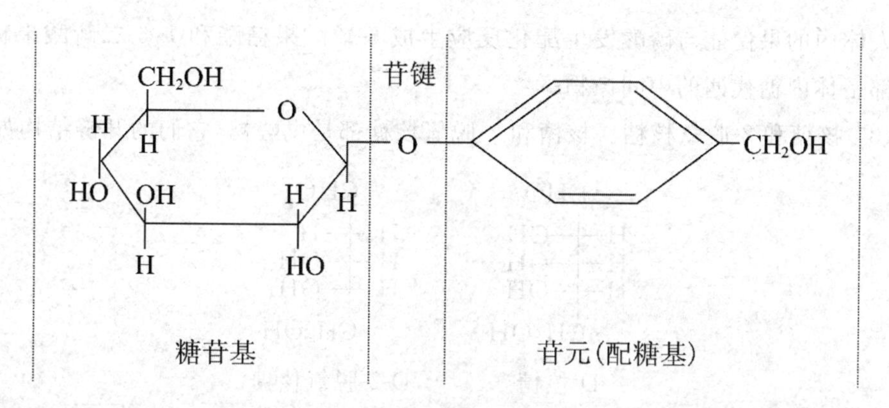

苷类化合物在自然界中分布广泛,多数具有生理活性,是非常重要的一类天然药物化学成分。

(4) 颜色反应。

① 莫立许(Molisch)反应:在糖的水溶液中加入α-萘酚的酒精溶液,然后沿试管壁慢慢加入浓硫酸,不要振摇试管,则在浓硫酸和糖溶液液面之间能形成一个紫色环,这个反应就称为莫立许反应。所有糖类物质都能发生此反应,而且反应灵敏,故可用此法鉴别糖类物质。

② 塞里凡诺夫(Seliwanoff)反应:在浓盐酸存在下,酮糖脱水速率很快,脱水后生成的糠醛衍生物与间苯二酚缩合很快出现鲜红色,而醛糖脱水速率很慢,要 2 min 后才出现微弱的红色,所以塞里凡诺夫反应可用于区别酮糖和醛糖。

3. 重要的单糖

(1) D-葡萄糖。D-葡萄糖是自然界分布最广、最重要的己醛糖,为白色结晶性粉末,易溶于水,难溶于酒精,甜度约为蔗糖的70%,工业上多由淀粉水解制得。由于其水溶液有右旋光性,故葡萄糖又名右旋糖。

葡萄糖是生物体内重要的供能物质,1 g 葡萄糖在体内完全氧化分解,可释放16.75 kJ热量。人体血液中的葡萄糖称为血糖。正常人体血糖浓度为 3.9～6.1 $mmol \cdot L^{-1}$。血糖低于正常浓度时可导致低血糖症,过高可导致糖尿病。葡萄糖在体内不需要经过消化就可直接被吸收,是婴儿和体弱病人的良好补品。50 $g \cdot L^{-1}$ 葡萄糖注射液是临床上常用的等渗溶液,有利尿、解毒作用,用于治疗水肿、低血糖症、心肌炎等。

(2) D-果糖。果糖是自然界中分布最广的己酮糖,它以游离的形式大量存在于水果的浆汁和蜂蜜中。它的甜度是蔗糖的170%,是最甜的一种天然糖。纯净的果糖是无色结晶物质,易溶于水,可溶于乙醇和乙醚,其水溶液的旋光性为左旋,因此又称左旋糖。

人体内的果糖能与磷酸发生酯化反应生成 6-磷酸果糖酯和 1,6-二磷酸果糖酯，它们都是体内糖代谢的中间产物。

(3) 核糖和 2-脱氧核糖。核糖和 2-脱氧核糖都是戊醛糖，它们的开链结构如下：

```
      CHO              CHO
  H ──┼── OH       H ──┼── H
  H ──┼── OH       H ──┼── OH
  H ──┼── OH       H ──┼── OH
      CH2OH            CH2OH
```

D-核糖　　　　D-2-脱氧核糖

核糖和 2-脱氧核糖是生物遗传大分子脱氧核糖核酸(DNA)和核糖核酸(RNA)的重要组分，在生命现象中发挥重要作用。核糖也是体内供能物质三磷酸腺苷(ATP)的主要成分。

(4) 山梨糖和维生素 C。山梨糖是己酮糖，与果糖的区别仅在于 C_5 手性碳上的羟基在左侧，所以又称 L-山梨糖。

山梨糖经氧化和内酯化反应可生成维生素 C。维生素 C 主要存在于新鲜蔬菜及水果等植物中，是白色结晶性粉末，无臭，味酸，遇光则颜色逐渐变黄，易溶于水和乙醇。它在体内参与糖代谢及氧化还原过程，人体缺乏它会引起坏血病。维生素 C 可防治坏血病，增强人体的抵抗力，所以维生素 C 又名抗坏血酸。

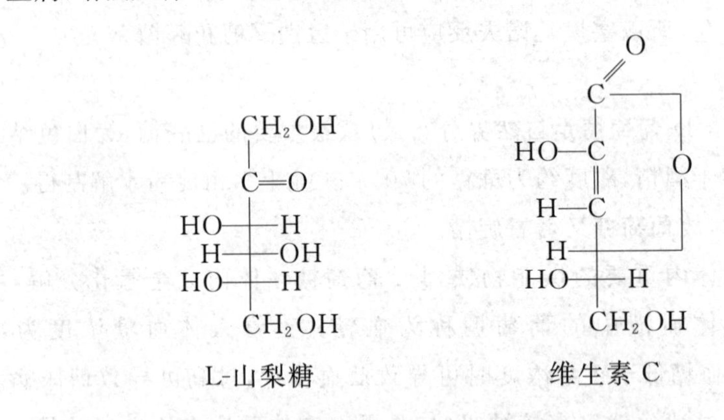

L-山梨糖　　　　维生素 C

(二) 二糖

二糖是最简单的低聚糖，它水解生成两分子单糖。在结构上，二糖可看成是一分子单糖中的苷羟基和另一分子单糖中的羟基(醇羟基或苷羟基)之间脱水缩合的产物。常见的二糖有蔗糖、麦芽糖、乳糖等，它们的分子式都是 $C_{12}H_{22}O_{11}$，互为同分异构体。根据二糖中是否含有苷羟基，将其分为还原性二糖和非还原性二糖。

1. 蔗糖

蔗糖是自然界分布最广的二糖，因其在甘蔗和甜菜中含量最多，故称蔗糖或甜菜糖。蔗糖是无色晶体，熔点 186 ℃，易溶于水而难溶于乙醇，甜度低于果糖，是日常生活和医药上广泛应用的一种糖。

蔗糖分子是由一分子 α-D-吡喃葡萄糖 C_1 上的苷羟基与一分子 β-D-呋喃果糖 C_2 上的苷羟基之间脱去一分子水以 α-1，2-苷键连接而形成的二糖。其结构式如下：

α-D-吡喃葡萄糖部分　　β-D-呋喃果糖部分

蔗糖分子中无苷羟基，其水溶液无变旋光现象，无还原性，不能与托伦试剂、班氏试剂反应，是非还原性二糖。

蔗糖是右旋糖，其比旋光度为＋66.7°。在酸或转化酶的作用下，蔗糖水解生成等量的 D-葡萄糖和 D-果糖，该混合溶液达到平衡时比旋光度为－19.7°，与水解前旋光方向相反，因此把蔗糖的水解过程称为转化，水解后的混合物称为转化糖。蜂蜜中大部分是转化糖。

$$\underset{\text{蔗糖}}{C_{12}H_{22}O_{11}} + H_2O \xrightarrow{H^+\text{或转化酶}} \underbrace{\underset{\text{D-葡萄糖}}{C_6H_{12}O_6} + \underset{\text{D-果糖}}{C_6H_{12}O_6}}_{\text{转化糖}}$$

2. 麦芽糖

麦芽糖是淀粉在 α-淀粉酶的催化下部分水解的产物。麦芽糖在大麦芽中含量很丰富，饴糖是麦芽糖的粗制品。在人体内，麦芽糖是淀粉类食物在消化过程中的一种中间产物。

麦芽糖是由一分子 α-D-吡喃葡萄糖 C_1 上的 α-苷羟基与另一分子 D-吡喃葡萄糖 C_4 上的醇羟基脱去一分子水而形成的 α-葡萄糖苷，其间形成的苷键是 α-1，4 苷键。其结构式如下：

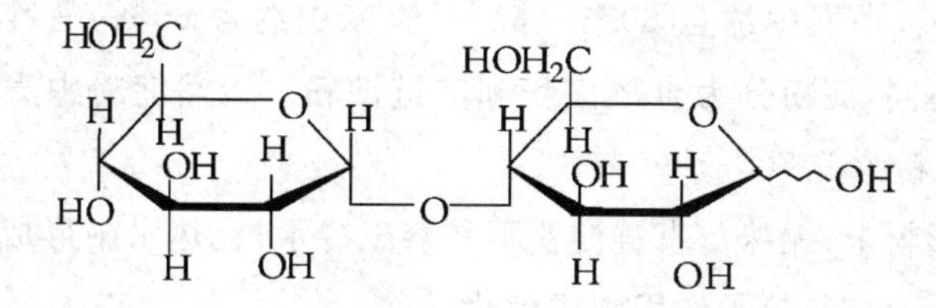

α-D-吡喃葡萄糖部分　D-吡喃葡萄糖部分（α 型和 β 型均可）

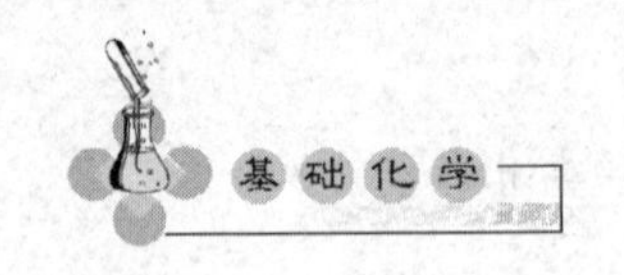

麦芽糖分子中仍有苷羟基，有还原性，能与托伦试剂、班氏试剂反应，是还原性二糖。麦芽糖在酸或酶的作用下水解生成两分子葡萄糖，其甜度为蔗糖的40%，可用作营养剂和细菌培养基。

3. 乳糖

乳糖主要存在于哺乳动物的乳汁中，牛乳中含乳糖约4%～5%，人乳中含乳糖约5%～8%。乳糖是白色晶体，微甜，甜度只有蔗糖的70%，水溶性小，没有吸湿性，在医药中常作为散剂、片剂的填充剂。

乳糖是由一分子β-D-吡喃半乳糖C_1上的苷羟基与一分子D-吡喃葡萄糖C_4上的醇羟基脱去一分子水而形成的β-半乳糖苷，苷键是β-1,4苷键。其结构式如下：

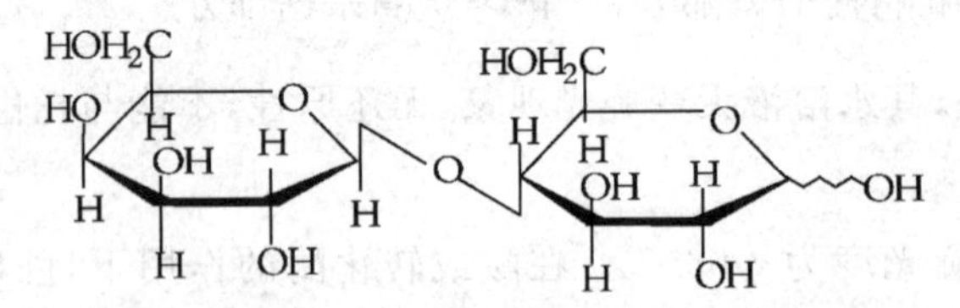

β-D-吡喃半乳糖部分　　D-吡喃葡萄糖部分（α型和β型均可）

乳糖分子仍有苷羟基，有还原性，能与托伦试剂、班氏试剂反应，是还原性二糖。

（三）多糖

多糖是由许多单糖分子通过分子间脱水以苷键连接而成的高分子聚合物，又称多聚糖。由同一种单糖组成的多糖称为均多糖，如淀粉、纤维素和糖原，它们都是由葡萄糖脱水缩合而成的多糖，分子式可用通式$(C_6H_{10}O_5)_n$表示。由不同的单糖及其衍生物组成的多糖称为杂多糖，如透明质酸、肝素等。

多糖一般为无定形粉末，没有甜味，无一定熔点，大多数不溶于水，少数能溶于水形成胶体溶液。多糖分子中虽然有苷羟基，但因为相对分子质量很大而没有还原性。多糖也是糖苷，可以水解，在水解过程中往往产生一系列中间产物，最终完全水解得到单糖。

1. 淀粉

淀粉是植物经光合作用而形成的多糖，大量存在于植物的种子、块茎及根里，如稻米中约含75%～80%，小麦中约含60%～65%，玉米中约含65%，马铃薯中约含20%。根据结构上的不同，淀粉分为直链淀粉和支链淀粉。天然淀粉中直链淀粉约占10%～30%，支链淀粉约占70%～90%。

淀粉是白色无定形粉末，无味。直链淀粉不易溶于冷水，在热水中形成半透明胶体溶液；支链淀粉不溶于水，与热水作用则成糊状。

直链淀粉遇碘溶液呈蓝色，加热后蓝色消失，冷却后又显蓝色；支链淀粉遇碘溶

液呈紫红色。淀粉与碘作用现象明显，反应灵敏，往往用于淀粉和碘的定性检测。

淀粉在稀酸或酶的作用下水解，先生成糊精，最后水解为葡萄糖。

2．糖原

糖原是贮存于动物体内的一种多糖，又称动物淀粉。

糖原是无定形粉末，溶于热水，溶解后呈胶体溶液。糖原溶液遇碘呈紫红色。糖原水解的最终产物是D-葡萄糖。糖原是机体活动所需能量的重要来源，主要存在于肝脏和肌肉中，因此有肝糖原和肌糖原之分。糖原能够调节机体血糖的含量。当血液中葡萄糖含量增高时，多余的葡萄糖就转变成糖原贮存于肝脏中；当血液中葡萄糖含量降低时，肝糖原就分解为葡萄糖进入血液中，以维持血液中葡萄糖的正常含量。

3．纤维素

纤维素是植物细胞壁的主要成分，在自然界中含量非常丰富。棉花中约含纤维素98%，亚麻中约含纤维素80%，木材中纤维素的平均含量约为50%，蔬菜中也含有丰富的纤维素。

纤维素是白色、无臭、无味的固体，不溶于水和一般的有机溶剂，无还原性。纤维素比淀粉难水解，一般需要在高温、高压、浓硫酸的作用下进行，水解的最终产物是D-葡萄糖。

纤维素不能被人体消化，不能作为人体的营养物质。但纤维素能够刺激胃肠道，促进消化液分泌，增加胃肠蠕动，缩短食物残渣在体内停留时间，从而治疗便秘，预防直肠癌的发生。因此，纤维素是健康饮食不可缺少的一个重要组成部分。

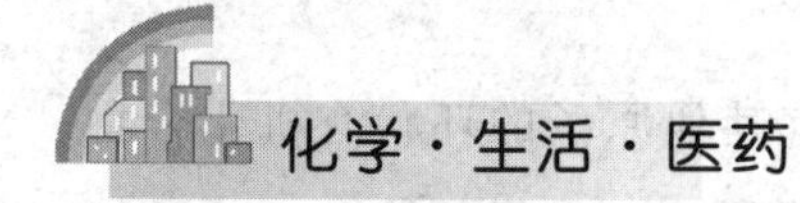

人类重要的营养物质

糖类、油脂、蛋白质、维生素、无机盐和水是食物的六大主要化学成分，通常称为营养素。它们和通过呼吸进入人体的氧气一起，经过新陈代谢过程，转化为人体的物质和维持生命活动的能量。所以，它们是人类赖以生存和保持健康体魄的物质基础。

蛋白质广泛存在于生物体内，是一切细胞的主要成分，是构成肌肉、皮肤、毛发、内脏、大脑、骨骼等的重要物质基础，在生物新陈代谢中起催化作用的酶和有些起调节作用的激素、运输氧气的血红蛋白、引起疾病的细菌和病毒以及抵抗疾病的抗体等均含有蛋白质。日常食用的米、麦、大豆、瘦肉、鱼、奶、蛋等都含有丰富的蛋白质。人体内如果蛋白质供应不足，就会出现生长发育迟缓、体重减轻、对传染病抵抗力下降、病后不易康复等症状。

糖类是绿色植物光合作用的产物，是人类重要的能源和碳源，经体内氧化而供给能量。根据我国居民的食物构成，人们每天摄取的热量中大约有75%来自糖类。糖类可以在动物体内合成肝糖原储存于肝脏并能起保护肝脏的作用。糖类还可以帮助脂肪代谢、保护蛋白质和促进蛋白质的生成。糖类中的食物纤维虽然不能被人体消化吸收，却有促进牙齿健全、利于消化、防治某些疾病等功能。

油脂是热能最高的营养成分，是重要的供能物质。正常情况下，每人每日需进食50～60 g脂肪，约能供应日需总热量的20%～25%。人体中的脂肪还是维持生命活动的一种备用能源，一般成年人体贮存的脂肪占体重的10%～20%，当食量小、摄入物质的能量不足以支持机体消耗的能量时，就要消耗自身的脂肪来满足机体的需要。脂肪还具有保护身体组织器官、促进脂溶性维生素的吸收、维持体温和供给必需脂肪酸等功能。脂肪还是构成生物膜的物质基础。

第二节　杂环化合物和生物碱

一、杂环化合物

杂环化合物是数量最庞大的一类有机化合物，许多天然活性物质都是杂环化合物，它们在生命过程中起着非常重要的作用。比如在生物体中起重要作用的酶、在细胞复制和物种遗传中起主要作用的核酸、植物进行光合作用所必需的叶绿素、动物输送氧气的血红素都是重要的杂环化合物。另外，人体必需的各种维生素大多是杂环化合物。在各种天然和合成药物中，杂环化合物占有举足轻重的地位。

(一) 杂环化合物的分类和命名

杂环化合物是指构成环的原子除碳原子外还含有其他原子的环状有机化合物。组成环的非碳原子叫杂原子，常见的杂原子有氧、硫、氮等。

1. 分类

杂环化合物种类较多，通常以杂环母环的结构为基础进行分类。根据杂环的数目分为单杂环和稠杂环。单杂环又根据成环的原子数目分为五元杂环和六元杂环。稠杂环又分为苯稠杂环和杂稠杂环。此外，还可按杂原子的种类和数目进行分类。表8-5列出了常见的杂环化合物的母环结构和名称。

表 8-5　常见的杂环化合物的母环结构和名称

类别		常见的杂环母环的结构和名称					
单杂环	五元杂环	呋喃 furan	噻吩 thiophene	吡咯 pyrrole	咪唑 imidazole	吡唑 pyrazole	噻唑 thiazole
	六元杂环	吡啶	γ-吡喃	α-吡喃	嘧啶	哒嗪	吡嗪
稠杂环	苯稠杂环	吲哚	苯并咪唑	喹啉	苯并吡嗪	吩嗪	
	杂稠杂环	嘌呤	喋啶				

2. 命名

杂环化合物的名称包括杂环母环和环上侧链两部分。

(1) 杂环母环的名称和编号。杂环母环的名称通常采用音译法，即按杂环的英文名称音译，选用同音汉字加“口”旁组成音译名。母环的位次从杂原子开始依次用 1,2,3,…(或 α,β,γ,…)编号，编号的基本原则是使杂原子或取代基的位次最小。详情见表 8-5。

(2) 杂环化合物的命名。一般以杂环母环为母体，侧链为取代基。例如：

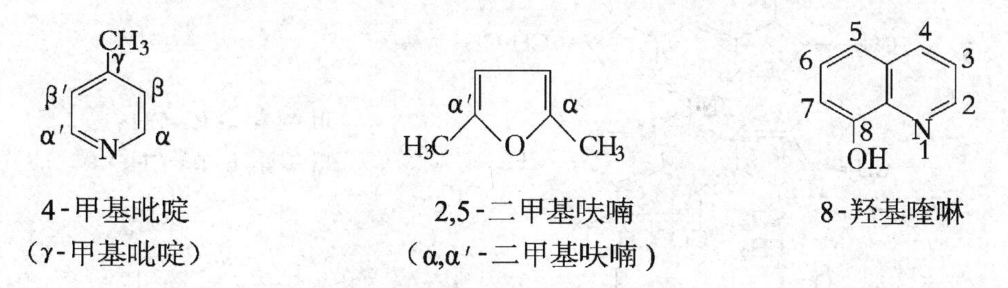

有时也将杂环作取代基，侧链为母体来命名。例如：

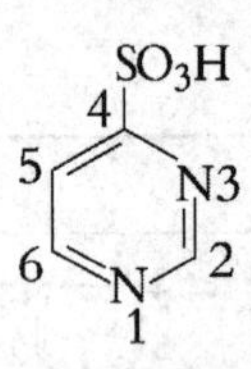

4-嘧啶磺酸

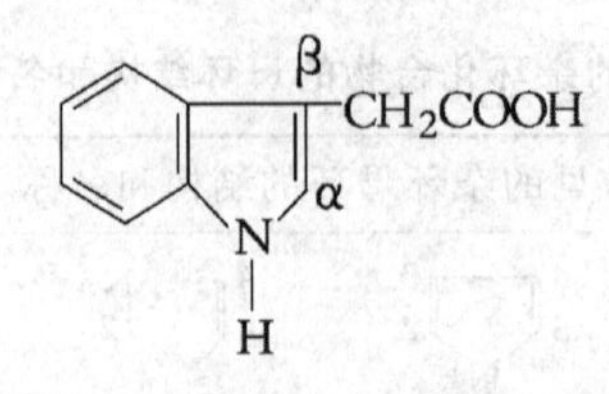

β-吲哚乙酸（3-吲哚乙酸）

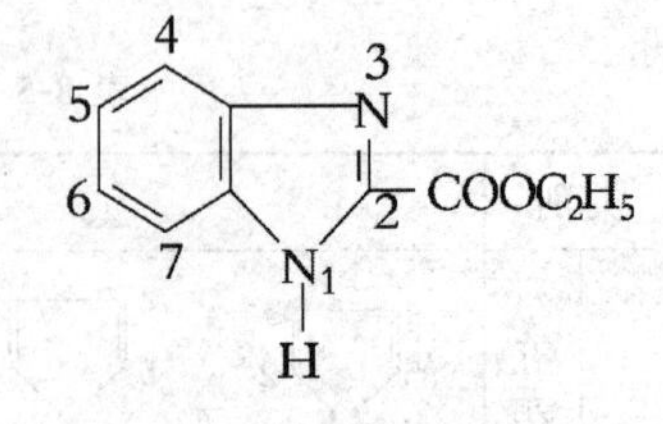

2-苯并咪唑甲酸乙酯

（二）重要的杂环化合物

1. 吡咯衍生物

吡咯衍生物在自然界中分布很广，如动物体中的血红素和植物体中的叶绿素都是吡咯衍生物，具有重要的生理活性。

叶吩是血红素和叶绿素分子结构的基本骨架，它是由 4 个吡咯环的 α-碳原子通过次甲基（—CH ═）相连而成的复杂大共轭体系。叶吩环的 4 个氮原子通过配位键和共价键与金属离子结合，当吡咯环的 β 位连有取代基时，该环称为卟啉环。血红素是卟啉环与 Fe^{2+} 形成的配合物，叶绿素是卟啉环与 Mg^{2+} 形成的配合物，它们的结构简式如下：

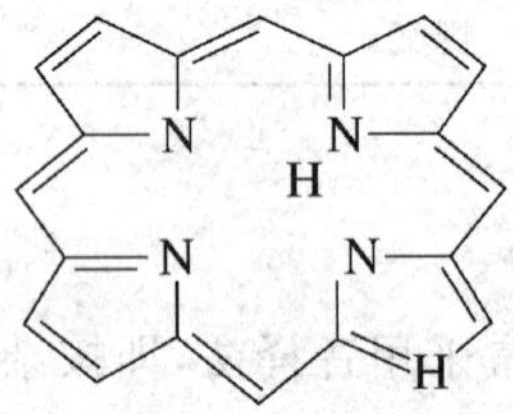

叶吩

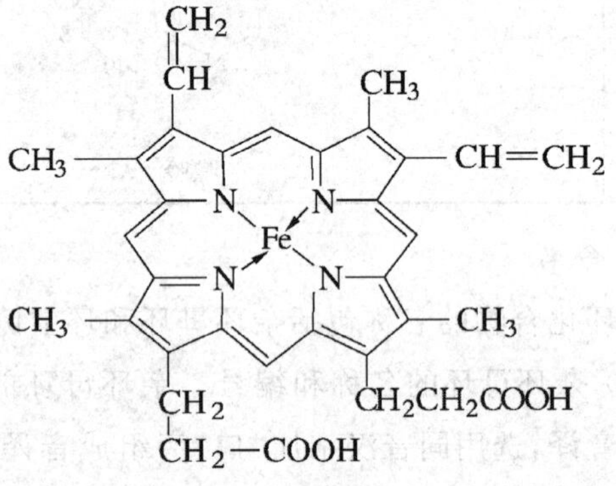

血红素

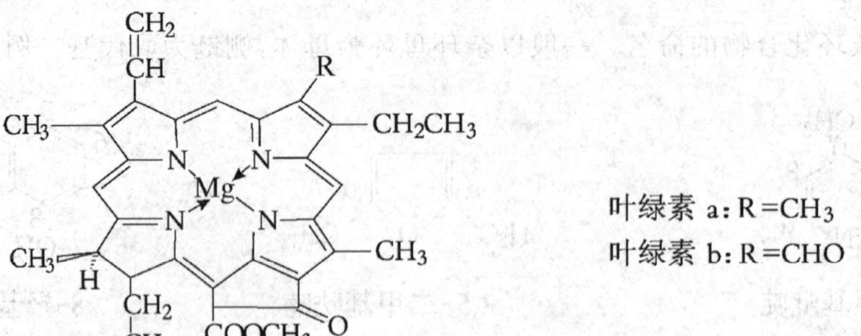

叶绿素 a：$R=CH_3$

叶绿素 b：$R=CHO$

叶绿素

血红素在体内与蛋白质结合形成血红蛋白，存在于红细胞中，是人和其他哺乳动物体内运输氧气的物质。叶绿素是植物进行光合作用不可缺少的物质。

2. 呋喃衍生物

呋喃甲醛是最常见的呋喃衍生物，又称糠醛。它是一种无色液体，沸点为161.7 ℃，在空气中易氧化变黑，是一种良好的溶剂。

糠醛是合成药物的重要原料，通过硝化可制得一系列呋喃类抗菌药物，如治疗泌尿系统感染的药物呋喃坦丁、治疗血吸虫病的药物呋喃丙胺等。

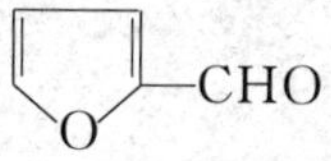

O —CHO

呋喃甲醛

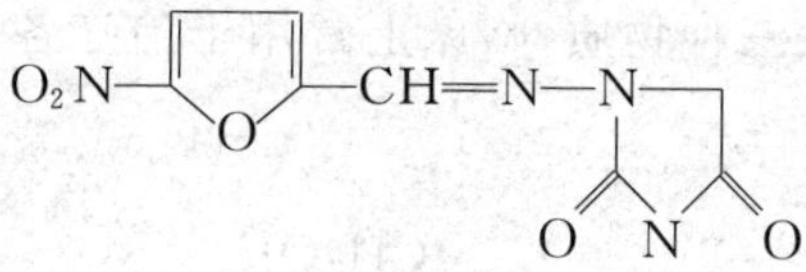

O_2N— O —CH=N—N— (O N O)

呋喃坦丁

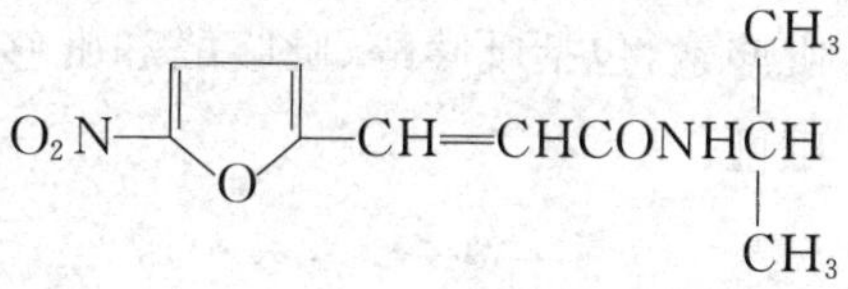

O_2N— O —CH=CHCONHCH(CH_3)$_2$

呋喃丙胺

3. 咪唑衍生物

西咪替丁是比较重要的咪唑衍生物，又称甲氰咪胍，是临床上常用的第一代 H_2 受体拮抗剂、抗溃疡药，用于胃溃疡、十二指肠溃疡、上消化道出血等疾病的治疗。

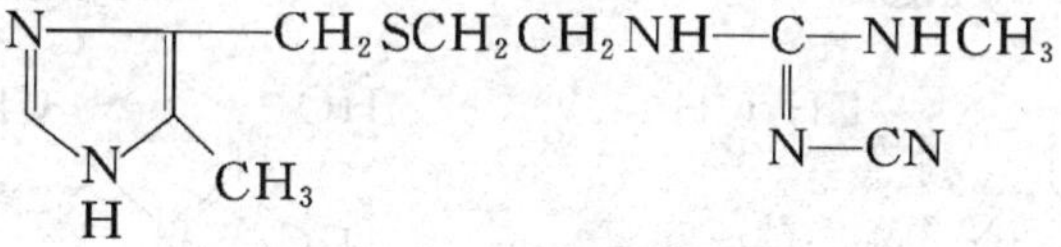

N —$CH_2SCH_2CH_2NH$—C(=N—CN)—$NHCH_3$

N H CH_3

西咪替丁

4. 噻唑衍生物

噻唑是含一个硫原子和一个氮原子的五元杂环，它是无色有吡啶臭味的液体，沸点为117 ℃，与水互溶，有弱碱性。青霉素是比较重要的噻唑衍生物。

青霉素是一类抗生素的总称，在结构上均具有一个活泼的四元环β-内酰胺结构及与之稠合在一起的四氢噻唑环，这是青霉素具有抗菌作用的关键有效结构。通过改变烃基可以合成很多青霉素类药物，如临床上常用的青霉素G、青霉素V、青霉素O等。

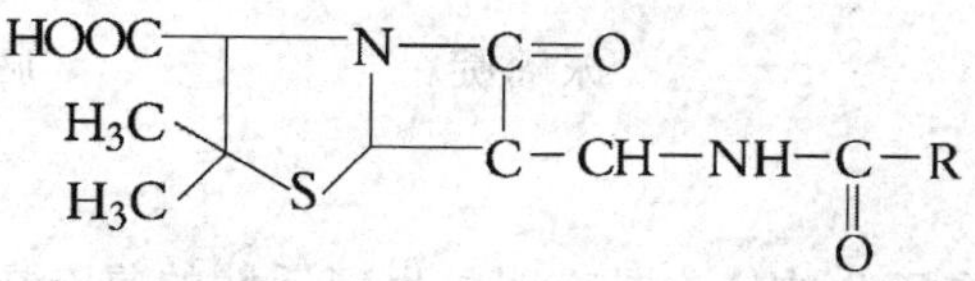

HOOC— N—C=O

H_3C H_3C S —C—CH—NH—C(=O)—R

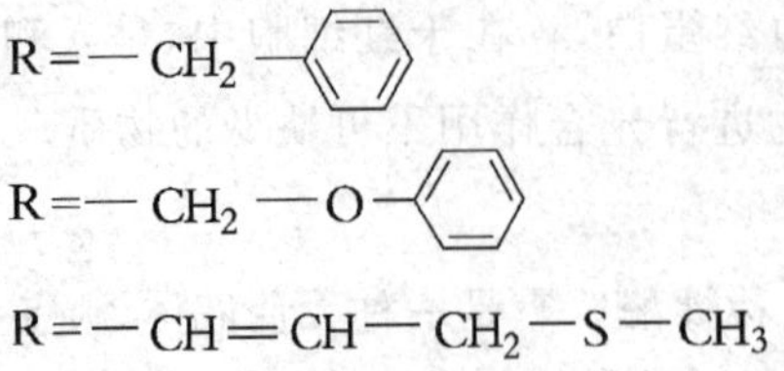

$R=—CH_2—C_6H_5$（苯基） 青霉素G
$R=—CH_2—O—C_6H_5$ 青霉素V
$R=—CH=CH—CH_2—S—CH_3$ 青霉素O

青霉素G、青霉素V、青霉素O：常用青霉素

5．吡啶衍生物

烟酸和维生素 B_6 是比较重要的吡啶衍生物。烟酸是维生素 B 族中的一种，能扩张血管，促进细胞的新陈代谢，临床上主要用于维生素缺乏症的治疗。维生素 B_6 又称吡哆素，包括吡哆醇、吡哆醛和吡哆胺三种物质，临床上常用于治疗各种原因引起的呕吐。

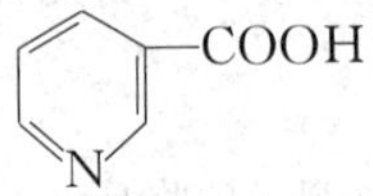

烟酸（3-COOH吡啶）

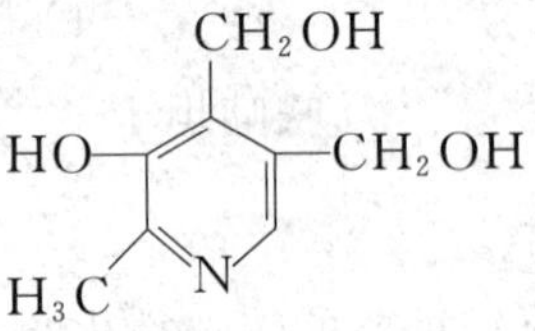

吡哆醇（2-H_3C，3-HO，4-CH_2OH，5-CH_2OH吡啶）

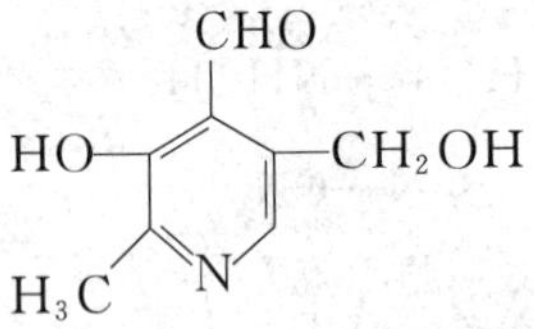

吡哆醛（2-H_3C，3-HO，4-CHO，5-CH_2OH吡啶）

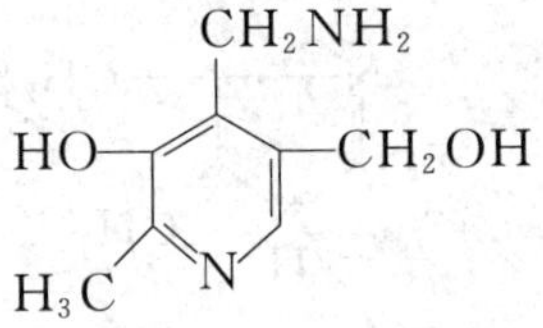

吡哆胺（2-H_3C，3-HO，4-CH_2NH_2，5-CH_2OH吡啶）

6．嘧啶衍生物

嘧啶是无色晶体，易溶于水，化学性质与吡啶相似，它的有些衍生物有重要的生理活性。例如，胞嘧啶、尿嘧啶和胸腺嘧啶都是核酸的重要组成成分。

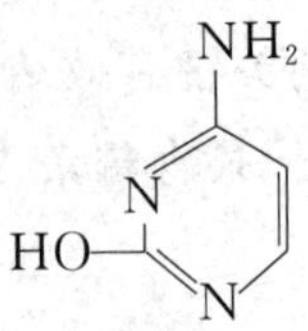

胞嘧啶（2-HO，4-NH_2嘧啶）

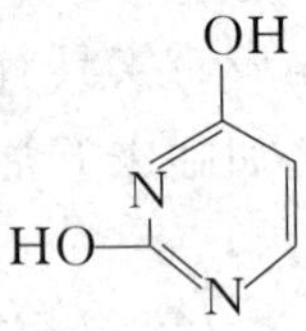

尿嘧啶（2-HO，4-OH嘧啶）

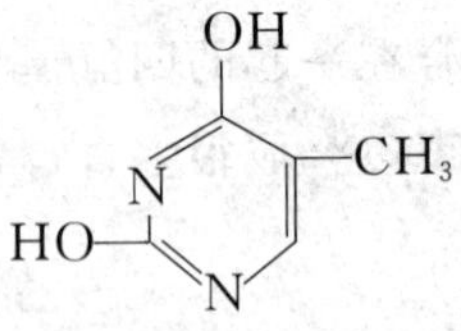

胸腺嘧啶（2-HO，4-OH，5-CH_3嘧啶）

二、生物碱

生物碱是一类存在于生物体内具有明显生理活性的复杂含氮有机化合物。由于它们主要从植物中提取，所以也叫植物碱。生物碱是中草药的有效成分，在临床中被广泛使用。例如，麻黄中的麻黄碱可用于平喘止咳，罂粟中的吗啡碱可用于镇痛，黄

连中的小檗碱可用于消炎、镇痛、清热去火。

（一）生物碱的一般性质

大多数生物碱为无色晶体，因分子中含有手性碳原子而具有旋光性，自然界中存在的生物碱一般是左旋体。生物碱有苦味，难溶于水，易溶于乙醇、乙醚、氯仿等有机溶剂。生物碱的结构比较复杂，种类也比较繁多，但具有一些相似的化学性质。

1. 碱性

生物碱由于含有氮原子而多呈碱性，大多能与有机酸或无机酸结合生成盐。生物碱盐一般易溶于水。临床上常利用此特性将生物碱类药物制成盐类使用，如硫酸阿托品、盐酸吗啡等。

生物碱盐遇到强碱能使生物碱游离出来，利用此办法进行生物碱的分离和提纯。

2. 沉淀反应

大多数生物碱或其盐溶液能与某些试剂反应生成难溶性的物质而沉淀下来。这些能与生物碱发生沉淀反应的试剂称为生物沉淀剂。生物沉淀剂多是复盐、杂多酸和某些有机酸，还有一些是氧化剂或脱水剂等，如氯化金、碘-碘化钾、碘化汞钾、磷钼酸、硅钨酸、氯化汞、碘化汞钾、苦味酸和鞣酸等。生物碱与不同的生物沉淀剂作用呈不同颜色，可利用此反应对生物碱进行鉴别。例如，生物碱遇碘化汞钾多生成白色沉淀，与氯化金多生成黄色沉淀。

3. 颜色反应

生物碱能与一些试剂（如钒酸铵的浓硫酸溶液、浓硝酸、浓硫酸、甲醛、氨水等）发生颜色反应。利用此性质可鉴别生物碱。例如，莨菪碱遇1%钒酸铵的浓硫酸溶液显红色，可待因遇甲醛-浓硫酸试剂显紫红色等。

（二）重要的生物碱

1. 烟碱

烟碱又叫尼古丁，主要以苹果酸盐及柠檬酸盐的形式存在于烟草中。其结构简式如下：

烟碱

烟碱为无色油状液体，沸点为246.1 ℃，有旋光性，天然的烟碱为左旋体。烟碱有剧毒，少量可使中枢神经兴奋、血压增高，多量可抑制中枢神经，导致心脏骤停而死亡。烟碱能被$KMnO_4$氧化为烟酸，具有弱碱性，可与强酸作用生成盐，与鞣酸、苦味酸等反应生成沉淀。

2. 麻黄碱

麻黄碱又称麻黄素，其分子中含有 2 个手性碳原子，有 2 对对映异构体。其结构简式如下：

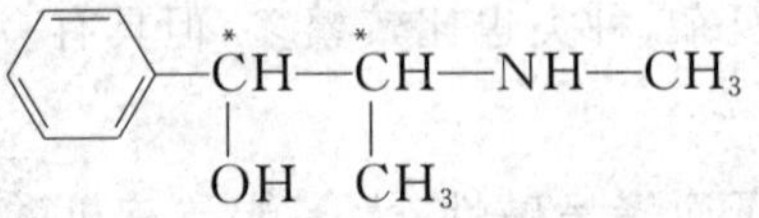

$$C_6H_5-\overset{*}{C}H(OH)-\overset{*}{C}H(CH_3)-NH-CH_3$$

麻黄碱为无色似蜡状固体，无臭，熔点 40 ℃，易溶于水，可溶于乙醇、氯仿、乙醚等有机溶剂。麻黄碱有扩张血管、兴奋交感神经、增高血压等作用，在临床上常用其盐酸盐治疗支气管哮喘、过敏性反应及低血压等。

3. 茶碱、可可碱和咖啡碱

它们均为黄嘌呤的 N-甲基衍生物。茶碱主要存在于茶叶中，咖啡碱主要存在于咖啡和茶叶中，可可碱主要存在于可可豆及茶叶中。它们都是带有苦味的物质，能溶于热水。

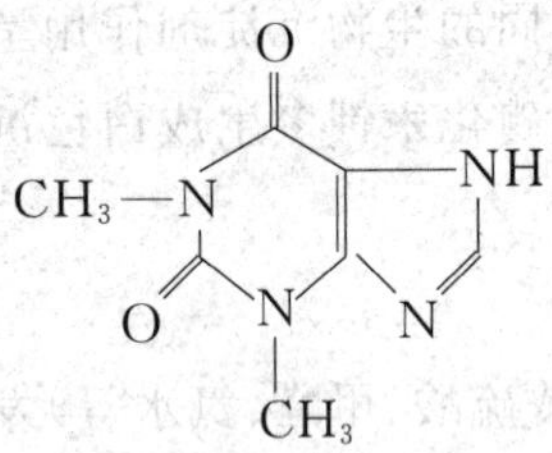

茶碱（1,3-二甲基黄嘌呤）　可可碱（3,7-二甲基黄嘌呤）　咖啡碱（1,3,7-三甲基黄嘌呤）

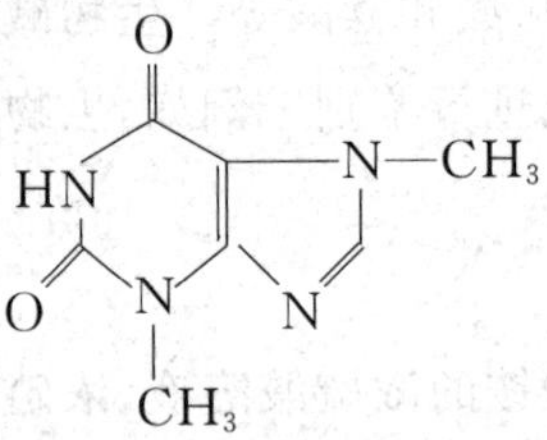

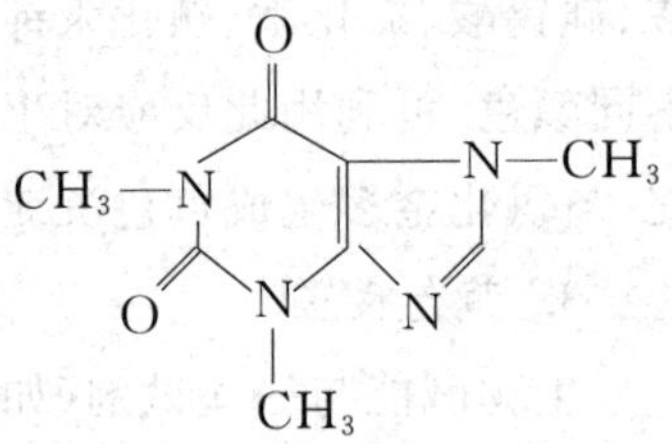

茶碱、可可碱和咖啡碱均具有兴奋中枢神经、兴奋心脏及利尿作用。

4. 小檗碱

小檗碱又称黄连素，是黄连、黄柏等中草药的主要成分，是一种异喹啉生物碱。游离的小檗碱主要以季铵碱的形式存在，容易与酸作用形成盐。

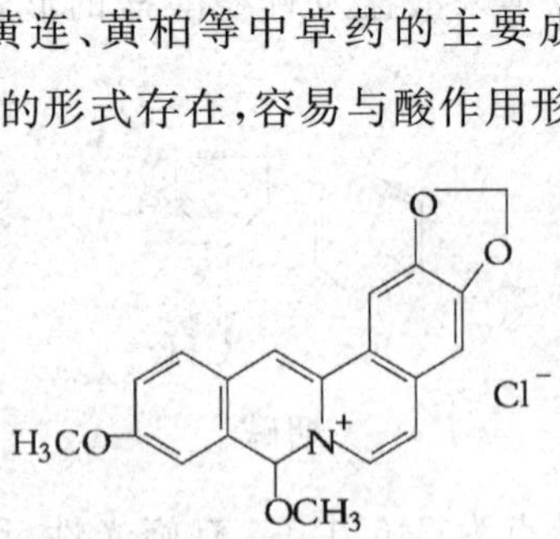

盐酸小檗碱

小檗碱为黄色结晶，能溶于水和乙醇，对痢疾杆菌、葡萄球菌有明显的抗菌作用，

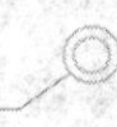

在临床上用于治疗细菌性痢疾和肠炎。

化学·生活·医药

有机药物化学性质举例

大部分药物为有机物，其分子中的官能团及一些特征化学结构决定了药物的主要化学性质。几种常用药物的结构、主要化学性质及鉴别方法如表 8-6 所示。

表 8-6 常用药物的结构、主要化学性质及鉴别方法

药品	结构简式	官能团	化学性质	鉴别方法
阿司匹林	邻位取代苯环：COOH、$OCCH_3$（C=O）	羧基	酸性	使蓝石蕊试纸变红
		酯键	水解性	水解产物水杨酸中的酚羟基与三氯化铁作用显紫堇色
对乙酰氨基酚	HO—C_6H_4—$NHCOCH_3$	酚羟基	与三氯化铁反应	与三氯化铁作用显紫堇色
		酰胺键	水解性	水解产物对氨基酚显芳香第一胺反应
盐酸普鲁卡因	H_2N—C_6H_4—$COOCH_2CH_2N(C_2H_5)_2$ · HCl	芳伯氨基	①还原性 ② 酸性 ③ 重氮化-偶合反应	重氮化-偶合反应生成猩红色物质
		酯键	水解性	酯键水解后生成的碱性二乙胺基乙醇蒸气能使湿润的红石蕊试纸变蓝
		叔胺	① 碱性 ② 生物碱试剂反应	与生物碱沉淀剂产生有色沉淀

第三节 有机化合物性质的应用

一、有机物的分离、提纯

运用有机物在物理、化学性质上的差异，可以从混合物中分离出某种（类）有机物，或除去有机物中所含的其他成分（杂质），这就是有机物的分离和提纯。

溶解性、沸点、升华、酸碱性等是分离、纯化有机物中常运用的物理、化学性质。

分离、提纯有机物的方法很多，有经典的蒸馏法、重结晶法、萃取法和升华法，有近代发展起来的电泳法、气相色谱法、高效液相色谱法等。

实例一：重结晶法提纯苯甲酸。

提纯流程图如下：

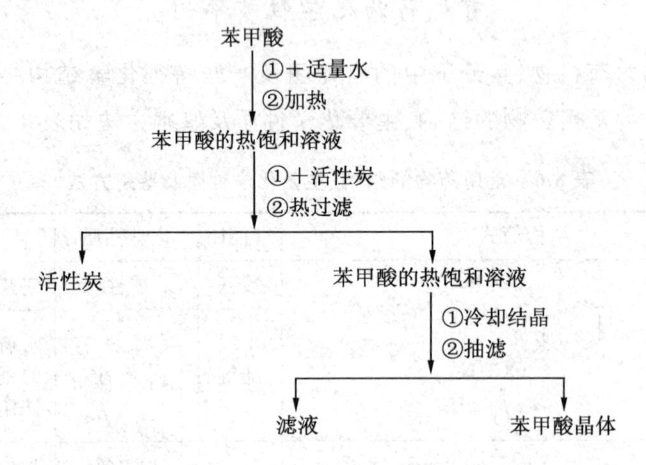

苯甲酸的熔点为 122 ℃，在水中的溶解度随温度升高而显著增大，如 18 ℃时为 0.27 g、100 ℃时为 5.7 g。上述过程利用苯甲酸溶解度的特点，将粗苯甲酸溶于沸水中并加活性炭脱色，不溶性杂质与活性炭在热过滤时除去，冷却后苯甲酸析出结晶，可溶性杂质留在母液中而达到提纯的目的。

实例二：苯甲酸和氯仿混合液的分离。

分离流程图如下：

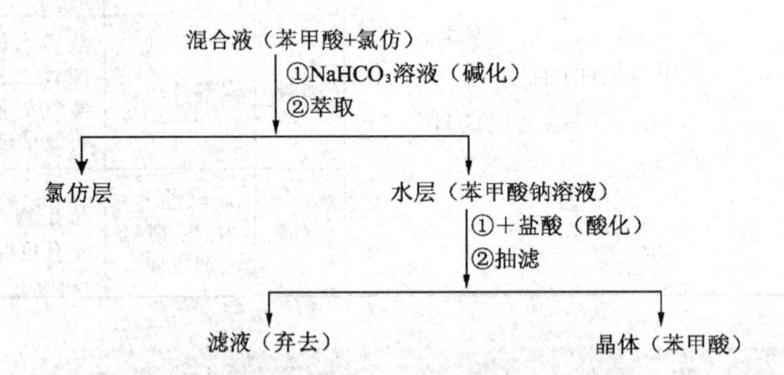

分离过程应用了氯仿、苯甲酸、苯甲酸钠的水溶性和苯甲酸的弱酸性：① 苯甲酸难溶于水、易溶于氯仿，苯甲酸钠易溶于水、难溶于氯仿；② 苯甲酸的酸性比碳酸强、比盐酸弱。通过萃取和抽滤操作完成分离。

黄藤中巴马丁的提取分离

黄藤为防己科天仙属植物黄藤的干燥根和根茎，主要化学成分为生物碱类，其中巴马丁含量高达3%，还含有微量的药根碱、非洲防己碱、黄藤素甲、黄藤素乙、黄藤内酯、甾醇等成分。

巴马丁为季铵型生物碱，可溶于水、乙醇，几乎不溶于氯仿、苯、乙醚等溶剂，其盐酸盐常称氯化巴马丁。氯化巴马丁为鲜黄色针状结晶，熔点为201 ℃～202 ℃（分解），略溶于水，可溶于热水，微溶于乙醇和氯仿，几乎不溶于乙醚。其硫酸盐或醋酸盐在水中的溶解度比盐酸盐大。

巴马丁的提取分离过程如下：

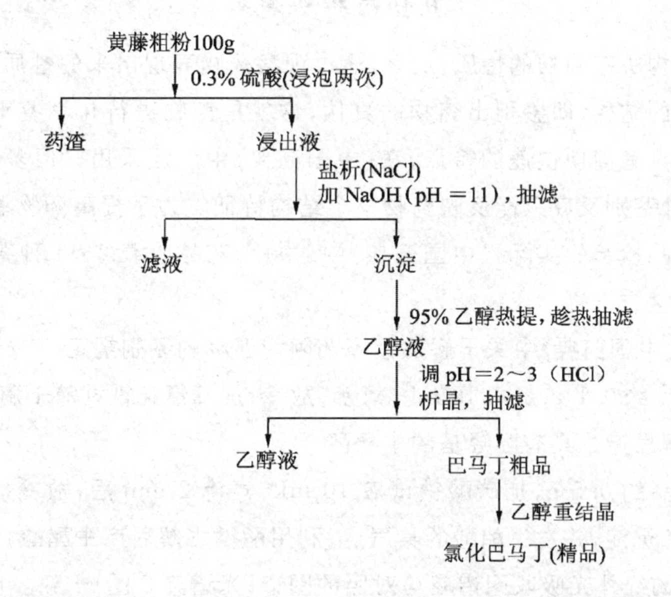

二、有机物的鉴别

药学相关专业对药物（有机物）的鉴别通常是通过鉴定元素、官能团、碳架结构以及测定某些物理常数进行的。鉴别方法有化学方法、物理方法等。用化学方法鉴定官能团最关键的是选择符合条件的化学试剂，要求反应灵敏、现象明显、选择性好且能够得出肯定的结论。

【例8-1】 某化合物是丙酮或丙醛中的一种，请用化学方法通过实验确定。

思路：丙酮和丙醛是含不同官能团的两种有机物，通过鉴定其官能团，就可知道该化合物是哪一个。

解：化合物 $\xrightarrow{\text{希夫试剂}}$ $\begin{cases}\text{显紫红色} & \text{有—CHO，是丙醛} \\ \text{不显紫红色} & \text{无—CHO，是丙酮}\end{cases}$

【例 8-2】 某化合物是乙醇、乙酸和乙醛三种有机物中的一种，请用化学方法通过实验确定。

解：

(1) 化合物 $\xrightarrow{\text{希夫试剂}}$ $\begin{cases}\text{显紫红色} & \text{是乙醛} \\ \text{不显紫红色} & \text{是乙酸或乙醇}\end{cases}$

(2) 化合物 $\xrightarrow{NaHCO_3}$ $\begin{cases}\text{产生无色气体} & \text{有—COOH，是乙酸} \\ \text{没有气体产生} & \text{无—COOH，是乙醇}\end{cases}$

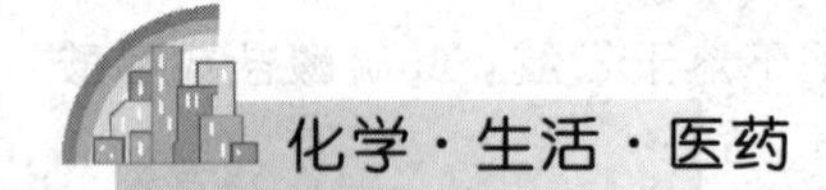

有机药物的鉴别

药物的结构决定药物的性质，反之，通过观察药物表现出来的性质也能判断出药物具有什么样的结构，即鉴别出药物的真伪，这就是药物进行化学鉴别的基本原理。化学鉴别方法具有简便快速的特点，在《中国药典》中广泛采用。但多数药物的结构比较复杂，一种鉴别反应只能反映药物某个结构特征。为了提高药物鉴别的准确性，同时又符合药品检验的实际，《中国药典》中对每个药品收载 2～4 种鉴别试验(包括化学和物理化学方法)。

实例一：《中国药典》中关于解热镇痛药阿司匹林的鉴别规定：

(1) 取本品约 0.1 g，加水 10 mL，煮沸，放冷，加三氯化铁试液 1 滴，即显紫堇色。(利用酯键水解后产生具有酚羟基的水杨酸)

(2) 取本品约 0.5 g，加碳酸钠试液 10 mL，煮沸 2 min 后，放冷，加过量的稀硫酸，即析出白色沉淀，并发生醋酸的臭气。(利用酯键水解后产生醋酸)

(3) 本品的红外光吸收图谱应与对照的图谱(光谱集 5 图)一致。(物理化学法)

实例二：《中国药典》中关于营养药葡萄糖的鉴别规定：

(1) 取本品约 0.2 g，加水 5 mL 溶解后，缓缓滴入微温的碱性酒石酸铜试液中，即生成氧化亚铜红色沉淀。(利用葡萄糖的还原性)

(2) 取干燥失重项下的本品适量，依法测定，本品的红外光吸收图谱应与对照的图谱(光谱集 702 图)一致。(物理化学法)

1. 写出下列化合物的结构简式：

(1) 乙醛酸　(2) 丙酮酸　(3) 对氨基水杨酸　(4) γ-羟基丁酸

2. 填写下表：

有机物结构简式	类别	官能团		有机物名称
		名称	结构	
$CH_3CH(OH)COOH$	羟基酸	羧基 羟基	—COOH —OH	乳酸
$CH_3CH(NH_2)COOH$				
				水杨酸
$CH_3C(=O)—CH_2COOH$	酮酸			β-丁酮酸

3. 比较下列各组化合物的酸性强弱，按酸性增强的顺序排列：

(1) 丁二酸　2-羟基丁二酸　2,3-二羟基丁二酸

(2) 苯甲酸　水杨酸　没食子酸

4. 用化学方法鉴别化合物：

(1) 某化合物，不是苯甲酸就是水杨酸，请鉴别。

(2) 某化合物，不是丁酸就是3-丁酮酸，请鉴别。

(3) 某化合物，不是葡萄糖就是果糖，请鉴别。

(4) 某化合物，是葡萄糖、蔗糖和淀粉三种有机物中的一种，请鉴别。

5. 根据下表所列的反应现象，选择适当的化合物填空：

待选化合物：

葡萄糖、蔗糖、(环己烯基)—CHO、(邻-CH_2OH苯基)—COOH、(邻-OH苯基)—COOH、

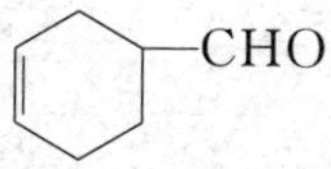

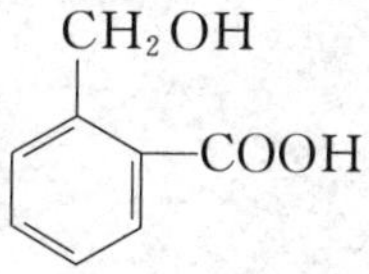

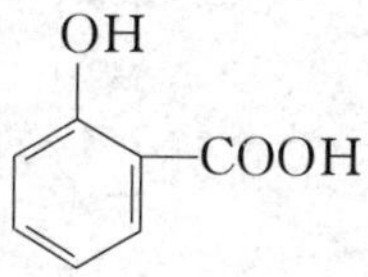

$CH_3CH(NH_2)COOH$ 、$CH(NH_2)CH_2COOH$

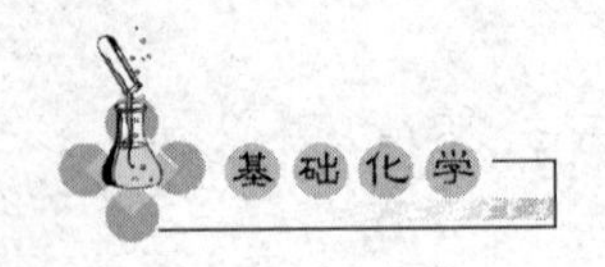

化学试剂	化合物				
托伦试剂	产生银镜	—	—	产生银镜	—
α-萘酚、浓硫酸	产生紫色环	产生紫色环	—	—	—
三氯化铁溶液	—	—	显紫色	—	—
水合茚三酮	—	—	—		蓝紫色

第九章

立体异构

组成相同而结构不同的分子互称为同分异构体，这种现象称为同分异构现象。在有机化合物中，同分异构现象非常普遍。同分异构可分为构造异构和立体异构。通常用“构造”表示分子中原子结合的顺序，用“构型”表示原子在空间的排列方式。

分子组成相同，由于原子和原子间的连接方式不同而引起的异构现象称为构造异构，碳链异构、位置异构、官能团异构、互变异构都属于构造异构。例如：

碳链异构　$CH_3—CH_2—CH_2—CH_3$　　$CH_3—\underset{\displaystyle CH_3}{\underset{|}{CH}}—CH_3$

位置异构　$CH_2{=}CH—CH_2—CH_3$　　$CH_3—CH{=}CH—CH_3$

官能团异构　$CH_3CH_2—\overset{\displaystyle O}{\overset{\|}{C}}—OH$　　$CH_3—\overset{\displaystyle O}{\overset{\|}{C}}—OCH_3$

互变异构　$CH_3—\overset{\displaystyle O}{\overset{\|}{C}}—CH_2—\overset{\displaystyle O}{\overset{\|}{C}}—CH_3$　　$CH_3—\overset{\displaystyle OH}{\overset{|}{C}}{=}CH—\overset{\displaystyle O}{\overset{\|}{C}}—CH_3$

分子组成相同，由于原子或原子团在空间的排列方式不同而引起的异构现象称为立体异构。立体异构体的分子中，原子与原子间的连接方式相同，只是空间排列方式不同，这是与构造异构的不同之处。立体异构可分为构型异构和构象异构，构型异构又包括顺反异构和旋光异构。

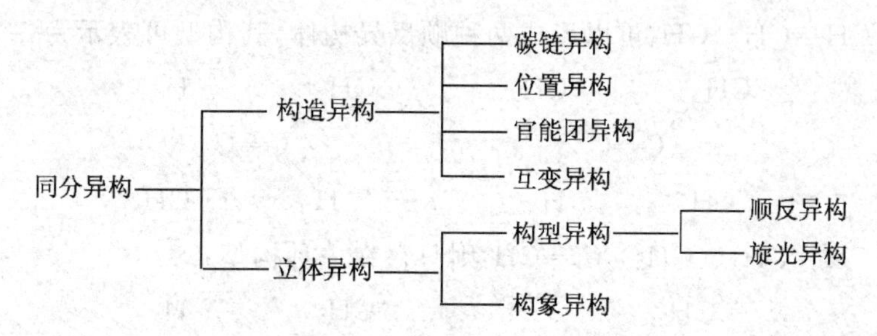

分子的立体结构与其性质关系密切，同种化合物的不同异构体在性质上存在一定的差异，生理作用也可能不同。本章着重讨论立体异构。

第一节　顺反异构

一、顺反异构的定义

在含有双键的有机物分子中，由于双键是由一个σ键和一个π键组成的，双键的旋转必然破坏π键，因此双键的旋转就受到了限制，连在双键碳原子上的原子或原子团就会有不同的空间排列方式，即可以产生不同的构型。

例如，2-丁烯酸 $CH_3-CH=CH-COOH$ 有两种不同的构型，可分别表示为：

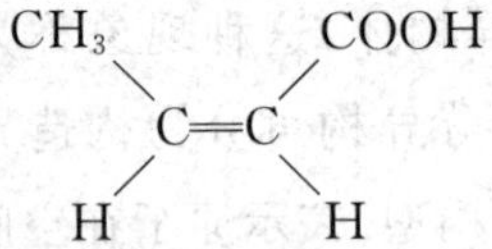

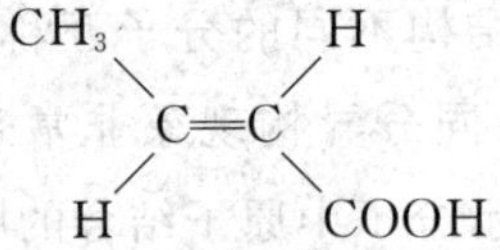

$$\begin{array}{ccc} CH_3 & & COOH \\ & C=C & \\ H & & H \end{array} \qquad \begin{array}{ccc} CH_3 & & H \\ & C=C & \\ H & & COOH \end{array}$$

同理，在脂环化合物中的环内碳原子，由于受环本身的限制，不能绕碳碳单键旋转，当有两个或两个以上的成环碳原子所连的基团不同时，就会有不同的空间排列方式。

例如，1，3-二甲基环戊烷，其构型可表示为：

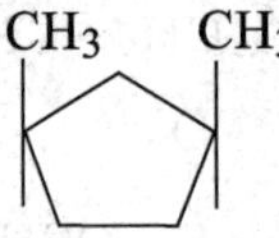

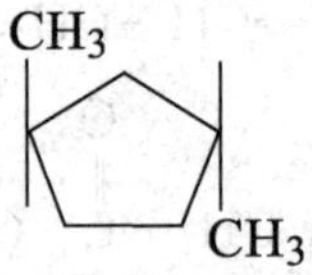

$$\begin{array}{cc} CH_3 \quad CH_3 \\ \text{(环戊烷)} \end{array} \qquad \begin{array}{c} CH_3 \\ \text{(环戊烷)} \\ CH_3 \end{array}$$

这种分子结构相同，只是由于双键或脂环旋转受阻而产生的原子或原子团的空间排列方式不同所引起的异构称为顺反异构，又称几何异构。

相同的原子或基团(2个氢原子或2个甲基)在双键的同一侧，称为顺式构型。相同的原子或基团分别在双键的两侧，称为反式构型。

二、顺反异构产生的原因和条件

并不是所有含有双键和脂环的有机化合物都能产生顺反异构体。例如：

$CH_3-CH=CH-CH_3$ 可以形成两种顺反异构体，其构型可表示为：

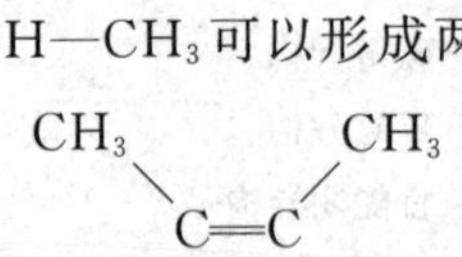

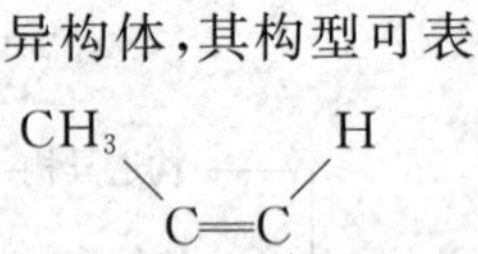

$$\begin{array}{ccc} CH_3 & & CH_3 \\ & C=C & \\ H & & H \end{array} \qquad \begin{array}{ccc} CH_3 & & H \\ & C=C & \\ H & & CH_3 \end{array}$$

$CH_3-CH=CH_2$、$(CH_3)_2C=CH_2$ 则只存在一种构型：

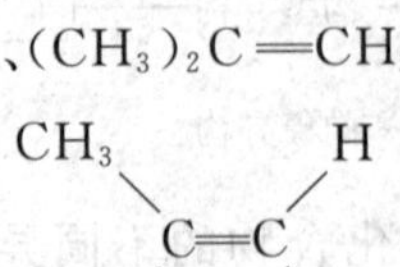

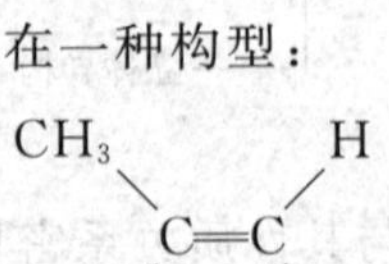

$$\begin{array}{ccc} CH_3 & & H \\ & C=C & \\ H & & H \end{array} \qquad \begin{array}{ccc} CH_3 & & H \\ & C=C & \\ CH_3 & & H \end{array}$$

又如，1-甲基-3-溴环己烷可以形成两种构型：

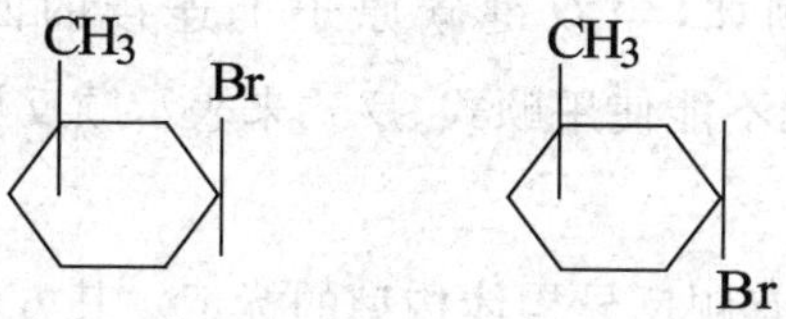

1-溴环己烷只有一种构型：

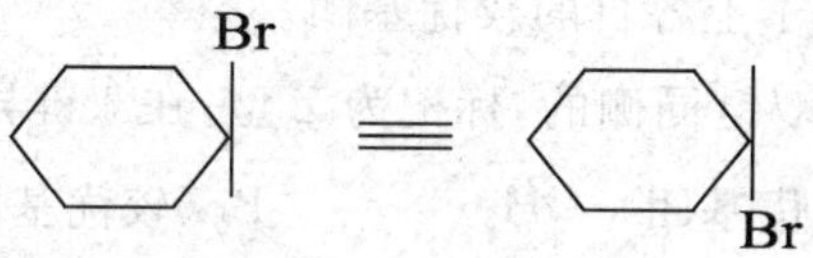

综上所述，产生顺反异构的条件为：

(1) 分子中存在限制旋转的因素(如双键或碳环的结构)。

(2) 每个不能自由旋转的原子连接的原子或基团必须不同。每一个双键原子上必须连有不同的原子或原子团；脂环分子中要有两个或两个以上的成环原子上连有不同的原子或原子团。

根据产生顺反异构的条件，可以有效地判断有机化合物是否可以形成顺反异构体。

三、顺反异构体的构型表示方法

顺反异构体的构型常用顺式、反式和 Z、E 构型法表示。

(一) 顺式、反式表示法

规定：比较双键原子或成环原子上所连基团，相同的基团在双键或环平面同侧的异构体称为顺式，相同的基团在双键或环平面异侧的异构体称为反式。

例如：

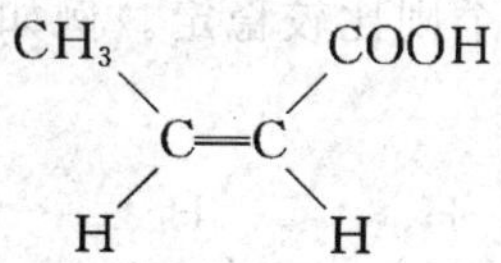

顺-2-丁烯酸 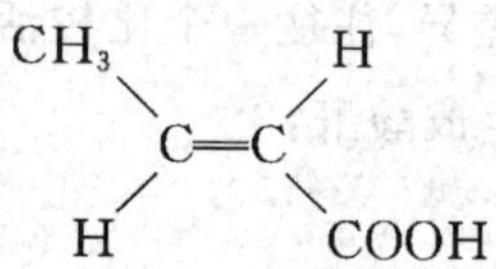　　　　反-2-丁烯酸

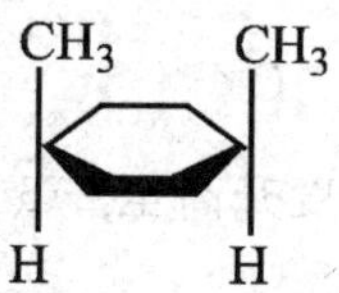

顺-1,4-二甲基环己烷 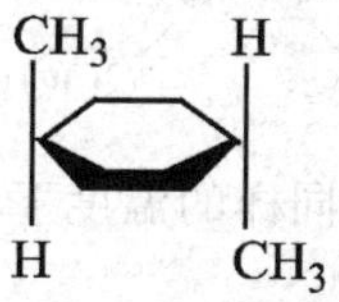　　　　反-1,4-二甲基环己烷

使用顺式、反式来表示顺反异构体的构型，简单、直观且易于掌握，但其使用范围受到一些条件的限制。例如，当双键碳原子上连接的四个基团都不相同时，如 $CH_3CH{=}CBrCH_2CH_3$，就不能使用顺式、反式来表示顺反异构体的构型。

（二）Z、E 构型法

Z、E 构型法适用于所有顺反异构体构型的标记。其方法如下：

（1）按次序规则确定双键两端碳原子上各自的较优基团；如是环状，则确定与顺反异构相关的两个环碳原子上各自的较优基团。

（2）两个较优基团在双键同侧的，标记为 Z 型；在双键异侧的，标记为 E 型。

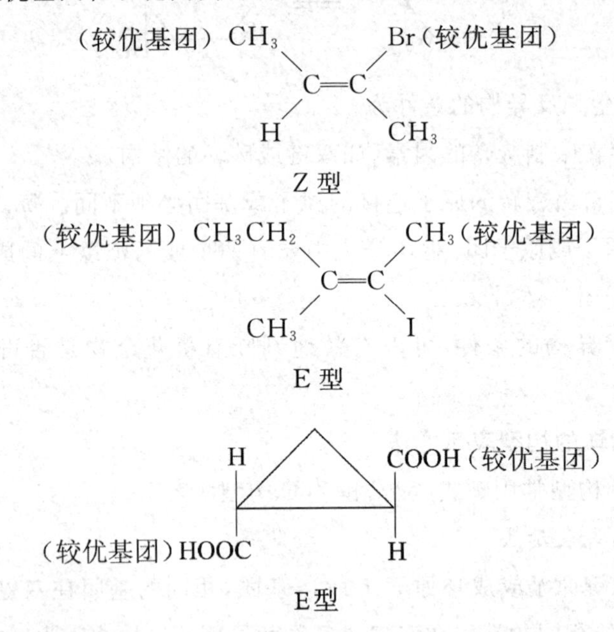

四、顺反异构体的性质

顺反异构体的物理性质有时差别较大，可以用物理方法把它们分离出来。其化学性质也存在着差异，往往一个比较活泼，另一个则比较稳定。例如，顺-丁烯二酸在 140 ℃可失去水生成酸酐：

$$\begin{matrix} H & & H \\ & C{=}C & \\ HOOC & & COOH \end{matrix} \xrightarrow{140\ ^\circ C} \begin{matrix} & H & & H & \\ & & C{=}C & & \\ O{=}C & & & & C{=}O \\ & & O & & \end{matrix} + H_2O$$

反-丁烯二酸在同样的温度下不反应，只有当温度升高至 275 ℃时才部分生成丁烯二酸酐。

顺反异构体不仅在理化性质上有所不同，而且在生理活性上也有区别。例如，具

有降血脂作用的亚油酸和花生四烯酸全部为顺式构型；维生素 A 的结构中具有四个双键，全部是反式构型，如果其中出现顺式构型则生理活性大大降低。大多数具有顺反异构体的药物在生物体中的作用强度常常有差异。

第二节 旋光异构

一、偏振光和旋光性

（一）偏振光

光是一种电磁波，光波振动的方向与其前进的方向垂直。普通光（或单色光）的光波在与其前进方向垂直的各个不同的平面内振动。若使普通光通过一个尼科尔(Nicol)棱镜（好像一个栅栏），就只有和棱镜的晶轴平行的平面内振动的光线才能通过。这种通过棱镜后只在一个平面上振动的光称为平面偏振光，简称偏振光，如图 9-1 所示。

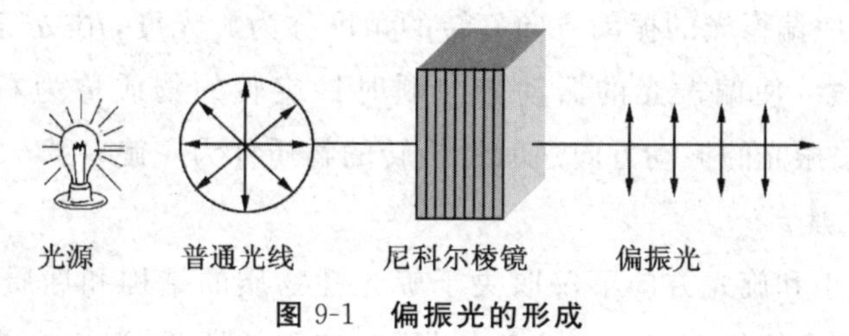

图 9-1 偏振光的形成

（二）旋光性

如果将偏振光通过化学物质（纯液体或溶液），有些物质（如水、酒精等）对偏振光不产生影响，即偏振光仍维持原来的振动方向，而有些物质（如葡萄糖、乳酸等）会使偏振光的振动方向发生旋转，如图 9-2 所示。

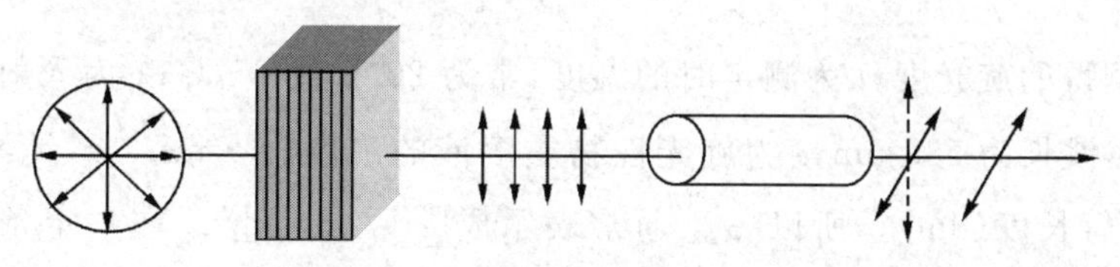

图 9-2 偏振光通过旋光性物质

物质使偏振光的振动方向发生旋转的性质称为物质的旋光性（或光学活性）。具有旋光性的物质称为旋光性物质（或称为光学活性物质）。

二、旋光度和比旋光度

(一) 旋光度

旋光性物质的旋光度和旋光方向可用旋光仪来测定。旋光仪主要由一个单色光源、两个尼科尔棱镜和一个盛测试液的盛液管(旋光管)组成,如图 9-3 所示。

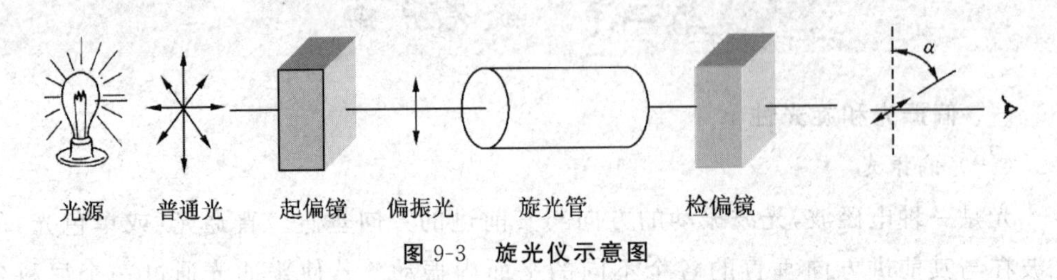

图 9-3　旋光仪示意图

普通光通过第一个棱镜(起偏镜)后变成偏振光,然后通过盛有旋光性物质溶液的盛液管,偏振光方向发生偏转,最后由第二个棱镜(检偏镜)检测偏振光旋转的角度和方向。旋光度和旋光方向可从检偏镜上连有的刻度盘读出。

旋光性物质使偏振光的振动方向旋转的角度称为旋光度,用"α"表示。从面对光线的入射方向观察,使偏振光的振动方向顺时针旋转的物质称为右旋,用"+"(或"d")表示,而使偏振光的振动方向逆时针旋转的物质称为左旋,用"−"(或"l")表示。

(二) 比旋光度

旋光度的大小和旋光方向不仅取决于旋光性物质的结构和性质,而且与测定时溶液的浓度(或纯液体的密度)、盛液管的长度、溶剂的性质、温度和光波的波长等有关。一定温度、一定波长的入射光,通过一个 1 dm 长盛满浓度为 1 g · mL^{-1} 旋光性物质的盛液管时所测得的旋光度称为比旋光度,用$[\alpha]_\lambda^t$ 表示。比旋光度可用下式求得:

$$[\alpha]_\lambda^t=\frac{\alpha_\lambda^t}{l\cdot c} \tag{9-1}$$

其中,α_λ^t 为测得的旋光度;t 为测定时的温度,常为 20 ℃或 25 ℃;λ 为入射光的波长,一般是钠光,波长为 589 nm;c 为旋光性物质溶液的浓度(g · mL^{-1}),纯液体时为密度;l 为盛液管长度(dm)。所以$[\alpha]_\lambda^t$ 通常表示成$[\alpha]_D^{20}$ 或$[\alpha]_D^{25}$。在一定条件下,旋光性物质的比旋光度是一个物理常数。测定旋光度,可计算出比旋光度,从而可鉴定未知的旋光性物质。例如,某物质的水溶液浓度为 0.05 g · mL^{-1},在 1 dm 长的盛液管内,温度为 20 ℃,光源为钠光,用旋光仪测出旋光度为$-4.64°$。由式(9-1)得,此物质的比旋光度应为:

$$[\alpha]_D^{20}=\frac{-4.64}{1\times0.05}=-92.8°$$

果糖的比旋光度为$-93°$，因此该物质可能是果糖。

测定已知旋光性物质的旋光度，也可计算出该物质溶液的浓度。例如，某葡萄糖溶液在1 dm长的盛液管中测出其旋光度为$+3.4°$，而它的比旋光度查表为$+52.75°$，按式(9-1)可计算出此葡萄糖溶液的浓度：

$$c=\frac{+3.4°}{+52.75°\times 1}=0.0645\ (\text{g}\cdot\text{mL}^{-1})$$

三、旋光性与物质结构的关系

(一) 手性碳原子

大量实验表明：有些化合物有旋光性，而有些则没有。为什么呢？我们以乳酸为例来说明这种现象。

$$\begin{array}{c} \alpha \\ CH_3—CH—COOH \\ | \\ OH \end{array}$$

乳酸

乳酸分子中的α-碳原子分别与氢、甲基、羧基和羟基四个不相同的原子或原子团相连接，这种与四个不相同的原子或原子团相连接的碳原子叫作手性碳原子(也叫不对称碳原子)。乳酸分子以手性碳原子为中心，其他四个原子及原子团在空间有两种排列方式(构型)，如图 9-4 所示。

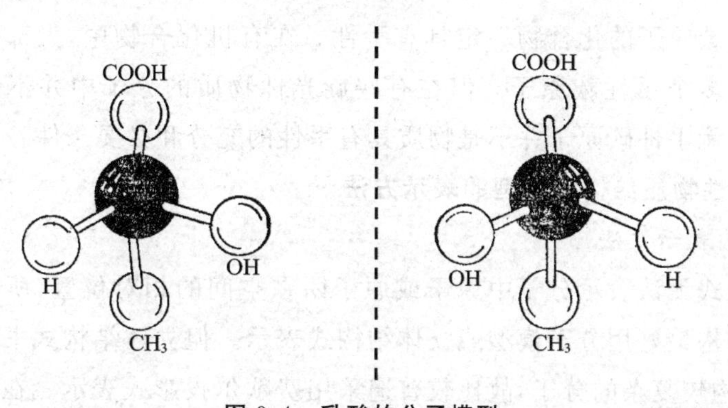

图 9-4 乳酸的分子模型

图中两个乳酸的羧基都在上方，但其他三个原子或原子团就有两种不同的空间排列方式。如果按$OH\rightarrow CH_3\rightarrow H$的顺序排列，一种是按顺时针方向排列的，而另一种则是按逆时针方向排列的。

(二) 旋光异构体

乳酸分子的这两种构型就如同我们左手与右手(或实物与镜像)的关系那样，但无论怎样翻转都无法使它们完全重合，这说明它们是两种不同的乳酸分子。像这种互为实物与镜像的关系，彼此相互对映而不能完全重合的现象称为对映异构现象，它们互称为对映异构体（简称对映体）。因为对映体的旋光性不同，所以也可称为旋光异构体（或光学异构体）。

物质的分子和它的镜像不能重合的特征称为手性，这样的分子叫作手性分子，手性分子具有旋光性。上述两种构型的乳酸一种使偏振光向右旋转，叫右旋乳酸，用“(+)-乳酸”表示；另一种使偏振光向左旋转，叫左旋乳酸，用“(－)-乳酸”表示。两者旋光的方向相反，旋光度相等。

判断一种化合物是否具有旋光性，要看该化合物分子是否是手性分子，如果是手性分子，该化合物一定有旋光性。化合物分子的手性是产生旋光性的充分和必要条件。

（三）手性和对称因素

要判断分子是否具有手性，必须研究分子的对称因素。凡具有对称面或对称中心的分子一定是非手性分子，无对映异构体，无旋光性。

所谓对称面，是指假如有一个平面可以把分子分割成两部分，而一部分正好是另一部分的镜像，这个平面就是分子的对称面。对称中心指分子中有某一点，通过该点画任何直线，如果在离这个点等距离的直线两端有相同的原子，则这个点称为分子的对称中心。

一个手性碳原子所连的四个基团都不相同，既没有对称面，又没有对称中心，所以含一个手性碳原子的化合物一定具有手性。在有机化合物中，大部分旋光性物质都含有一个或多个手性碳原子。但在有些旋光性物质的分子中并不含有手性碳原子。分子中有无手性碳原子并不是物质具有手性的充分和必要条件。

四、旋光性物质结构和构型的表示方法

（一）结构表示方法

平面结构式无法表示分子中原子或原子团在空间的相对位置，所以旋光性物质分子的空间结构最好用分子模型或立体结构式表示。但立体结构式书写起来比较麻烦，尤其对结构较复杂的分子，故比较普遍采用费歇尔投影式表示。在此对费歇尔投影式的写法不做详细介绍，只是简单地介绍几个常见的旋光性物质的费歇尔投影式。

乳酸：
$$\begin{array}{c} COOH \\ H-\!\!\!+\!\!\!-OH \\ CH_3 \end{array} \qquad \begin{array}{c} COOH \\ HO-\!\!\!+\!\!\!-H \\ CH_3 \end{array}$$

酒石酸：
$$\begin{array}{c} COOH \\ H-\!\!\!+\!\!\!-OH \\ HO-\!\!\!+\!\!\!-H \\ CH_3 \end{array} \qquad \begin{array}{c} COOH \\ HO-\!\!\!+\!\!\!-H \\ H-\!\!\!+\!\!\!-OH \\ CH_3 \end{array}$$

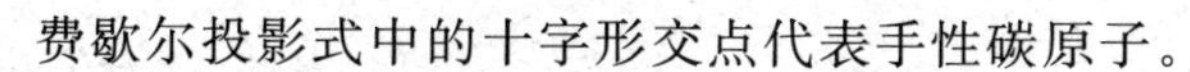

费歇尔投影式中的十字形交点代表手性碳原子。

（二）构型表示方法

旋光性物质的构型常用 D、L 构型法（又称相对构型法）和 R、S 构型法（又称绝对构型法）表示。

1. D、L 构型法

一种化合物的绝对构型是指键合在手性碳原子的四个原子或基团在三维空间的真实排列方式。1951 年前，人们还无法确定化合物的绝对构型。费歇尔人为地选定（＋）-甘油醛为标准物，并规定其碳链处于垂直方向，醛基在碳链上端，C_2 上的羟基处于右侧的为 D 型。它的对映异构体（－）-甘油醛为 L 型。两者结构分别为：

$$\begin{array}{ccc} & CHO & \\ H & \text{—}\!\!+\!\!\text{—} & OH \\ & CH_2OH & \end{array} \qquad \begin{array}{ccc} & CHO & \\ HO & \text{—}\!\!+\!\!\text{—} & H \\ & CH_2OH & \end{array}$$

D-（＋）-甘油醛　　　　L-（－）-甘油醛

其他旋光性物质的费歇尔投影式与甘油醛的相对应，手性碳原子上的羟基在右边的投影式都属于 D 型，羟基在左边的投影式都属于 L 型。例如：

$$\begin{array}{ccc} & COOH & \\ H & \text{—}\!\!+\!\!\text{—} & OH \\ & CH_3 & \end{array} \qquad \begin{array}{ccc} & COOH & \\ HO & \text{—}\!\!+\!\!\text{—} & H \\ & CH_3 & \end{array}$$

D-乳酸　　　　L-乳酸

含有多个手性碳原子的化合物，会因选择的手性碳原子不同而得出不同的结果。因此，除单糖和氨基酸外，其余含多个手性碳原子的化合物不用 D、L 构型法表示其构型。单糖分子是用分子中编号最大的手性碳原子上的羟基作为判断依据，与甘油醛相对照，羟基在右边的投影式都属于 D 型，羟基在左边的投影式都属于 L 型。例如：

$$\begin{array}{ccc} & CHO & \\ H & \text{—}\!\!+\!\!\text{—} & OH \\ HO & \text{—}\!\!+\!\!\text{—} & H \\ H & \text{—}\!\!+\!\!\text{—} & OH \\ H & \text{—}\!\!+\!\!\text{—} & OH \\ & CH_2OH & \end{array} \qquad \begin{array}{ccc} & CH_2OH & \\ & | & \\ & C{=}O & \\ HO & \text{—}\!\!+\!\!\text{—} & H \\ H & \text{—}\!\!+\!\!\text{—} & OH \\ H & \text{—}\!\!+\!\!\text{—} & OH \\ & CH_2OH & \end{array}$$

D-（＋）-葡萄糖　　　　D-（－）-果糖

(二) R、S 构型法

除单糖和氨基酸外，其他含多个手性碳原子的化合物的构型通常采用 R、S 构型法表示。在此不对 R、S 构型法做详细介绍，只列出一些常见旋光性物质用 R、S 构型法标记所得的构型：

```
     COOH              COOH
  H──┼──OH         HO──┼──H
     CH3               CH3
   R-乳酸             S-乳酸

     COOH              COOH
  H──┼──OH          H──┼──OH
 HO──┼──H           H──┼──OH
     COOH              COOH
(2R,3R)-酒石酸    (2R,3S)-酒石酸
```

五、外消旋体和内消旋体

由等量的一对对映体混合而成的混合物，由于左旋体和右旋体旋光度相同而旋光方向相反，使得混合物没有旋光性，此混合物称为外消旋体。外消旋体可用适当的方法拆分为左旋体和右旋体。例如，等量左旋乳酸和右旋乳酸混合就得到乳酸的外消旋体，等量(－)-酒石酸和(＋)-酒石酸混合就得到酒石酸的外消旋体。

某些化合物分子中存在手性碳原子，但由于分子内存在对称因素，使得分子没有旋光性，如(2R,3S)-酒石酸。此类化合物称为内消旋体。

内消旋体和外消旋体都无旋光性，但外消旋体可拆分为左旋体和右旋体，内消旋体不能拆分。

六、对映异构体的性质

对映体之间除旋光方向相反外，其他物理性质如熔点、沸点、溶解度以及旋光度等和化学性质在一定条件(非手性条件)下都相同。外消旋体则不同于任意两种物质的混合物，它有固定的熔点和溶解度。例如，酒石酸异构体的相关性质如表 9-1 所示。

表 9-1　酒石酸的性质

旋光异构体	熔点/℃	比旋光度[α]	溶解度/(g/100 g 水)
(－)-酒石酸	170	－12°	139
(＋)-酒石酸	170	＋12°	139
(±)-酒石酸	206	—	20.6

旋光异构体之间极为重要的区别是它们的生理活性不同。例如，解痉药阿托品的左旋体较右旋体的作用大 220 倍，左旋肾上腺素的活性比右旋肾上腺素大 14 倍；左旋抗坏血酸有抗坏血病的作用，而右旋抗坏血酸无此作用；左旋氯霉素具有很强的抗菌药效，而右旋氯霉素几乎无效；人体所需要的糖都是 D 型，所需氨基酸都是 L 型。

化学·生活·医药

有机药物分子的构型与药物的理化性质及药效关系

1. 顺反异构

药物分子中，顺反异构体的官能团排列相差比较大，理化性质和生物活性差别明显。顺反异构体在机体内的吸收、分布、排泄及药效有所不同。例如，己烯雌酚的反式异构体表现出与雌二醇（天然雌激素）相同的生理活性，而顺式异构体不具有雌激素活性。

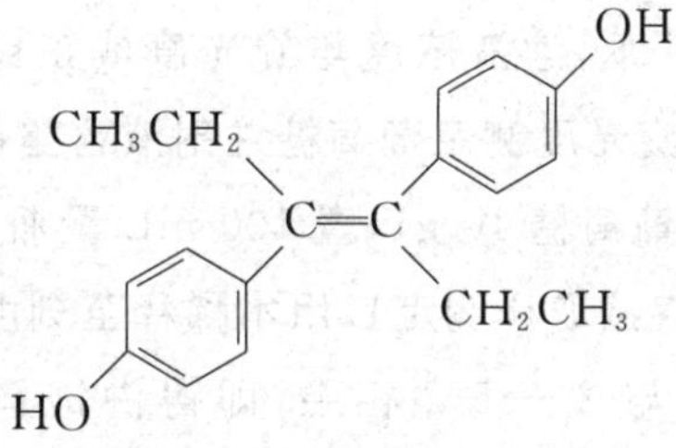

反式己烯雌酚 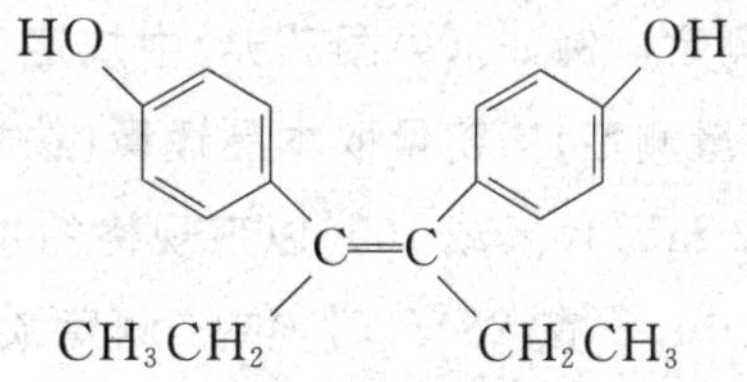　　　　顺式己烯雌酚

2. 旋光异构

手性药物的旋光异构体除了旋光性不同之外，它们有着相同的物理性质和化学性质，少数的药理作用也相同，但它们的生物活性并不相同。例如，麻黄碱的四个旋光异构体中，麻黄碱具有使心脏兴奋、血管收缩、血压上升的作用，其中，(1R,2S)-(－)-麻黄碱的生理活性比(1S,2R)-(＋)-麻黄碱大 20 倍，用于临床；(1S,2S)-(＋)-伪麻黄碱只有间接作用，在一些感冒药的复方中作为鼻充血减轻剂，(1R,2R)-(－)-伪麻黄碱没有该作用。

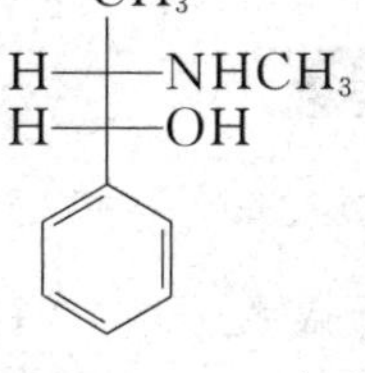

(1R,2S)-(－)-麻黄碱 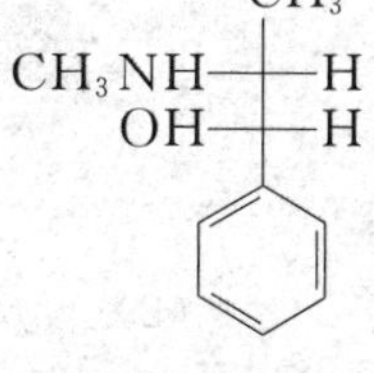　　　　(1S,2R)-(＋)-麻黄碱

$$\begin{array}{c} CH_3 \\ CH_3NH-\!\!\!\!-\!\!\!\!+\!\!\!\!-\!\!\!\!-H \\ H-\!\!\!\!-\!\!\!\!+\!\!\!\!-\!\!\!\!-OH \\ C_6H_5 \end{array} \qquad\qquad \begin{array}{c} CH_3 \\ H-\!\!\!\!-\!\!\!\!+\!\!\!\!-\!\!\!\!-NHCH_3 \\ OH-\!\!\!\!-\!\!\!\!+\!\!\!\!-\!\!\!\!-H \\ C_6H_5 \end{array}$$

(1R,2R)-(－)-伪麻黄碱　　　　(1S,2S)-(＋)-伪麻黄碱

同时,对映异构体的旋光活性可用于药物定性鉴别和含量测定。

(1) 比旋光度是有旋光活性物质特有的一种物理常数,不同的物质比旋光度数值不相同。例如,葡萄糖的比旋光度为＋52.5°～＋53.0°,维生素C的比旋光度为＋20.5°～＋21.5°。因此比旋光度可作为鉴别药物的依据。药品标准中药物的比旋光度在【性状】下描述。例如:

肾上腺素　【性状】比旋光度　取本品,精密称定,加盐酸溶液(9→200)溶解并定量稀释制成每1 mL中含20 mg的溶液,依法测定(附录ⅥE),比旋光度为－50.0°至－53.5°。

(2) 旋光活性药物还可以利用在一定条件下,溶液浓度与旋光度成正比关系进行含量测定。例如,《中国药典》中规定了通过旋光度测定葡萄糖注射液含量的方法:

【含量测定】精密量取本品适量(约相当于葡萄糖10 g),置100 mL量瓶中,加氨试液0.2 mL(10%或10%以下规格的本品可直接取样测定),用水稀释至刻度,摇匀,静置10 min。在25 ℃时,依法测定旋光度,与2.085 2相乘,即得供试量中含有$C_6H_{12}O_6 \cdot H_2O$的质量(g)。

分析:$C_6H_{12}O_6$的相对分子质量为180.16,$C_6H_{12}O_6 \cdot H_2O$的相对分子质量为198.17。

葡萄糖的比旋光度$[\alpha]_D^{20}$＝＋52.5°～＋53.0°(均值＋52.75°)

$$c=\frac{m_{C_6H_{12}O_6}}{V}=\frac{\alpha}{[\alpha]_D^{20}\cdot l}$$

$$m_{C_6H_{12}O_6\cdot H_2O}=\frac{198.17}{180.16}m_{C_6H_{12}O_6}=\frac{198.17\times\alpha\times V}{180.16\times[\alpha]_D^{20}\cdot l}$$

$$=\frac{198.17\times 100.00\times\alpha}{180.16\times 52.75\times 1}=2.085\,2\alpha(\text{g})$$

思考与练习

1. 名词解释:

(1) 立体异构　(2) 顺反异构　(3) 偏振光　(4) 旋光性

(5) 旋光异构体　(6) 外消旋体　(7) 内消旋体　(8) 手性碳原子

2. 用顺反法命名下列各构型：

(1) $\begin{matrix} CH_3CH_2 & & H \\ & C{=}C & \\ Br & & CH_3 \end{matrix}$　　(2) $\begin{matrix} CH_3 & & COOH \\ & C{=}C & \\ H & & CH_3 \end{matrix}$

(3) 1-Cl-3-CH_3 环戊烷（Cl 与 CH_3 结构式）　　(4) $\begin{matrix} H & & H \\ & C{=}C & \\ CH_3 & & CH_2CH_2CH_3 \end{matrix}$

3. 下列化合物中，哪个有顺反异构体？写出其构型，并用顺反法标记顺反异构体的构型：

(1) $CH_2{=}CH_2$　(2) $CH_3CH{=}CHCOOH$　(3) $CH_3CH{=}C(CH_3)_2$

(4) 甲基环丙烷　(5) 1,3-二甲基环丁烷　(6) $CH_3CH{=}C(CH_3)C_2H_5$

4. 用 * 号标记下列分子中的手性碳原子：

(1) $CH_3\underset{\displaystyle |\atop OH}{CH}CH_3$　(2) $HOOC\underset{\displaystyle |\atop OH}{CH}{-}\underset{\displaystyle |\atop OH}{CH}COOH$　(3) $CH_3CH_2\underset{\displaystyle |\atop Cl}{CH}COOH$

(4) $CH_3\overset{Cl}{\underset{OH}{C}}CH_3$　(5) $CH_3{-}\overset{Cl}{\underset{OH}{C}}{-}CH_2Cl$　(6) $CH_3{-}\overset{Cl}{\underset{Cl}{C}}{-}CH_2CH_3$

附 录

附录一 酸、碱的电离常数

附表 1-1 弱酸的电离常数(298.15 K)

弱酸	电离常数 K_a
H_3AlO_4	$K_1=6.3\times10^{-12}$
H_3AsO_4	$K_1=6.0\times10^{-3}$；$K_2=1.0\times10^{-7}$；$K_3=3.2\times10^{-12}$
H_3AsO_3	$K_1=6.6\times10^{-10}$
H_3BO_3	$K_1=5.8\times10^{-10}$
$H_2B_4O_7$	$K_1=1.0\times10^{-4}$；$K_2=1.0\times10^{-9}$
$HBrO$	$K_1=2.0\times10^{-9}$
H_2CO_3	$K_1=4.4\times10^{-7}$；$K_2=4.7\times10^{-11}$
HCN	$K_1=6.2\times10^{-10}$
H_2CrO_4	$K_1=4.1$；$K_2=1.3\times10^{-4}$
$HClO$	$K_1=2.8\times10^{-8}$
HF	$K_1=6.6\times10^{-4}$
HIO	$K_1=2.3\times10^{-11}$
HIO_3	$K_1=0.16$
H_5IO_6	$K_1=2.8\times10^{-2}$；$K_2=5.0\times10^{-9}$
H_2MnO_4	$K_2=7.1\times10^{-11}$
HNO_2	$K_1=7.2\times10^{-4}$
HN_3	$K_1=1.9\times10^{-5}$
H_2O_2	$K_1=2.2\times10^{-12}$
H_2O	$K_1=1.8\times10^{-16}$
H_3PO_4	$K_1=7.1\times10^{-3}$；$K_2=6.3\times10^{-8}$；$K_3=4.2\times10^{-13}$
$H_4P_2O_7$	$K_1=3.0\times10^{-2}$；$K_2=4.4\times10^{-3}$；$K_3=2.5\times10^{-7}$；$K_4=5.6\times10^{-10}$
$H_5P_3O_{10}$	$K_3=1.6\times10^{-3}$；$K_4=3.4\times10^{-7}$；$K_5=5.8\times10^{-10}$
H_3PO_3	$K_1=6.3\times10^{-2}$；$K_2=2.0\times10^{-7}$
H_2SO_4	$K_2=1.0\times10^{-2}$
H_2SO_3	$K_1=1.3\times10^{-2}$；$K_2=6.1\times10^{-8}$
$H_2S_2O_3$	$K_1=0.25$；$K_2=2.0\times10^{-2}\sim3.2\times10^{-2}$
$H_2S_2O_4$	$K_1=0.45$；$K_2=3.5\times10^{-3}$

续表

弱酸	电离常数 K_a
H_2Se	$K_1=1.3\times10^{-4}$；$K_2=1.0\times10^{-11}$
H_2S	$K_1=1.32\times10^{-7}$；$K_2=7.10\times10^{-15}$
H_2SeO_4	$K_2=2.2\times10^{-2}$
H_2SeO_3	$K_1=2.3\times10^{-2}$；$K_2=5.0\times10^{-9}$
HSCN	$K_1=1.41\times10^{-1}$
H_2SiO_3	$K_1=1.7\times10^{-10}$；$K_2=1.6\times10^{-12}$
$HSb(OH)_6$	$K_1=2.8\times10^{-3}$
H_2TeO_3	$K_1=3.5\times10^{-3}$；$K_2=1.9\times10^{-8}$
H_2Te	$K_1=2.3\times10^{-3}$；$K_2=1.0\times10^{-12}\sim1.0\times10^{-11}$
H_2WO_4	$K_1=3.2\times10^{-4}$；$K_2=2.5\times10^{-5}$
$H_2C_2O_4$(草酸)	$K_1=5.4\times10^{-2}$；$K_2=5.4\times10^{-5}$
HCOOH(甲酸)	$K_1=1.77\times10^{-4}$
CH_3COOH(醋酸)	$K_1=1.75\times10^{-5}$
$ClCH_2COOH$(氯代醋酸)	$K_1=1.4\times10^{-3}$
$CH_2CHCOOH$(丙烯酸)	$K_1=5.5\times10^{-5}$
CH_3COCH_2COOH(乙酰醋酸)	$K_1=2.6\times10^{-4}$(316.15 K)
$H_3C_6H_5O_7$(柠檬酸)	$K_1=7.4\times10^{-4}$；$K_2=1.73\times10^{-5}$；$K_3=4\times10^{-7}$
H_4Y(乙二胺四乙酸)	$K_1=10^{-2}$；$K_2=2.1\times10^{-3}$；$K_3=6.9\times10^{-7}$；$K_4=5.9\times10^{-11}$

附表 1-2 弱碱的电离常数(298.15 K)

弱碱	电离常数 K_b
$NH_3\cdot H_2O$	1.8×10^{-5}
NH_3-NH_2(联氨)	9.8×10^{-7}
NH_2OH(羟氨)	9.1×10^{-9}
$C_6H_5NH_2$(苯胺)	4×10^{-9}
C_5H_5N(吡啶)	1.5×10^{-9}
$(CH_2)_6N_4$(六次甲基四胺)	1.4×10^{-9}

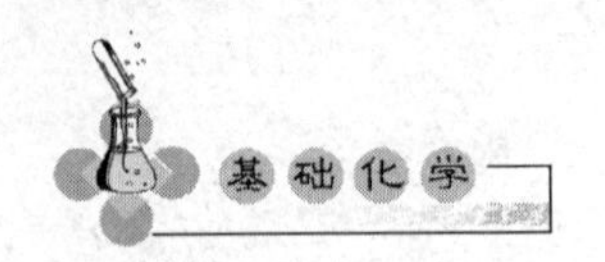

附录二 常见难溶电解质的溶度积常数(298 K)

难溶强电解质	K_{ap}	难溶强电解质	K_{ap}
$AgCl$	1.76×10^{-10}	CuS	1.27×10^{-36}
$AgBr$	5.35×10^{-13}	$Fe(OH)_2$	4.87×10^{-17}
AgI	8.51×10^{-17}	$Fe(OH)_3$	2.64×10^{-39}
$AgBrO_3$	5.21×10^{-5}	HgS	6.44×10^{-53}
Ag_2CO_3	8.4×10^{-12}	$MgCO_3$	6.82×10^{-6}
Ag_2CrO_4	1.12×10^{-12}	$Mg(OH)_2$	5.61×10^{-12}
Ag_2SO_4	1.20×10^{-5}	$Mn(OH)_2$	2.06×10^{-13}
$BaCO_3$	2.58×10^{-9}	MnS	4.65×10^{-14}
$BaSO_4$	1.07×10^{-10}	$PbCO_3$	1.46×10^{-13}
$BaCrO_4$	1.17×10^{-10}	$PbCrO_4$	1.77×10^{-14}
$CaCO_3$	4.96×10^{-9}	PbI_2	8.49×10^{-9}
$CaC_2O_4\cdot H_2O$	2.34×10^{-9}	$PbSO_4$	1.82×10^{-8}
$Ca_3(PO_4)_2$	2.07×10^{-33}	PbS	9.04×10^{-29}
$CaSO_4$	7.10×10^{-5}	$ZnCO_3$	1.19×10^{-10}
CdS	1.40×10^{-29}	ZnS	2.93×10^{-25}

附录三 标准电极电势(298 K)

附表 3-1 酸性溶液中的标准电极电势(298 K)

元素	电极反应	$\varphi^{\ominus}$/V
Ag	$AgBr+e^-=Ag+Br^-$	+0.071
	$AgCl+e^-=Ag+Cl^-$	+0.222 3
	$Ag_2CrO_4+2e^-=2Ag+CrO_4^{2-}$	+0.447
	$Ag^++e^-=Ag$	+0.799
Al	$Al^{3+}+3e^-=Al$	−1.662
As	$HAsO_2+3H^++3e^-=As+2H_2O$	+0.248
	$H_3AsO_4+2H^++2e^-=HAsO_2+2H_2O$	+0.560
Bi	$BiOCl+2H^++3e^-=Bi+H_2O+Cl^-$	+0.158
	$BiO^++2H^++3e^-=Bi+H_2O$	+0.320

续表

元素	电极反应	$\varphi^{\ominus}$/V
Br	$Br_2+2e^-=\!=\!=2Br^-$	+1.066
	$BrO_3^-+6H^++5e^-=\!=\!=\frac{1}{2}Br_2+3H_2O$	+1.482
Ca	$Ca^{2+}+2e^-=\!=\!=Ca$	−2.868
Cl	$ClO_4^-+2H^++2e^-=\!=\!=ClO_3^-+H_2O$	+1.189
	$Cl_2+2e^-=\!=\!=2Cl^-$	+1.358
	$ClO_3^-+6H^++6e^-=\!=\!=Cl^-+3H_2O$	+1.451
	$ClO_3^-+6H^++5e^-=\!=\!=\frac{1}{2}Cl_2+3H_2O$	+1.47
	$HClO+H^++e^-=\!=\!=\frac{1}{2}Cl_2+H_2O$	+1.611
	$ClO_3^-+3H^++2e^-=\!=\!=HClO_2+H_2O$	+1.214
	$ClO_2+H^++e^-=\!=\!=HClO_2$	+1.277
	$HClO_2+2H^++2e^-=\!=\!=HClO+H_2O$	+1.645
Co	$Co^{3+}+e^-=\!=\!=Co^{2+}$	+1.83
Cr	$Cr_2O_7^{2-}+14H^++6e^-=\!=\!=2Cr^{3+}+7H_2O$	+1.232
Cu	$Cu^{2+}+e^-=\!=\!=Cu^+$	+0.153
	$Cu^{2+}+2e^-=\!=\!=Cu$	+0.342
	$Cu^++e^-=\!=\!=Cu$	+0.522
Fe	$Fe^{2+}+2e^-=\!=\!=Fe$	−0.447
	$Fe(CN)_6^{3-}+e^-=\!=\!=Fe(CN)_6^{4-}$	+0.358
	$Fe^{3+}+e^-=\!=\!=Fe^{2+}$	+0.771
H	$2H^++2e^-=\!=\!=H_2$	+0.000
Hg	$Hg_2Cl_2+2e^-=\!=\!=2Hg+2Cl^-$	+0.281
	$Hg^{2+}+2e^-=\!=\!=Hg$	+0.851
	$2Hg^{2+}+2e^-=\!=\!=Hg_2^{2+}$	+0.920
I	$I_2+2e^-=\!=\!=2I^-$	+0.5355
	$I_3^-+2e^-=\!=\!=3I^-$	+0.536
	$IO_3^-+6H^++5e^-=\!=\!=\frac{1}{2}I_2+3H_2O$	+1.195
	$HIO+H^++e^-=\!=\!=\frac{1}{2}I_2+H_2O$	+1.493
K	$K^++e^-=\!=\!=K$	−2.931
Mg	$Mg^{2+}+2e^-=\!=\!=Mg$	−2.372

续表

元素	电极反应	$\varphi^{\ominus}$/V
Mn	$Mn^{2+}+2e^- = Mn$	−1.185
	$MnO_4^- + e^- = MnO_4^{2-}$	−0.558
	$MnO_2+4H^++2e^- = Mn^{2+}+2H_2O$	+1.224
	$MnO_4^-+8H^++5e^- = Mn^{2+}+4H_2O$	+1.507
	$MnO_4^-+4H^++3e^- = MnO_2+2H_2O$	+1.679
Na	$Na^++e^- = Na$	−2.71
N	$NO_3^-+4H^++3e^- = NO+2H_2O$	+0.957
	$2NO_3^-+4H^++2e^- = N_2O_4+2H_2O$	+0.803
	$HNO_2+H^++e^- = NO+H_2O$	+0.983
	$N_2O_4+4H^++4e^- = 2NO+2H_2O$	+1.035
	$NO_3^-+3H^++2e^- = HNO_2+H_2O$	+0.934
	$N_2O_4+2H^++2e^- = 2HNO_2$	+1.065
O	$O_2+2H^++2e^- = H_2O_2$	+0.695
	$H_2O_2+2H^++2e^- = 2H_2O$	+1.776
	$O_2+4H^++4e^- = 2H_2O$	+1.229
P	$H_3PO_4+2H^++2e^- = H_3PO_3+H_2O$	−0.276
Pb	$PbI_2+2e^- = Pb+2I^-$	−0.365
	$PbCl_2+2e^- = Pb+2Cl^-$	−0.267 5
	$Pb^{2+}+2e^- = Pb$	−0.126 2
	$PbO_2+4H^++2e^- = Pb^{2+}+2H_2O$	+1.455
	$PbO_2+SO_4^{2-}+4H^++2e^- = PbSO_4+2H_2O$	+1.691 3
S	$H_2SO_3+4H^++4e^- = S+3H_2O$	+0.449
	$S+2H^++2e^- = H_2S$	+0.142
	$SO_4^{2-}+4H^++2e^- = H_2SO_3+H_2O$	+0.172
	$S_4O_6^{2-}+2e^- = 2S_2O_3^{2-}$	+0.08
	$S_2O_8^{2-}+2e^- = 2SO_4^{2-}$	+2.010
Sb	$Sb_2O_3+6H^++6e^- = 2Sb+3H_2O$	+0.152
	$Sb_2O_5+6H^++4e^- = 2SbO^++3H_2O$	+0.581
Sn	$Sn^{4+}+2e^- = Sn^{2+}$	+0.151
V	$V(OH)_4^++4H^++5e^- = V+4H_2O$	−0.254
	$VO^{2+}+2H^++e^- = V^{3+}+H_2O$	+0.337
	$V(OH)_4^++2H^++e^- = VO^{2+}+3H_2O$	+1.00
Zn	$Zn^{2+}+2e^- = Zn$	−0.763

附表 3-2 碱性溶液中的标准电极电势(298 K)

元素	电极反应	$\varphi^{\ominus}$/V
Ag	$Ag_2S+2e^- = 2Ag+S^{2-}$	−0.691
	$Ag_2O+H_2O+2e^- = 2Ag+2OH^-$	+0.342
Al	$H_2AlO_3^- + H_2O+3e^- = Al+4OH^-$	−2.33
As	$AsO_2^- +2H_2O+3e^- = As+4OH^-$	−0.68
	$AsO_4^{3-} +2H_2O+2e^- = AsO_2^- +4OH^-$	−0.71
Br	$BrO_3^- +3H_2O+6e^- = Br^- +6OH^-$	+0.61
	$BrO^- +H_2O+2e^- = Br^- +2OH^-$	+0.761
Cl	$ClO_3^- +H_2O+2e^- = ClO_2^- +2OH^-$	+0.33
	$ClO_4^- +H_2O+2e^- = ClO_3^- +2OH^-$	+0.17
	$ClO_2^- +H_2O+2e^- = ClO^- +2OH^-$	+0.66
	$ClO^- +H_2O+2e^- = Cl^- +2OH^-$	+0.81
Co	$Co(OH)_2+2e^- = Co+2OH^-$	−0.73
	$Co(NH_3)_6^{3+} +e^- = Co(NH_3)_6^{2+}$	+0.108
	$Co(OH)_3+e^- = Co(OH)_2+OH^-$	+0.17
Cr	$Cr(OH)_3+3e^- = Cr +3OH^-$	−1.48
	$CrO_2^- +2H_2O+3e^- = Cr +4OH^-$	−1.2
	$CrO_4^{2-} +4H_2O+3e^- = Cr(OH)_3+5OH^-$	−0.13
Cu	$Cu_2O +H_2O+2e^- = 2Cu+2OH^-$	−0.360
Fe	$Fe(OH)_3+e^- = Fe(OH)_2+OH^-$	−0.56
H	$2H_2O+2e^- = H_2 +2OH^-$	−0.827 7
Hg	$HgO+H_2O+2e^- = Hg+2OH^-$	+0.097 7
I	$IO_3^- +3H_2O+6e^- = I^- +6OH^-$	+0.26
	$IO^- +H_2O+2e^- = I^- +2OH^-$	+0.485
Mg	$Mg(OH)_2+2e^- = Mg+2OH^-$	−2.690
Mn	$Mn(OH)_2+2e^- = Mn+2OH^-$	−1.56
	$MnO_4^- +2H_2O+3e^- = MnO_2+4OH^-$	+0.595
	$MnO_4^{2-} +2H_2O+2e^- = MnO_2+4OH^-$	+0.60
N	$NO_3^- +H_2O+2e^- = NO_2^- +2OH^-$	+0.01
O	$O_2+2H_2O+4e^- = 4OH^-$	+0.501
S	$S+2e^- = S^{2-}$	−0.476 27
	$SO_4^{2-} +H_2O+2e^- = SO_3^{2-} +2OH^-$	−0.93
	$2SO_3^{2-} +3H_2O+4e^- = S_2O_3^{2-} +6OH^-$	−0.571
Sb	$SbO_2^- +2H_2O+3e^- = Sb+4OH^-$	−0.66
Sn	$Sn(OH)_6^{2-} +2e^- = HSnO_2^- +3OH^- +H_2O$	−0.93
	$HSnO_2^- +H_2O+2e^- = Sn+3OH^-$	−0.909

元素周期表

原子序数——92 U——元素符号，红色指放射性元素

元素名称注*的是人造元素——铀

238.0——相对原子质量（加括号的数据为该放射性元素半衰期最长同位素的质量数）

非金属　金属　过渡元素

周期＼族	ⅠA	ⅡA	ⅢB	ⅣB	ⅤB	ⅥB	ⅦB	Ⅷ			ⅠB	ⅡB	ⅢA	ⅣA	ⅤA	ⅥA	ⅦA	0	电子层	0族电子数
1	1 H 氢 1.008																	2 He 氦 4.003	K	2
2	3 Li 锂 6.941	4 Be 铍 9.012											5 B 硼 10.81	6 C 碳 12.01	7 N 氮 14.01	8 O 氧 16.00	9 F 氟 19.00	10 Ne 氖 20.18	L K	8 2
3	11 Na 钠 22.99	12 Mg 镁 24.31											13 Al 铝 26.98	14 Si 硅 28.09	15 P 磷 30.97	16 S 硫 32.07	17 Cl 氯 35.45	18 Ar 氩 39.95	M L K	8 8 2
4	19 K 钾 39.10	20 Ca 钙 40.08	21 Sc 钪 44.96	22 Ti 钛 47.87	23 V 钒 50.94	24 Cr 铬 52.00	25 Mn 锰 54.94	26 Fe 铁 55.85	27 Co 钴 58.93	28 Ni 镍 58.69	29 Cu 铜 63.55	30 Zn 锌 65.39	31 Ga 镓 69.72	32 Ge 锗 72.61	33 As 砷 74.92	34 Se 硒 78.96	35 Br 溴 79.90	36 Kr 氪 83.80	N M L K	8 18 8 2
5	37 Rb 铷 85.47	38 Sr 锶 87.62	39 Y 钇 88.91	40 Zr 锆 91.22	41 Nb 铌 92.91	42 Mo 钼 95.94	43 Tc 锝 (98)	44 Ru 钌 101.1	45 Rh 铑 102.9	46 Pd 钯 106.4	47 Ag 银 107.9	48 Cd 镉 112.4	49 In 铟 114.8	50 Sn 锡 118.7	51 Sb 锑 121.8	52 Te 碲 127.6	53 I 碘 126.9	54 Xe 氙 131.3	O N M L K	8 18 18 8 2
6	55 Cs 铯 132.9	56 Ba 钡 137.3	57~71 La~Lu 镧系	72 Hf 铪 178.5	73 Ta 钽 180.9	74 W 钨 183.8	75 Re 铼 186.2	76 Os 锇 190.2	77 Ir 铱 192.2	78 Pt 铂 195.1	79 Au 金 197.0	80 Hg 汞 200.6	81 Tl 铊 204.4	82 Pb 铅 207.2	83 Bi 铋 209.0	84 Po 钋 (210)	85 At 砹 (210)	86 Rn 氡 (222)	P O N M L K	8 18 32 18 8 2
7	87 Fr 钫 (223)	88 Ra 镭 (226)	89~103 Ac~Lr 锕系	104 Rf 𬬻* (261)	105 Db 𬭊* (262)	106 Sg 𬭳* (263)	107 Bh 𬭛* (264)	108 Hs 𬭶* (265)	109 Mt 鿏* (266)	110 Ds 𫟼* (269)	111 Rg 𬬭* (272)	112 Cn 鿔* (277)	113 Uut * (278)	114 Uuq * (289)	115 Uup * (288)	116 Uuh * (289)	117 Uus * (293)	118 Uuo * (294)	Q P O N M L K	8 18 32 32 18 8 2

镧系	57 La 镧 138.9	58 Ce 铈 140.1	59 Pr 镨 140.9	60 Nd 钕 144.2	61 Pm 钷 (145)	62 Sm 钐 105.4	63 Eu 铕 152.0	64 Gd 钆 157.3	65 Tb 铽 158.9	66 Dy 镝 162.5	67 Ho 钬 164.9	68 Er 铒 167.3	69 Tm 铥 168.9	70 Yb 镱 173.0	71 Lu 镥 175.0
锕系	89 Ac 锕 (227)	90 Th 钍 232.0	91 Pa 镤 231.0	92 U 铀 238.0	93 Np 镎 (237)	94 Pu 钚 (244)	95 Am 镅* (243)	96 Cm 锔* (247)	97 Bk 锫* (247)	98 Cf 锎* (251)	99 Es 锿* (252)	100 Fm 镄* (257)	101 Md 钔* (258)	102 No 锘* (259)	103 Lr 铹* (260)